南方典型海绵城市规划与建设

——以常德市为例

陈利群　黄金陵　龚道孝　李艳平 等　著

科学出版社

北京

内 容 简 介

本书结合城市特征分析，提出海绵城市建设需求，并在总结国外典型城市规划建设的基础上，进一步完善海绵城市建设系统方案，形成项目建设协同机制，构建海绵城市体制机制的保障体系，深化海绵城市检测监测方法，完善海绵城市建设效果分析方法，最后提出常德市海绵城市建设试点的示范内容。

本书可作为排水工程、城乡规划、水利工程等专业的研究人员、高等院校师生和规划设计技术人员、管理部门人员等辅助教材和参考书。

图书在版编目（CIP）数据

南方典型海绵城市规划与建设：以常德市为例 / 陈利群等著.—北京：科学出版社，2021.3

ISBN 978-7-03-068058-7

Ⅰ.①南… Ⅱ.①陈… Ⅲ.①城市规划-研究-常德 ②城市建设-研究-常德 Ⅳ.①TU984.264.3

中国版本图书馆 CIP 数据核字（2021）第 026740 号

责任编辑：杨帅英 张力群 / 责任校对：樊雅琼
责任印制：吴兆东 / 封面设计：蓝正设计

科 学 出 版 社 出版

北京东黄城根北街 16 号
邮政编码：100717
http://www.sciencep.com

北京建宏印刷有限公司 印刷
科学出版社发行 各地新华书店经销

*

2021 年 3 月第 一 版 开本：787×1092 1/16
2021 年 3 月第一次印刷 印张：20
字数：470 000

定价：200.00 元
（如有印装质量问题，我社负责调换）

本书编写组

主　　　笔　　陈利群

副　主　笔　　黄金陵　　龚道孝　　李艳平

编写组成员　　张　全　　张志果　　彭　力　　周长青　　刘广奇

　　　　　　　马步云　　黄　悦　　岳晓婧　　高均海　　伍和平

　　　　　　　辛长明　　陈红文　　刘建武　　马泽民　　吕志慧

　　　　　　　李远国　　鲁华章　　欧阳志　　戴晓军　　张　杰

　　　　　　　刘兴华　　李　星　　彭赤焰　　付金龙　　桂发二

　　　　　　　张乃祥

序 一

快速城镇化过程中，相当多的城市不仅面临缺水问题，还面临着雨洪内涝与污水蔓延的问题，城市不透水面积增加，雨洪调蓄功能降低。排水防涝缺乏系统规划、标准体系不完善、设施建设滞后、重建轻管、河湖水系被随意侵占等是导致这些问题的成因。

海绵城市建设是城市发展理念和建设方式转型的一种新途径之一。海绵城市充分发挥原始地形地貌对降雨的积存作用，充分发挥自然下垫面和生态本底对雨水的渗透与蓄存作用，充分发挥植被、土壤、湿地等对水质的自然净化作用，使城市对雨水具有吸收和释放功能，能够弹性地适应环境变化和应对自然灾害。气候变化对海绵城市建设影响可分为初阶影响和高阶影响，所谓初阶影响，就是气候变化直接对城市水资源及其形成过程的影响，这种影响是直接的，故而称其为初阶影响；而高阶影响就是一种连锁效应，其影响可以涉及社会发展的方方面面。海绵城市建设也是"稳增长、促改革、调结构、惠民生"的重要内容，与新区建设、旧城改造以及棚改紧密相关，涉及房地产、道路、园林绿化、水体、市政基础设施建设等，能够有效拉动投资。

常德是全国首批海绵城市建设试点之一，位于湖南西北，地处沅江下游，水患是常德重要的水情之一，如城市内河的水体黑臭、城市内涝、湘西大码头消失等。常德在试点过程中针对这些问题，从规划层面入手，制定了海绵城市规划及系统方案，在管理体制上，将海绵城市要求纳入规划建设管控流程中，在建设中，坚持治水与城市发展紧密结合。常德的海绵城市建设效果有目共睹。2017 年我去常德实地考察海绵城市建设，穿紫河由原来的臭水沟变成了城市中重要的生态景观文化带，河中鱼翔浅底，两岸植草沟、雨水花园随处可见，市民沿着步道散步，一派人与自然和谐共处的景象。我还考察了老西门，一个有 2000 多年历史的护城河在这次海绵城市建设中被重新恢复了，两岸按照历史建筑特色，修复了大量历史建筑，重拾文化记忆。常德河街是参照历史上湘西大码头重建的，沈从文笔下的船也在穿紫河、河街重现……常德的海绵城市建设不仅仅是解决城市水的问题，更协调了人与自然关系，是城市发展与治水关系和谐的典范，这些内容都在该书有较为详细的描述。

常德的海绵城市建设不仅更新城市建设理念，也促进城市水文学的发展，是城市水文科学支持城市规划建设管理的重要案例。该书基于自主研发的 HIMS 模型对常德海绵城市建设效果进行了监测评估，检测了源头设施（雨水花园、植草沟等）、排水分区尺度海绵设施的水量水质效果，并率定了 HIMS 模型的相关参数。

该书理论与实践相结合，是常德海绵城市建设实践的一次总结与升华，也是常德市多年治水经验的集成，该专著作者多年在常德扎实工作，取得了丰富成果。该专著内容全面，技术、政策全覆盖，是一本值得一读的海绵城市建设的好书。

中国科学院　院士
2020 年 4 月于北京

序 二

近年来，我没少去常德。之所以去得多，是因为常德市委、市政府对城市水问题非常重视，为此他们做了大量工作和有益探索，并取得了非常喜人的业绩，引得我多次去调研、学习、取经。

常德地处长江中下游，素有"头顶长江三口，腰跨沅澧两水，脚踏东南洞庭"之称，是一座典型的临江、滨湖、拥河的水网城市，其水面率高达 17.6%。常德伴随着城市化进程的脚步，出现自然河道被隔断填埋、生态空间被挤占、硬化铺装增多等问题，使城市水循环状态发生了改变。同时，由于城市排水设施建设不完善，工业废水和生活污水直排入河时有发生，污染负荷大大超过水体自净能力，不可避免地出现"水多、水脏"。城市人居环境与安全运行长期受到内涝与水体黑臭等水患的困扰，成为市民的"心头之患""城市之殇"。

常德市委、市政府针对城市水环境、水生态、水安全的现实问题，深入反思和及时调整城市建设的思路与方式、方法，积极践行生态文明建设与绿色发展的理念，抓住住房和城乡建设部积极倡导的"以城市节水带动节能减排""以海绵城市建设统筹解决城市水生态、水环境、水资源、水安全问题"的机遇，2010 年率先在丰水地区开展节水型城市创建，2014 年又成功申报国家海绵城市建设试点。应该说，通过节水型城市创建和国家海绵城市建设试点工作，以问题、目标和结果为导向，在城市建设的体制与机制、建设与管理方式、科技与产业等方面进行了大胆创新和积极探索，实现了"创新机制、锻炼队伍、积累经验、树立典范"的初衷，建立了"可复制、可推广"的新模式，其结果是环境生态有改善、社会经济有效益、百姓幸福有感受、政府公信有提升。

2020 年 4 月，中国城市规划设计研究院陈利群博士将此书初稿送我审阅，并望我为书稿作序。陈利群博士及其带领的团队从 2014 年底开始就一直为常德海绵城市建设工作提供技术支持与服务，包括海绵城市建设试点的申报、海绵城市专项规划、系统设计方案、监测方案等。同时，他们积极配合常德市政府及有关部门，结合试点工作的探索、创新和经验积累,从海绵城市建设的技术体系、管理机制、运行维护及实施效果等方面进行及时总结,并将体会和心得编入了这本有一定学术价值和经验交流作用的专著。想必此书的出版一定会为我国全域系统推广海绵城市建设工作提供有益借鉴。

中国城镇供水排水协会 会长

2020 年 4 月于北京

前　　言

　　2015 年，国家启动海绵城市建设试点工作。2015 年 10 月，《国务院办公厅关于推进海绵城市建设的指导意见》（国办发〔2015〕75 号）提出为"加快推进海绵城市建设，修复城市水生态、涵养水资源，增强城市防涝能力，扩大公共产品有效投资，提高新型城镇化质量，促进人与自然和谐发展"应"加强规划引领""统筹有序建设""完善支持政策""抓好组织落实"。该文件为指引海绵城市建设试点的方向性文件，通过试点示范形成解决城市水环境、水生态、水资源问题的技术路线和制度机制。

　　常德为我国首批海绵城市建设试点城市之一。2015 年前，常德中心城区面临着城市内涝、水体黑臭、水文化流失等诸多问题。为系统破解城市内涝和水体黑臭问题，依托国家海绵城市建设试点，常德市启动了海绵城市专项规划的编制，适时修编了排水防涝综合规划等规划，修改了常德市规划管理技术规定，规划、住建部门发布相关规划建设管控办法，将海绵城市建设要求纳入城市规划建设管控流程。为统筹推进实施项目，达到海绵城市建设目的，常德市编制了海绵城市建设系统方案，统筹源头小区、公园广场、水系绿地项目建设。在实施方式上，采用海绵城市建设领导小组办公室统筹，相关委办局结合职能协同推进。为监测海绵城市建设效果，在研究常德市排水系统特征的基础上，确定了监测指标、方法，并进行监测设施的安装。体制机制保障是海绵城市建设的难点与重点，是推进海绵城市建设久久为功的要求。基于政府运行体系，在现有的体制机制中镶嵌保障海绵城市建设的体制机制是适宜的途径，包括管理机制、规划建设管控、资金投入、技术标准等。常德市海绵城市建设取得了良好的效果，水生态得到保护与修复，内涝积水点消除，市民受益，带动旅游经济，海绵城市建设已成为常德的品牌。

　　作为首批海绵城市建设试点城市之一，常德市于 2019 年 3 月份通过了三部委的验收，通过了国家试点评估。在常德的海绵城市建设中，得到了国家、省财政部门、住建部门、水利部门领导和专家指导和帮助，多次到兄弟城市取经，得到了国内外规划设计单位、建设单位的大力支持与配合，在此一并表示衷心的感谢。书稿的撰写过程中，得到了中国城镇供水排水协会会长章林伟、中国城市规划设计研究院原书记邵益生、副总孔彦鸿、中国城市规划设计研究院城镇水务与工程研究分院总工洪昌富、副总工莫罹的指导与帮助，得到了常德市海绵城市建设领导小组办公室、老摄影家协会的大力支持，在此表示由衷的感谢。

全书由陈利群、黄金陵、龚道孝、李艳平组织撰写、定稿和审阅，各章节主要撰写人员为：第1章，陈利群、李远国；第2章，陈利群、刘广奇、岳晓婧；第3章，陈利群、龚道孝、彭力、张全、黄悦、马步云；第4章，陈利群、吕志慧、张杰、高均海、马泽民、彭赤焰；第5章，陈利群、张志果、周长青、马泽民、李星、付金龙、桂发二；第6章，陈利群、彭力、陈红文、伍和平、刘建武、吕志慧、欧阳志；第7章，陈利群、付金龙、李远国；第8章，陈利群、辛长明、鲁华章、刘兴华、彭赤焰、付金龙。

本书的编撰和出版得到国家重点研发计划"城市洪涝灾害综合防控"和基本科研业务"全国小城镇黑臭水体调查研究"的共同资助，在此表示衷心感谢。限于学识水平和实践经验，书中不足之处在所难免，敬请广大读者批评指正。

陈利群

2020年4月于北京

目　　录

第 1 章

常德市概况

1.1 自然地理特征

1.1.1 区位

常德市位于湖南省西北部，沅江下游和澧水中下游，介于东经 110°29′～112°18′，北纬 28°24′～30°07′，北与湖北省恩施、宜昌、荆州三地区接壤，西与张家界市相邻，东、南与岳阳、益阳地区毗连（图 1.1）。

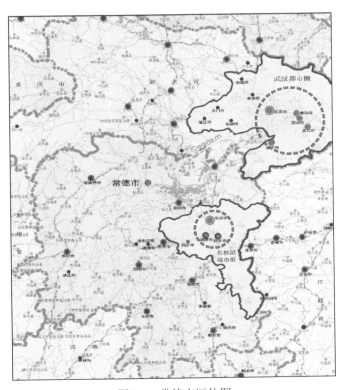

图 1.1 常德市区位图

常德市现辖武陵区、鼎城区、安乡县、汉寿县、桃源县、临澧县、石门县、澧县，共6县2区，代管县级市津市市，以及6个管理区：常德经济技术开发区、常德高新技术产业开发区、柳叶湖旅游度假区、西湖管理区、西洞庭管理区、桃花源旅游管理区（等），共有街道42个、乡（镇）127个、建制村1523个、社区居委会739个。

1.1.2 地形地貌

常德市域地处洞庭平原，地貌类型丰富，其中以平原为主，山、丘、湖兼有，形成"三分丘岗，两分半山，四分半平原和水面"的结构。常德地区西北部属武陵山系，中低山区；中部多为红岩丘陵区，其间也出现断块隆起山（如太阳山）和蚀余岛状弧形山；东部为沅江、澧水下游及洞庭湖平原区；西南部为雪峰山余脉，整个地势呈现西高东低的趋势（图 1.2）。

图 1.2　常德市市域地形图

常德市中心城区、江北城区、武陵镇及近郊地形平坦，为河湖冲积平原；德山、河洑山及东北角的梅家冲和西南角的乡公嘴为低丘岗地。江北城区地势西北高、东南低；武陵镇则由南向北倾斜；德山除樟木桥一带为垄岗平原，地势较为平坦外，其他均属平顶块状岗地，地形起伏变化较大。常德平原区为本区最主要的地形地貌，由河流阶地组成的冲积平原，地势低平，相对高差较小。

1.1.3 地质条件

常德属第四纪河流冲积湖泊沉积层，河流冲积层岩性为砂卵石，土质为淤泥质黏土、粉质黏土、粉土。城区含水层厚度为 25m 左右，地下水位较高。建筑场地大部分在第四纪松散土层上，仅桥梁、水坝及部分工程在坚硬岩层上。其中松散土层区系第四纪全新统、更新统土层区，广布于安乡县、汉寿县、临澧县、常德市区、津市市及石门县、桃源县和澧县西北部、临澧县西部、市区西部及汉寿县南部等地的山区和丘陵区。

常德市位于沅江尾闾与洞庭湖接壤地段，属松散土层区，地貌平坦开阔，属河湖相冲积平原。常德市地下水包括第四系松散堆积层地下水、岩溶地下水和基岩裂隙水三大类，动储量 23.68 亿～33.49 亿 m^3，石门、桃源两县最丰富，澧县、临澧、鼎城三区县较丰富。

中心城区地下水分层结构明显，浅层地下水主要赋存于上层的杂填土中。下层为孔隙承压水，赋存于圆砾-卵石层中，以粉质黏土为相对隔水顶板，与沅江、柳叶湖有水力联系，水量丰富，埋深 3～9m，汛期河水补给地下水，水位高低随沅江及冲柳水系（穿紫河和柳叶湖等）水位涨落而变化，水位年变化幅度约 2m，年最大变幅近 3.5m，当汛期沅江及冲柳水系水位高时，地下水位可升至距地面 1.5m 处。

1.2　水系与水文概况

1.2.1　气候水文

常德市处于亚热带季风气候区，气候温暖，四季分明，夏季酷热，冬季寒冷，年平均气温为 16.7℃，年日照时数为 1530～1870 小时，年无霜期为 265～285 天，年平均相对湿度为 81%。热量充足，适合多种作物生长。常德雨季主要集中在 4～6 月，且年际降水量变化较大，年均降水量 1365.5mm，常年平均降水量相当于全国平均值的 2.5 倍，年平均暴雨日数（日降水量≥50mm 的日数）为 4.1 天，位居湖南省第 6 位，其中 2000～2010 年平均暴雨日数达 4.4 天；最大日降水量为 251.1mm（1999 年 4 月 24 日），位居全省第 4 位。常德市 2～11 月均有暴雨发生，其中 4～8 月为暴雨多发时段，暴雨日数占全年的 85.9%，以 6 月暴雨发生次数最多，占全年暴雨日数的 26.7%。

沅江干流自三汊河口至常德，沿岸多崇山峻岭和高原，坡度大，峡谷多，滩险多，水流湍急。沅江自河源到黔城为上游。上游为云贵高原地区，多高山，海拔 1000m 左右，河道切割高山，形成很多高峰深谷，平原很少，只有都匀附近及锦屏至黔城间有一些小型盆地，上游河道平均坡降为 1.07‰。黔城至沅陵为中游，河长 248km。中游为丘陵地区，海拔 400m 以上的地段，占全流域 70%；海拔 200m 以下的地段，占全流域 1.9%。丘陵中间有长短不一的峡谷。黔城至洪江间，黄狮洞至铜湾之间的峡谷有几万米。河谷平原只有溆浦平原、支流酉水的秀山平原和潕水下游芷江平原较大，河道平均坡降为 0.278‰，较平缓。沅陵以下称下游，河长 223km。沅陵附近，山势大部低落，多为丘陵和平地，无较大的支流汇入。但在北溶至麻伊伏间为峡谷，五强溪坝址，即选在此地段。桃源以下，则为冲积平原，河道平均坡降为 0.185‰。

1.2.2　江南水城

1. 冲积平原

常德地处长江中下游，其水系素有"头顶长江三口，腰跨沅澧两水，脚踏东南洞庭"之称，是一座典型的临江、滨湖、拥河的水乡城市。洞庭湖四大水系中的沅江和澧水流经常德，境内沅江长 164km，澧水长 169km，境内流域面积在 $10km^2$ 以上的河流有432 条，平原及洞庭湖区水系纵横交错密布，有广阔的天然湿地，境内水资源十分丰富（图 1.3）。

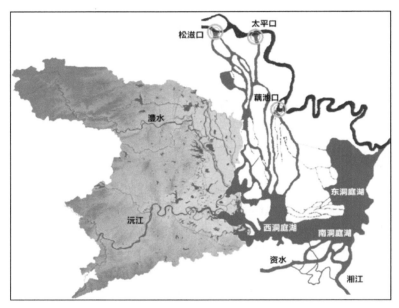

图 1.3　常德市流域水系图

常德市地貌大体构成是"三分丘岗、两分半山、四分半平原和水面"。常德市西北部属武陵山系，多为中低山区；中部多见红岩丘陵区；平原和水面主要集中在东部的洞庭湖区（图 1.4）。

沅江是湖南省的第二大河流，干流全长 1033km，流域面积 8.9163 万 km^2，落差 1462m，河口多年平均流量 $2170m^3/s$，年平均径流量 668 亿 m^3。沅江常德城区段为沅江下游、距洞庭湖约 24km，河床宽 500～900m，常德站平均水位 29.1m，年平均流量 $2065m^3/s$，年平均输水量 651 亿 m^3。

常德市中心城区位于沅江冲积平原上，江北城区地势平坦。常德市中心城区江北中心城区高程大部分在 30m 左右。江北城区、江南鼎城区、德山东部，坡度大都在 5° 以下，仅有德山西部区域部分区域坡度在 5° 以上。

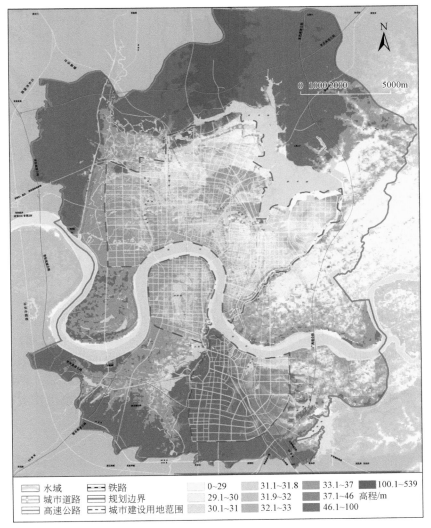

图 1.4　常德市中心城区高程图

2. 依山环水

常德中心城区山水环绕，北有太阳山、河洑山，江南有德山，沅江穿城而过，江北有渐河、马家吉河，江南有柱水、东风河以及众多的城市内河湿地，构成了"依山环水、南北湿地、东西田园"的常德市山水格局（图 1.5 和图 1.6）。

"依山环水"指城市北倚太阳山，中部环抱沅江，东北柳叶湖、沾天湖等水系环绕的山水格局。"南北湿地"指城市南北分别拥有柱水湿地及花山河湿地两大生态湿地系统，起到净化水源、涵养水土等作用。"东西田园"指城市东西分别拥有芦荻山田园及丹洲田园两大田园系统，起到滞蓄洪水、净化水质的作用。

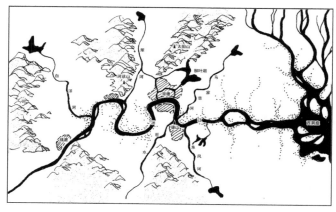 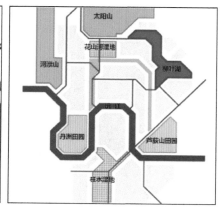

图 1.5   常德市城市山水格局图   图 1.6   常德市中心城区山水结构图

3. 河汉密布

常德市中心城区位于市域西南部,江北水系主要有柳叶湖、沾天湖、白马湖、渐河、马家吉河、杨桥河、新竹河、新河渠、反修河、反帝河、花山河、穿紫河、姻缘河、三闾港、护城河以及花山河湿地等(图 1.7)。柳叶湖南北两部分相通,湖面 17km² 左右,其中南柳叶湖约为 10km² 左右。位于中心城区范围内的马家吉河、渐河、新河渠、穿紫河、姻缘河、三闾港与花山河均与柳叶湖、沾天湖水系相通,两湖与诸内河共同组成江北防洪圈最重要的排涝水道,是保证江北城区免遭暴雨洪涝灾害的主要蓄洪排涝水体。

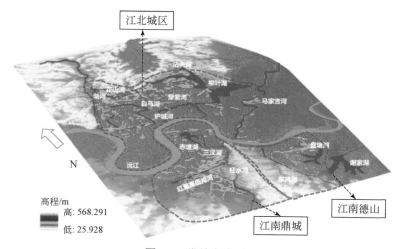

图 1.7   常德市水系图

常德市的水面率高达 17.6%,高于同类型的城市(图 1.8),也高于《城市水系规划规范》(GB 50513—2009)的要求,常德市具备打造水城的优良本底条件。

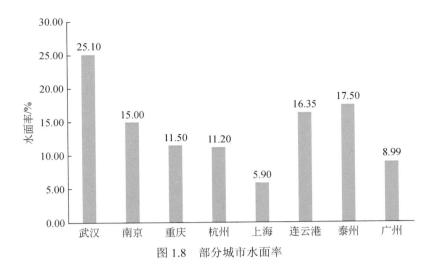

图 1.8 部分城市水面率

4. 水城共生

公元前 277 年，秦蜀守张若在常德筑城，修建了护城河，拱卫城池。在随后的发展中，常德又因为沅江常德段水势平缓，常德成为水上交通枢纽城市，在常德沅江边上形成了河街（图 1.9）。

图 1.9 常德老河街

凭借沅江天然的运输优势，常德成为沅江河运的咽喉要地，西南各地的土特产要顺沅江而下，从常德装上大船转运武昌下江入海，下游的物资又要从常德装船，上溯五岭，近代以前常德是水和船的世界。

抗日战争时期，古城墙被破坏，并殃及护城河。抗日战争胜利后，因无暇顾及护城河的环境保护和综合治理，以至于护城河许多地段藏污纳垢，居民随意往河里乱扔垃圾，还在河中砌石筑屋。1986 年开始对护城河进行为期 3 年的治理，将护城河改为明渠，1988 年又将明渠改为暗渠，成为地下洞河。祝家堰、龙坑被建成屈原公园，濠坪湖被建成滨湖公园。

由于水运的没落，河街日渐萧条，20 世纪 90 年代，为修建沅江防洪堤，彻底取消了河街；由于护城河被盖板，传承 2000 多年的护城河空间消失，护城河文化、漕运文化随之逐渐消亡。

地处城郊的穿紫河见证了农耕文明向城市文明的发展。穿紫河原是一条连通上游水系的河流，20 世纪 70 年代，为了撇洪，修建了渐河、新河，穿紫河成了无源之河；90 年代，随着城市的发展，穿紫河由远郊变为近郊，河流成为藏污纳垢之地，穿紫河成为一条黑臭河流。

1.3 社会经济概况

截至 2019 年年末，全市常住人口 577.1 万人，其中城镇人口 314.2 万人，农村人口 262.9 万人。常住人口城镇化率为 54.4%，比上年提高 1.4 个百分点。年末户籍总人口为 604.3 万人，比上年下降 0.2%，其中城镇人口 198.2 万人，下降 0.42%，乡村人口 406.1 万人，下降 0.06%；男性人口 307.3 万人，下降 0.19%，女性人口 296.9 万人，下降 0.16%；18 岁以下人口 97.9 万人，增长 0.06%，18～34 岁人口 116.3 万人，下降 2.26%，35～59 岁人口 250.3 万人，下降 0.03%，60 岁以上人口 139.7 万人，增长 1.28%；全年出生人口 5.09 万人，比上年下降 3.05%。

中心城区人口约 90 万，建成区面积约 90km^2。2019 年全市城镇居民人均可支配收入 33896 元，比上年增长 8.9%；城镇居民人均消费支出 26617 元，增长 7.5%。农村居民人均可支配收入 16484 元，增长 9.2%；农村居民人均消费支出 15782 元，增长 13.1%。

经初步核算，2019 年全市实现地区生产总值 3624.2 亿元，比上年增长 7.9%；其中，第一产业增加值 395.7 亿元，增长 2.9%，对经济增长的贡献率为 3.9%；第二产业增加值 1462.7 亿元，增长 7.8%，对经济增长的贡献率为 44.0%；第三产业增加值 1765.8 亿元，增长 9.0%，对经济增长的贡献率为 52.1%。全市人均地区生产总值达到 62493 元，增长 8.5%。

全市三次产业结构调整为 10.9：40.4：48.7。第一产业比重提升 0.4 个百分点，第二产业比重下降 0.6 个百分点，第三产业比重上升 0.2 个百分点。

全市完成一般公共预算收入 281.7 亿元，比上年增长 4.4%。地方一般公共预算收入 183.5 亿元，增长 5.2%，其中税收收入 120.7 亿元，增长 6.5%；非税收入 62.8 亿元，增长 2.9%。一般公共财政预算支出 608.5 亿元，增长 11.0%，其中重点支出项目为社会保障和就业支出 108.5 亿元，增长 9.1%；教育支出 76.5 亿元，增长 7.7%；农林水事务支出 91.1 亿元，增长 16.2%；医疗卫生支出 56.0 亿元，增长 8.8%；城乡社区事务支出 55.8 亿元，增长 22.5%。

全市森林覆盖率 48%，全年完成造林面积 1.56 万 hm^2，荒地造林面积 0.05 万 hm^2，年末实有封山（沙）育林面积 1.13 万 hm^2。自然保护区 8 个，面积 19.1 万 hm^2，其中国家级自然保护区 3 个，分别为壶瓶山、西洞庭、乌云界国家级自然保护区；省级自然保护区 2 个，分别为鼎城区花岩溪、桃源县望阳山省级自然保护区。已发现的矿种 141 种，探明资源储量的矿种 33 种。实施省以上土地综合整治项目 34 个，整治土地 1.43 万 hm²。市城区空气质量达标率 75.9%，空气质量达到二级标准的区县市新增 1 个；实际监测的地表水断面中，满足Ⅲ类标准及以上的比重为 97.74%，增长 2.63%。

全社会用电量 124.8 亿 kW·h，比上年增长 9.5%，其中工业用电量 59.5 亿 kW·h，增长 8.5%，城乡居民生活用电量 38.5 亿 kW·h，增长 10.1%。

1.4　城市治水历程回顾

1.4.1　国家治水政策

1. 政策出台背景

改革开放以来，伴随着工业化进程加速，我国城镇化经历了一个起点低、速度快的发展历程。根据住房和城乡建设部（简称"住建部"）发布的《2018 年城市建设统计年鉴》，我国城市建成区面积由 1981 年的 7438km² 增长到 2017 年的 56225.4km²（图 1.10），城市的数量由 1981 年的 226 个增长到 2017 年的 661 个，其中地级市以上城市由 110 个增长到 294 个，县级市由 113 个增长到 363 个（图 1.11）。

2006 年中国城区人口大于 100 万的城市为 57 个，到 2017 年该数目增长到 78 个，12 年间，中国该类型城市的数量增加了 21 个。高速和超高速的城市化过程，使中国的环境和生态系统承受了越来越大的压力，产生了一系列涉水的问题，如城市内涝问题、水环境问题、城市缺水问题及城市水生态恶化等。

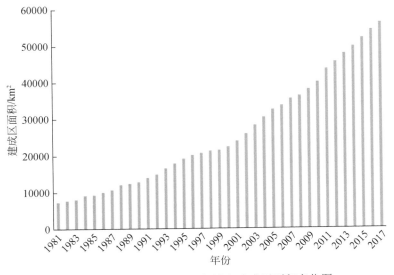

图 1.10　中国 1981～2017 年城市建成区面积变化图

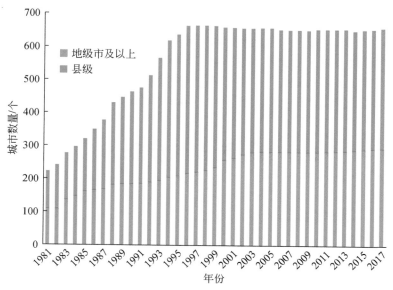

图 1.11　中国 1981～2017 年城市数量变化图

城市内涝是指城镇范围内的强降雨或连续性降雨超过城镇雨水设施消纳能力，导致城市地面产生积水的现象。导致城市内涝有客观原因和主观原因：客观原因主要有全球气候变化这一直接客观原因和城市化导致的城市局地气候条件变化这一间接客观原因（《第三次气候变化国家评估报告》编写委员会，2014）；主观原因主要是城市化进程中的诸多影响因素（张建云等，2013，2016；谢映霞，2013；陈利群等，2011；袁艺等，2003）。鉴于国内城市内涝问题日益严重的形势，2010 年住房和城乡建设部组织开展了全国范围内 351 个城市的调研工作，发现在 2008～2010 年的 3 年间，全国有 62%的城市都曾发生过内涝事件，内涝发生 3 次以上的城市有 137 个，城市内涝已经成为影响城市安全的重要因素（任希岩，2012）。根据全国洪涝灾害数据统计分析我国城市洪涝的演变规律及特征，整体上我国城市洪涝分布的空间格局表现为南部比北部多，中东部比西部多，其中长三角城市群、珠三角城市群、长江中游城市群及成渝城市群受灾最为频繁。

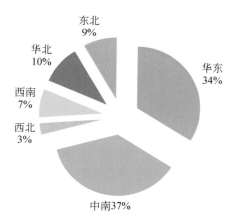

图 1.12　中国城市黑臭水体地域分布图

根据住房和城乡建设部、生态环境部全国城市黑臭水体整治信息发布平台显示，2019 年 10 月全国城市黑臭水体总认定数为 2869 个。2016 年北京市公布了 141 个河段为黑臭水体，2019 年广州市公布了 197 个河段为黑臭水体。从黑臭水体地域分布情况看，经济发达且水系众多的中东部地区的黑臭水体数量占比较大，中南区域和华东区域合计占比达 71%（图 1.12）。

缺水则是我国城市另外一重要问题，参考联合国系统制定的一些标准，我国提出了缺水标准：人均水资源量低于 3000m³ 为轻度缺水；500～1000m³ 的为重度缺水；低于 500m³

的为极度缺水；300m³ 为维持适当人口生存的最低标准。2006 年《水利部关于加强城市水利工作的若干意见》（水资源〔2006〕510 号）指出，城市缺水已经成为制约我国经济社会可持续发展的重要因素。目前 661 个建制市中缺水城市占 2/3 以上，其中 100 多个城市严重缺水。为了协调水资源与经济发展之间的矛盾，中国启动了南水北调工程，南水北调工程是迄今为止世界上规模最大的调水工程，工程横穿长江、淮河、黄河、海河四大流域，涉及十余个省（自治区、直辖市），输水线路长，穿越河流多。

2014 年 12 月 12 日，南水北调中线工程正式通水。江水进京后，北京年均受水达 10.5亿 m³，人均水资源量增加 50 多 m³。南水北调中线工程通水后，一期工程为北京送水 10.5亿 m³，来水占城市生活、工业新水比例达 50%以上。按照北京目前约 2000 万人口计算，人均可增加水资源量 50 多 m³，增幅约 50%。工程通水后，不仅可提升北京城市供水保障率，还将增加北京水资源战略储备，减少使用本地水源地密云水库水量，并将富裕来水适时回补地下水。

2. 相关治水政策

1）排水防涝设施建设

为缓解城市内涝问题，国务院办公厅发布了《关于做好城市排水防涝设施建设工作的通知》（国办发〔2013〕23 号），明确要积极推行低影响开发建设模式，旧城改造与新区建设必须树立尊重自然、顺应自然、保护自然的生态文明理念；要按照对城市生态环境影响最低的开发建设理念，控制开发强度，合理安排布局，有效控制地表径流，最大限度地减少对城市原有水生态环境的破坏；要与城市开发、道路建设、园林绿化统筹协调，因地制宜配套建设雨水滞渗、收集利用等削峰调蓄设施，增加下凹式绿地、植草沟、人工湿地、可渗透路面、砂石地面和自然地面，以及透水性停车场和广场。新建城区硬化地面中，可渗透地面面积比例不宜低于 40%；有条件的地区应对现有硬化路面进行透水性改造，提高对雨水的吸纳能力和蓄滞能力。

《室外排水设计规范》（GB 50014—2006，2016 年版）是对国家标准《室外排水设计规范》（GB 50014—2006，2011 年版）的局部修订。为有效应对暴雨等极端天气引发的城市内涝灾害，加强我国城市排水防涝设施的建设，新版规范对雨水管渠设计重现期、内涝防治系统设计重现期、暴雨强度公式、雨水设计流量计算方法、雨水利用设施和内涝防治工程设施等都进行了补充和修订。一方面体现城镇雨水排水管渠在防治城市内涝灾害、保障城镇排水安全方面承担的重要作用；另一方面也规定城镇内涝防治不能仅仅是雨水排水管渠系统，而是综合措施才能应对。

2017 年 1 月，住建部发布了《城镇内涝防治技术规范》（GB 51222—2017），该规范确定了城镇内涝防治系统应包括源头减排、排水管渠和排涝除险等工程性设施，以及应急管理等非工程性措施，并与防洪设施相衔接。明确当地区整体改建时，对于相同的设计重现期，改建后的径流量不得超过改建前的径流量。该标准较为详细地明确了低影响开发设施建设要求，与海绵城市建设指南衔接较好。

2）海绵城市建设

2013 年 12 月，习近平总书记在中央城镇化工作会议上提出"建设自然积存、自然渗透、自然净化的'海绵城市'",2014 年 10 月,住房和城乡建设部出台了《海绵城市建设技术指南——低影响开发雨水系统构建(试行)》。同年 12 月,住建部、财政部、水利部三部委联合启动了全国首批海绵城市建设试点城市申报工作。为引导海绵城市建设、考核海绵城市建设试点效果,住建部、水利部分别发布了《海绵城市建设绩效评价与考核办法(试行)》《水利部关于推进海绵城市建设水利工作的指导意见》。

《国务院办公厅关于推进海绵城市建设的指导意见》(国办发〔2015〕75 号)明确指出:海绵城市是指通过加强城市规划建设管理,充分发挥建筑、道路和绿地、水系等生态系统对雨水的吸纳、蓄渗和缓释作用,有效控制雨水径流,实现自然积存、自然渗透、自然净化的城市发展方式。并提出:通过海绵城市建设,综合采取"渗、滞、蓄、净、用、排"等措施,最大限度地减少城市开发建设对生态环境的影响,将 70%的降雨就地消纳和利用。到 2020 年,城市建成区 20%以上的面积达到目标要求;到 2030 年,城市建成区 80%以上的面积达到目标要求。

为规范海绵城市专项规划编制,2016 年《住房城乡建设部关于印发海绵城市专项规划编制暂行规定的通知》(建规〔2016〕50 号),明确"海绵城市专项规划是建设海绵城市的重要依据,是城市规划的重要组成部分。"海绵城市专项规划经批准后,编制或修改城市总体规划时,应将雨水年径流总量控制率纳入城市总体规划,将海绵城市专项规划中提出的自然生态空间格局作为城市总体规划空间开发管制要素之一"。由此海绵城市专项规划的重要地位予以明确。

《海绵城市建设技术指南——低影响开发雨水系统构建(试行)》是海绵城市建设的主要技术依据。该指南的主要内容包括总则、海绵城市与低影响开发雨水系统、规划、设计、工程建设和维护管理,共六章。该指南旨在指导各地新型城镇化建设过程中,推广和应用低影响开发建设模式,加大城市径流雨水源头减排的刚性约束,优先利用自然排水系统,建设生态排水设施,充分发挥城市绿地、道路、水系等对雨水的吸纳、蓄渗和缓释作用,使城市开发建设后的水文特征接近开发前,有效缓解城市内涝、削减城市径流污染负荷、节约水资源、保护和改善城市生态环境,为建设具有自然积存、自然渗透、自然净化功能的海绵城市提供重要保障。该指南提出了海绵城市建设——低影响开发雨水系统构建的基本原则,规划控制目标分解、落实及其构建技术框架,明确了城市规划、工程设计、建设、维护及管理过程中低影响开发雨水系统构建的内容、要求和方法,并提供了我国部分实践案例。

为落实海绵城市理念,住建部等相关部委组织对相关标准规范进行修订,包括《城市用地竖向规划规范》[修订后为《城乡建设用地竖向规划规范》(CJJ 83—2016)]、《城市排水工程规划规范》[修订后为《城市排水工程规划规范》(GB 50318—2017)]、《建筑与小区雨水利用工程技术规范》[修订后为《建筑与小区雨水控制及利用工程技术规范》(GB 50400—2016)]等 11 项相关规范标准。

目前全国已经结束了两批海绵城市建设试点工作,合计有 30 个城市成功申报中央财政支持海绵城市建设试点。其中,2015 年试点城市(区)有 16 个:迁安、白城、镇江、嘉兴、池州、厦门、萍乡、济南、鹤壁、武汉、常德、南宁、重庆、遂宁、贵安新区和西咸新区;2016 年试点城市有 14 个:北京市、天津市、大连市、上海市、宁波市、福州市、青岛市、珠海市、深圳市、三亚市、玉溪市、庆阳市、西宁市和固原市。通过海绵城市建设试点,地方形成了海绵城市建设推进的体制机制,示范形成了各地海绵城市建设技术体系(任南琪等,2020;章林伟等,2017a,2017b;夏军等,2017;刘昌明等,2016;仇保兴,2015;王文亮等,2015)。

1.4.2 2006 年之前治水探索

20 世纪 80 年代以来,常德城市化进程加快,部分水系调蓄空间被填埋,再加上硬质铺装增多,城市水循环状态发生改变,内涝灾害时有发生。同时,由于排水设施不完善,部分工业废水和生活污水直排入河,加上部分自然河道被人工隔断填埋,变成死水塘,水体浑浊发臭,水面蓝藻和水葫芦泛滥。内涝问题成为市民的"心头之患",黑臭水体成为常德市的"城市之殇"。

1990 年年初,常德举全市之力,修建设计标准为百年一遇、长达 9km 的沅江混凝土防洪大堤。2009 年江南防洪工程达到 100 年一遇标准,江南江北形成了统一的防洪标准。沅江上游五强溪水电站等梯级电站启用后,能够适当调节洪峰,常德城区防洪形势得到改善,基本消除城市外洪威胁的问题。

2000 年前后,在水系治理呼声日益高涨下,开始对内城主要水系,穿紫河、护城河等进行治理。2003 年,常德市组建穿紫河工程建设指挥部,启动穿紫河治理工程,针对水质黑臭问题和内涝问题,采取河道清淤、泵站改造、沅江引水、边坡硬化、部分水系连通等了措施。

2004 年,常德市成立护城河综合治理筹备办,对护城河进行治理。当时护城河平均宽度约为 4m,已成为老城区合流制排水系统的排污河道,环境污染严重。主要治理措施包括:河道与卡口清淤,河床底板修复;乌龙港改为暗涵,填土覆盖后绿化;整治建设桥机埠调蓄池,建溢流堰;对部分河道盖板;河岸绿化改造等。

回顾 2004 年以前常德市城市治水措施,有得有失。通过防洪堤的建设,结合流域控制工程,基本解决了常德市城市防洪问题;但在城市内河水系治理方面,缺乏系统性、整体性的工程方案,部分工程措施甚至是错误的,如河道水系的填埋,所以在内河治理方面成效甚微。

1.4.3 2006～2014 年中欧合作治水

2006 年 3 月,由德国汉诺威市政府、常德市政府、湖南省建设厅和荷兰乌特勒支市政府等共同承办的欧盟资助项目《解决亚洲城市可持续发展的问题——常德市城区及穿紫河污水治理个案分析》启动。该项目在常德水系问题调查基础上,提出用生态可持续的理念,从流域层面采用生态的手法对内河水系进行治理,对城市排水系统则采用生态滤池的方法进行治理。该理念得到常德市政府的接纳和重视。

为推进和落实该理念,2008 年 8 月,常德市规划局委托汉诺威水协编制了《水城常德——常德市江北区水敏型城市发展和可持续性水资源利用总体规划》。穿紫河水系生态治理是水城常德建设的重点区域。船码头雨水泵站改造是第一个示范项目,该项目位于当时穿紫河最西端,针对分流制区域内管道混接现状,采用生态滤池净化混流污水,降低排水对河道的污染;2013 年 7 月,项目建成投入使用。

实际上,这段时间项目工程量少,呈点状分布,单个示范好,却难以产生相应的片区效应，不能有效地解决水体黑臭与城市内涝的问题，到 2015 年海绵城市建设试点启动时，穿紫河、护城河依然为黑臭水体。

1.4.4　2015～2018 年国家海绵城市建设试点

结合现状内涝区、黑臭水体分布、城市建设现状和开发计划，常德市划定海绵城市建设试点区（面积 36.1km²），安排七大类 148 项海绵城市建设相关工程。截至 2018 年 6 月月底，试点建设项目已完工 137 个，完工率达到 92.6%。原计划投资 78.15 亿元，实际总投资 79.47 亿元，投资完成比达 101.7%。

1. 水环境治理项目

采取控源截污、内源治理、生态修复、活水保质等技术措施，系统开展黑臭水体专项治理行动，完成了 335km 污水管道的新建与改造；完成了桃花源、岩桥寺、唐家溶等 7 座污水提升泵站和皇木关污水处理厂的新建，启动了江北城区污水净化中心的改造；完成了护城河、穿紫河、新河渠、沾天湖、柳叶湖、阳明湖、滨湖等水系的综合治理，市城区主要黑臭水体基本消除，城内各水体水质达到地表水标准Ⅳ类以上。2016 年 10 月 17 日穿紫河、白马湖、丁玲公园、柳叶湖开通了水上巴士。

2. 水安全保障项目

采取加强源头控制、恢复和拓展城市水系空间、完善市政排水管网、加强内涝点排查与整治等措施，完成了防洪大堤——常德诗墙花堤综合治理、江南风光带项目建设；完成了花山闸、柳叶闸的新建；完成了 419km 雨水管道的新建与改造；完成了船码头、夏家垱、柏子园、余家垱、粟家垱、杨武垱、尼古桥、楠竹山等 20 座雨水泵站的改造与新建，提高了对雨水径流的渗透、调蓄和排放能力，市城区防洪排涝能力大大增强，城市不再"看海"，经受了 2016 年 7 月上旬和 2017 年 7 月上旬两轮强降雨的严峻考验。在两次 24 小时累计雨量都大于 177.8mm 的情形下，市城区无大面积积水，无人员伤亡。

3. 水生态恢复项目

启动了花山河生态湿地和内河水系驳岸景观绿地建设，完成了城市内河穿紫河、杨桥河、新河渠两岸生态岸线建设，完成了城市内湖滨湖、朝阳湖、沾天湖、柳叶湖的生态驳岸的重建与修复；完成了百果园植物走廊、柳叶湖环湖道风光带的新建；完成了城市内部公园白马湖公园、丁玲公园、滨湖公园、屈原公园的新建与改造，重塑了自然生态岸线，营造了动植物多样性生存环境，打造更加良性的水文生态。提质改造后的屈原公园、滨湖公园和穿紫河、柳叶湖沿岸植物生长茂盛，鲜花四季盛开，百鸟争鸣，鱼翔浅底，成为一道道靓丽的自然风景线。

4. 水文化传承项目

修复重建了老常德时期的麻阳街、大小河街、老西门、窨子屋、白鹤山古镇等历史记忆，挖掘了整合"常德丝弦""花鼓戏"两项非物质文化遗产，新建德国风情街、婚庆产业园、金银街等特色商业街，使老常德的内河码头文化、商业文明得到传承。特别值得一提的是窨子屋，它是古常德典型的民居建筑形式，采用中国传统的四水归堂的雨水收集方式，符合现代海绵城市建设理念。重建的窨子屋融入了更多传统和现代的海绵元素，是展现传统与现代的对话交流的"窗口"。

5. 产业立市支撑项目

海绵城市建设带来了规划设计、专业人才培养、管理、运营、智慧平台开发、新技术、新材料研发制造等诸多产业融合发展的契机。随着海绵城市建设的深入，链条越拉越长，催生了湖南道诚、鑫盛建材等一批新型技术和材料企业，带动了七星泰塑、湘北水泥水管厂等一批传统企业的转型升级。完成了水生植物种苗基地的新建；完成了锦江酒店、华侨城常德欢乐水世界——梦幻桃花岛、房车营地、沙滩公园、文化产业园、芙蓉王现代新城、北部生态新城、德国街、金银街、万达广场、友阿广场、和瑞欢乐城等工程项目的新建，带动了旅游、商贸、体育等相关产业发展，常德的房地产业也因环境的不断改善，吸引恒大、万达、保利、碧桂园等地产巨头抢占常德市场，呈现更为繁荣景象。

6. 科研支持项目

常德市申请了海绵城市关键技术应用及示范项目，该项目为湖南省 100 个重大科技创新项目，由湖南文理学院和常德市海绵城市建设管理有限公司共同承担，结合"渗、滞、蓄、净、用、排"等海绵城市建设理念，主要围绕以下四方面进行新技术、新产品的研发。
（1）海绵城市建设水质保护及修复水生植被群落构建技术研究。
（2）人工湿地垂直流生态滤池构建优化技术研究。
（3）黑臭水体修复及富营养化应急微生态制剂研发技术。
（4）围绕海绵城市建设"渗、滞、蓄、净、用、排"理念，研发相关应用产品。

7. 城市水管理项目

建立常德市地下管网信息系统，采用 CCTV 仪器检测排水管网，及时准确发现和排除管网错接、断接和堵塞等问题，为城市雨污分流、保障管网畅通提供有力技术支撑。常德市已相继建成污水处理、给排水、海绵城市建设监管平台和云计算中心，智慧水务系统基本形成。通过利用通信技术和网络空间虚拟技术，使传统的水务管理向智能化转型。

第2章

国外典型城市排水系统规划建设研究

2.1 英国可持续排水系统

2.1.1 可持续排水系统实施的背景

2007 年 6 月与 7 月，英国发生毁灭性洪灾，导致 13 人死亡，7000 人等待救援，55000 所住宅、近 50 万人无法用电用水，此后，英国政府立刻委任迈克尔·皮特（Michael Pitt）对洪水风险管理、应急计划、重大基础设施脆弱性与恢复力、应急响应与灾后恢复进行审查。在 3 个月的审查期间，相关方面收到了 1000 多件书面证据。

2012 年 3 月，单独的《国家规划政策框架》代替了英国的 44 个规划政策文件。同时发布的还有规划实践指导文件，其中一份名为《洪水风险与海岸线变化》，这份文件的第 79 段指出，新的发展项目"在有洪灾风险的地区，只有优先考虑使用可持续排水系统才能被列入审批之列"。2014 年 12 月，政府宣布规划部门从 2015 年 4 月开始拥有批准 SuDS 提案的权力（皮特审查报告中的一项重大建议），而且十处及以上住所、规模相当的非居住建筑或混合项目都要提出申请。

2015 年 11 月，在英国社区与地方政府事务部国务大臣声明的敦促下，建筑工业研究与情报协会（CIRIA）发布《SuDS 手册》（CIRIA 报告 C753）[①]，该声明"明确说明 SuDS 在规划系统中必须发挥更大作用"。CIRIA 网站称该手册是"在英国可使用的、最全面的行业 SuDS 指南"。SuDS 最终成为英国主流的排水系统。

2.1.2 可持续排水系统的概念及内涵

可持续城市排水系统（sustainable urban drainage system，SuDS）是一种新型排水理念，一方面充分利用城市传统的排水系统，另一方面引入可持续发展的概念和措施[②]。SuDS 基于试图复制自然生态排水系统的设想，采取低成本及低环境影响的方法，通过收集、储存、利用等技术和工程手段，降低雨水径流流速，对雨水和地表水进行净化并循环使用。这个设想最早应用于英国的城市排水系统，但其发展并不局限在城市范围内[②]。

在自然环境中，降落到地表的雨水，一部分渗入地下，另一部分形成地面径流沿江河回归大

[①] CIRIA. 2015. The SuDS Manual. London.
[②] CIRIA. 2005. SuDS: Sustainable Drainage Systems: Promoting Good Practice—A CIRIA Initiative. http://www.ciria.org/suds/background.htm.

海。但在许多地区，特别是城镇市区，大部分地表由建筑物及密封水泥混凝土路面构成，这种下垫面限制了雨水的自然渗透。传统的城市排水系统主要是由管道和暗渠构成，雨水经由地下管网最终排入江河等自然水体中，使城市地表水汇流速度远远大于自然水循环过程的雨水汇流流速。

传统城市排水系统设计理念的核心是，将地表水尽可能快速地排至受纳水体，暴雨时，迅速汇集的大量雨水不仅使排水系统陡增压力，导致城市内涝，而且还可能造成一系列生态问题。首先，暴雨会导致河流水位和水流速度急剧上升，增加下游发生洪水内涝灾害的风险；其次，雨水径流往往携带油质、有机物、淤泥、有毒金属等污染物，经由排水系统排入水体，污染水体（Deletic，1998）；最后干旱时雨水渗透回补地下水量减少，而且雨水不能合理利用。

针对传统排水系统的弊端，SuDS 旨在通过最小化排水量来减少上游排水系统对下游区域的影响，并尽可能地改善水质。它同时具有防洪、雨水循环使用及污染物削减等功能，充分体现了 SuDS 的功能多样性。SuDS 不仅能够减小城市在极端暴雨天气时发生城市内涝的风险，还有其他多种好处，例如，将污染扩散最小化、维持或恢复自然水流、改善水质及美化环境等。除了具有功能上的优势，其所花费的综合成本还低于传统排水系统，实践表明，最多可节约 2/3 的费用。总体而言，SuDS 通过对源头、场地、区域的控制（图 2.1），实现水量、水质、舒适度、生物多样性的四重功能（图 2.2）。

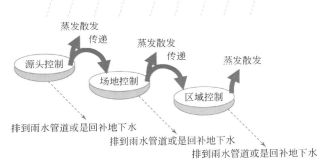

图 2.1　SuDS 管理链

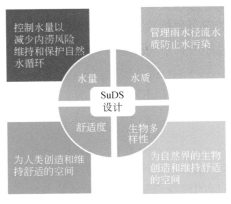

图 2.2　SuDS 价值

资料来源：CIRIA. 2015. The SuDS manual. London.

1. SuDS 雨水控制途径

（1）预防：指首先应通过合理的场地设计安排竖向标高，引导地表水流向适当的方向。同时应考虑场地中水流通过污染源（如停车场等）时可能带来的污染，雨水需要在净化处理后再排入地下或管道。

（2）源头控制：指在雨水径流产生附近进行存储，排水和调节。例如，雨水从屋顶花园收集后可用于灌溉场地内植物，暴雨时多余水量可排入场地内小湖，过滤后渗入地下。

（3）场地控制：指控制好一个项目用地范围内的排水设计。例如，场地内多个暴雨平衡湖之间的关系，场地中所有雨水的引导等。

（4）区域控制：指通过管理一定区域内的多个项目（如城市中的某个城区或整个城市）控制排水的组织、平衡、净化和利用。

2. SuDS 雨水管理链

"管理链"主要针对暴雨时的蓄洪和干旱时的雨水储备，通过以下四种技术模仿自然雨水循环模式。

（1）收集：指雨水在原地收集并就地使用，不渗入地下。通常收集的雨水用于城市植物灌溉或冲洗厕所。雨水收集能减少暴雨时地表水流量，同时还能在一定程度上缓解水资源短缺。雨水收集器技术较为简单，应是 SuDS 运用的首选项，在世界各国就已运用多年。

（2）过滤：指雨水渗入地下的过程。它主要强调雨水在原地过滤并渗入地下土壤，从而减少地表径流量。同时，雨水渗入地下还补充地下水，使得该区域地质结构相对稳定。这种技术应是 SuDS 设计的优先选项。当然，渗透量要根据不同土质和场地使用功能确定。常用的过滤渗透技术有草地构成的缓坡、沟、槽、洼地，以及透水性铺地等。

（3）转移：指把地表水从一地转移至另一地。场地中各部分由于地质条件或功能不同，调节雨水的承载力也不同。因此，通过人工控制，把雨水从存储能力低的地方转移至高的地方，就能实现整个场地雨水管理的平衡。

（4）存储与滞留：主要指通过提供临时雨水存储空间来减少地表雨水流量。这些临时存储空间可以是平时无水的草地低洼处，也可以是底部为永久性水池的有临时储水能力的洼地。当临时雨水储量满后，再溢流入下一级临时储水池，从而减缓暴雨时地表水流量。

2.1.3　可持续排水系统水量设计

1. 水量设计目标

为控制径流以支撑洪水风险管控，维系和保护水的自然循环，可持续排水系统水量设计目标为：①控制地块开发后的洪峰流量；②控制地块开发后总的流量。

在小尺度和中尺度（城市尺度），短历时、高/中强度的持续降雨事件中，可持续排水系统能有效降低洪水风险。相对于长周期流域性的洪水（如泰晤士河流域），可持续排水系统洪水风险管理效果比较有限。

为控制开发后洪峰流量，可持续排水系统构建一系列的措施，其中场地限流措施为其主要措施（图 2.3）。通过场地限流措施，降低雨水径流汇流速度、存储雨水，然后再以一定的速率排向水系，以控制洪峰。

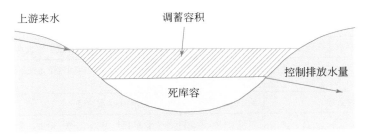

图 2.3　可持续排水系统洪峰控制原理

限流措施能有效控制洪峰，但是并不能减少水量，这种措施有可能导致限流设施发生内涝，尤其是合流制排水系统。

对于单个限流设施，尽管限流措施能有效降低洪峰，但是径流时间延长可能导致对下游水土的侵蚀。同时限流措施仅对于较大降雨事件有用，对于较小的降水事件，流量直接从限流设施通过，无限制作用。

在汇水分区尺度，单独使用限流措施的缺陷也是明显的。虽然各个子汇水分区通过限流能够削减峰值达到开发前的水平，但是由于各子汇水分区的水量排放增加，导致汇水分区层面洪峰依然增加（图 2.4），这就意味着下游依然有内涝风险。

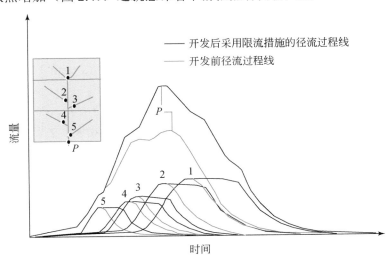

图 2.4　限流过程线叠加示意图

资料来源：CIRIA. 2015. The SuDS manual. London.

2. 水量设计准则与标准

可持续排水系统针对水量控制设计了一系列的指标，具体如表 2.1 所示。

表 2.1 水量设计指标体系

序号	水量设计指标	指标解释
1	地表径流资源化利用	收集雨水径流用于回灌地下水或者用于补充河道基流
2	下游区域洪水风险有效管控	优先利用地表水体调蓄雨水径流，而不是优先利用排水系统排水，大暴雨事件的峰值及洪量控制达到水量控制标准
3	保护受纳水体地貌和生态	小暴雨事件洪峰和总量控制标准应满足水量控制标准
4	保护场地自然水文系统	场地自然水文产汇流特征应该通过景观设计或者地表水管理系统予以保护
5	有效排水/排空时间	对于所有的降雨事件，都可以在合适的时间内排走或下渗完，不影响下个场次降水的排水
6	场地内涝风险管理	对于超标暴雨，设置有超标暴雨排水通道
7	场地应对气候变化弹性设计	可持续排水系统设计应包括应对气候变化的冗余度，或者具有足够的弹性能够应对气候变化

水量设计标准 1——控制径流总量，小雨不排放到受纳水体，大雨（如 100 年一遇）场地的径流总量应达到控制目标。

小雨径流总量控制主要通过截留措施实现，通常截留 5mm 的雨量。从绿地的水文响应看，5mm 的雨量不产生径流，从而可以实现对受纳水体地形和生态有效保护的目的，达到开发前的状态。这个目标可以通过一系列的技术措施实现，如雨水收集、渗透、蒸散发等。

理想情况下，对于所有的降雨事件，场地开发前后的降雨径流特征都应该一致，对于小雨，通过一系列措施，可以达到目标要求，但是对于大暴雨，仅仅通过低影响开发措施是难以达到该目标。因此对暴雨径流总量控制需要应用调蓄和限流措施，以保证不会对下游受纳水体造成洪水风险 [通常大暴雨排放标准为 $2L/(s \cdot hm^2)$]，可以通过使用如下两种途径之一达到：

途径 1，额外的洪水总量（100 年一遇场地开发前后洪水总量的差值）应以 $2L/(s \cdot hm^2)$ 或者更低的速度排放，并且允许绿地系统以其自身（预测计算）的洪峰流量排放其洪水总量。

途径 2，大暴雨（100 年一遇）所产生的洪水总量以 $2L/(s \cdot hm^2)$ 或者以年平均径流峰值（年平均洪水）排放。

途径 2 提供了一种简单的方法计算，但是调蓄容积比途径 1 大。对于不透水面，SuDS 要求通过各种管理措施，确保 100 年一遇的 6 小时降雨事件场地开发前后降雨径流总量保持不变。

水量设计标准 2——径流峰值控制：控制可能对生态系统、地貌、下游受纳水体、下游排水系统造成影响的峰值，控制极端暴雨径流峰值。

对于高频率设计降雨（1 年一遇或者 2 年一遇），场地排水不对下游受纳水体、排水系统造成影响，开发前后场地排水峰值应保持一致。

对于低频率设计降雨（100 年一遇），场地排水峰值应保持开发前后一致。

2.1.4 可持续排水系统水质设计

1. 水质设计目标

考虑到在欧洲基础设施水平相对较高，城市污水直排等现象基本消除，城市分散式雨水面源污染是城市河流的主要污染源，英国政府也意识到处理初期雨水污染是 SuDS 重要的功能，因此确定 SuDS 的主要水质目标在于控制雨水径流污染。

传统的城市雨水管网将雨水输送到城市受纳水体，雨水管网内水流流速较快，泥沙及初期雨水污染物以悬浮物的状态排出到城市水体。虽然城市边沟及相关的设施如沉沙井等能沉淀部分泥沙，但其效能的发挥依赖于清理的频次。而 SuDS 排水系统却可以弥补传统城市排水系统这一缺点。SuDS 可以有效接受和净化雨水，通过净化、存储、渗透设施，减少径流总量，降低初期雨水流速，减少污染物入河量，从而净化水质。

城市中影响城市雨水径流水质的因素主要包括：①人类活动，如建设活动污染物排放等；②突发事件，如城市发生危险化学品泄漏的突发事件，污染水质；③下垫面类型，影响污染物冲刷迁移机制；④汇流路径长度，汇流路径越长，则可以拦截时间越长；⑤降雨发生前干旱持续时间，干旱时间越长，则累计污染物越多；⑥降雨的强度及持续时间，相对应的坡面流流速；⑦雨水汇流中的影响因素，包括边沟、管网系统、砂石、土壤、植被等对污染物的拦截及沉淀作用。

场地雨水径流污染的风险和受纳水体降解能力、稀释能力、汇流路径有关。总体而言，受纳水体的环境质量依赖于以下因素：①雨水径流污染物类型；②雨水径流污染物浓度峰值；③雨水径流污染物总量。雨水径流污染物峰值浓度将对受纳水体水质造成短期的影响，而雨水径流污染物总量对受纳水体水质恶化造成长期的影响（图 2.5）。

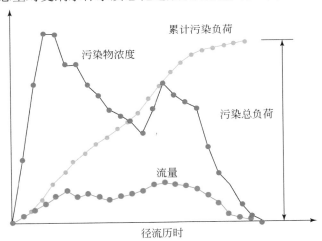

图 2.5　降雨径流过程中流量、污染物浓度和污染负荷累计过程线图

资料来源：CIRIA. 2015. The SuDS manual. London.

在关注地表水质的同时，SuDS 还关注地下水水质。地下水水质污染主要来源于点源污染（如储油罐的渗漏）和面源污染（污水设施渗漏和雨水径流污染）。地下水水质污染主要受以下因素影响：

（1）污染物类型。有机物和部分无机物会在包气带中降解，微量金属污染物则比较稳定，而且最终会从包气带中迁移到地下水中。生物降解过程是有机物在自然界中分解的最重要的过程，其他过程如水解、降解、置换则可能和某些特定的物质和地下环境相关。

（2）包气带深度。包气带越深，污染物迁移到地下水的时间越长，污染物到达地下水的浓度越低。

（3）包气带的特征。某些土壤能较好地滞留和存储污染物，延长污染物到达地下水的时间，有利于污染物的降解。

（4）土壤断面污染物累积浓度水平。污染物浓度越高，污染物在包气带中滞留的时间就越短。

在排水系统设计时，需要考虑地表水和地下水的水质，通过评估场地开发对地表水和地下水水质的污染风险，确定合适的对策，确保场地开发对水质的污染降低到可接受水平。

2. 水质设计准则

准则 1，保护受纳水体和地下水环境质量。

为保护地表水和地下水的水质，场地雨水径流水质必须达到可接受的水平。即使受纳水体水质较好，而且地表径流直排不会对受纳水体水质有很大的影响，雨水径流污染也必须在源头进行处理。通过源头处理，确保受纳水体不会因极高的瞬时污染物浓度对其造成负面影响。雨水径流污染物的控制可以通过以下途径实现。

（1）污染物的预防。减少污染物和雨水径流混合概率，如通过道路清扫、雨污水管网混错接改正、泥沙控制、油箱防漏等措施。污染物的预防是水环境保护最基本的部分，这需要场地管理或运维人员对排水系统或下游污染负责。社区源头污染预防措施对下游 SuDS 的运行风险削减有很重要的作用，但是由于社区的污染预防措施是志愿性的，因此社区的污染预防措施不能作为污染物预防的主要措施。

（2）拦截。通过透水地面或者植被收集系统拦截雨水径流污染，削减大部分的雨水径流所携带污染负荷。

（3）治理。运用 SuDS 中的水质净化措施，削减径流污染物达到受纳水体可接受的水平。

（4）维护和修复工作。通过维护和修复工作去除污染物和维持排水系统的正常运转。

在源头地块控制雨水径流污染效果较好，还可以提高源头地块的舒适度和下游排水系统生物多样性，并且成本较低。采用源头治理措施的另一个好处就是当地块由多个业主共同拥有时，可以跟踪雨水径流污染物产生量，各地块 SuDS 削减污染量可计算。为确保水质设计效果，SuDS 提出了 5 条设计要求。

1）尽量在源头处理地表径流污染

（1）源头地块地表径流污染物浓度相对较低，水流流速较慢，SuDS 源头处理设施可以有效处理。

（2）SuDS 源头处理设施可以根据污染物负荷进行设计，进而有效控制源头雨水污染负荷。

（3）由意外事故导致的污染事件可以在源头隔离并且处理难度小，并且在源头地块处理突发事故污染不会影响下游排水系统。

（4）源头地块污染治理有利于鼓励地块业主参与治理污染，鼓励公众参与。

（5）当源头处理设施效能下降时，容易修复和替换，且不会对全系统造成不利影响。

2）用地表设施处理地表雨水径流污染

（1）当泥沙接受紫外线照射时，光分解作用和挥发过程能够降解污染物，尤其是油和其他碳水化合物。

（2）当泥沙被 SuDS 设施捕获时，通过日常的运行维护就可以将泥沙清理出 SuDS 设施。

（3）地表 SuDS 设施可以下渗和蒸发地表径流，削减径流总量、雨水径流污染负荷。

（4）可以通过植被进行处理。

（5）污染源容易识别。

（6）突发事故和混接错接导致的污染问题易识别，并且可以很快被修复。

（7）低效或是破损的源头 SuDS 处理设施易被常规检查巡查发现，并且易于修复。

3）处理一定量的地表雨水径流污染负荷

4）减少沉积泥沙再次被转移输送的概率

5）减少突发事故的影响

准则 2，系统设计应适应气候变化。

为了排水系统能够持续有效地处理城市雨水径流，保护自然环境，SuDS 源头处理设施的设计应该考虑潜在的气候变化及其对排水系统的影响，并采取适当的措施确保排水系统更具有弹性。

夏季气温升高和降水的减少为源头处理设施关键的气候变化影响因子，这两因子能影响某些植物的生存。雨水径流水温升高会对生态系统的敏感性有影响，SuDS 源头处理设施可以在一定程度上缓解这类风险。

3. 水质设计标准

水质设计标准 1：控制大部分的小雨径流不进入受纳水体。

控制小雨（如小于 5mm）其产生的径流不能进入受纳水体或是排水管网。因初期雨水比较脏，小雨径流会对受纳水体产生较大的水质影响，同时小雨径流事件较多，易导致经常性的雨水径流污染；小雨径流占径流总量的比例越高，污染物浓度就越大，携带的污染物负荷越高。

通过源头控制小雨径流和其携带的污染物，能有效保护受纳水体免遭长期的污染物累积效应。通过截流措施能将初期雨水的污染物截留在土壤中，虽然污染物能够部分降解，但是也要充分考虑地下水的污染问题，因此需要经常性的维护，或者定期对 SuDS 源头处理设施进行翻新。

英国小于 5mm 的降水事件约占降水事件的 50% 以上，在自然状态下，这种降雨基本不产流，然而在不透水下垫面情况下，场次降雨基本都有产流。城市地面 5mm 降雨所产生的径流不进入受纳水体或是管网其背后的生态依据在于维持开发前后水文情势基本不变。

冬季长时间连续降雨导致土壤含水饱和，在这种情况下 5mm 的降雨可能会产生径流。但是从水质保护的角度看，由于夏季降水量较少，受纳水体水位较低，夏季初期雨水控制对水质保护作用更大。

水质设计标准 2：处理雨水防止对受纳水体造成负面影响。

为保护受纳水体水质，雨水径流污染控制需要防止以下两类雨水径流污染：

（1）短历时高强度污染：主要来源于突发事故或者高浓度雨水径流污染。

（2）长期累积性污染：主要来源于长期的、累积性的城市雨水径流污染。

雨水径流处理的程度和地块的用地性质、污染防治的目标、土壤对污染物的降解能力相关。高污染区比低污染区产生的污染负荷及污染浓度都高，因此需要更多的 SuDS 源头污染削减措施。不同地块产生的雨水径流污染物类型也会有比较大的差别，这也影响 SuDS 源头处理设施类型的选择。

一般地块雨水径流污染风险相对较低，可以通过 SuDS 处理设施在源头逐级逐步处理雨水径流污染，改善雨水径流水质。SuDS 还充分考虑了饮用水水源保护区、生物栖息地等雨水径流处理要求。

SuDS 要求高污染风险地块（如工业区），排水系统的设计需要满足场地污染风险评估，SuDS 的设计应该基于评估结果进行，应包括以下一种或几种措施：

（1）SuDS 管理培训或者实施主动干预措施（如在靠近车间、地块排口的位置安装调节管道流量的活塞或者水闸）以确保发生突发事故（如溢流）、SuDS 处理系统失效（由于季节性影响）等问题时风险可控。

（2）根据污染物类型实施定制的 SuDS 源头处理设施。

（3）将该区域雨水径流断接，不进入雨水系统，如进入污水系统。

雨水水质处理的雨量标准通常依据经常发生降雨事件来确定，如 1 年一遇 15 分钟（或者水质拐点发生的持续时间）的雨量。

2.1.5 可持续排水舒适度设计

1. 舒适度设计目标

舒适可定义为"一个有用或是令人愉悦的设施或者服务"。SuDS 舒适度设计的目标在于创造和维持一个让人更加舒适的场地。

舒适是 SuDS 固有的性质，好的 SuDS 设计在提供水量、水质、生物多样性服务的同时提供舒适性福利。SuDS 可提供的舒适服务如表 2.2 所示。

表 2.2　舒适服务功能

舒适功能	指标解释
净化空气	SuDS 使用绿色和蓝色设施，包括草地、树，这些设施通过吸收净化街道产生的小微粒而提升空气质量
调节建筑和室外气温	在未来气候变化以及城市越来越热的情况下，蓝色和绿色基础设施在发挥缓解和调节极端气温方面越来越重要
生物多样性保护	绿色和蓝色 SuDS 设施为维持动植物群落提供场地空间
碳减排和固碳	植物和土壤吸收和存储二氧化碳和其他温室气体。SuDS 控制雨水径流主要利用重力势能，相对于传统的排水系统使用其他能源，减少了能源的使用
社区团结和减少犯罪	SuDS 能够将社区居民聚集到一起。通过创造合适的环境，提升社区居民互动的机会，居民能够提升归属感和改善邻里关系。当小区居民参与 SuDS 的设计和维护时，这一点尤其突出
经济增长和不动产增值	绿色和蓝色 SuDS 设施能够提升不动产的价值。SuDS 能够吸引游客，发展旅游经济
教育	使用蓝色和绿色基础设施来改善城市水循环，该项方法可为正式的学校教育和小区的环境团体教育提供教育机会

舒适功能	指标解释
健康	绿色和蓝色基础设施通过提供娱乐和休闲功能为维持身心健康发挥重要作用
降低噪声	SuDS 和相关的树、草地等能起到降低噪声的作用。绿色屋顶能起到消声和隔音的作用
保障供水	雨水收集使用替换自来水，减少新鲜水取用量，保障饮用水安全
娱乐	SuDS 提供一系列的绿色和蓝色空间，可给人们提供步行、骑行、非正规比赛、有组织比赛和游戏的空间

舒适和生物多样性是相互交叉的，在 SuDS 设计时需要统筹两者一起考虑。

2. 舒适度设计准则

舒适度设计准则应结合当地的要求以及场地的特征，一般来说场地的舒适度设计应包含舒适度准则，如表 2.3 所示。

表 2.3　舒适度准则

舒适度准则	指标解释
功能多样性	主要包括 SuDS 额外功能（休闲区域、停车区域或是交通管理区域等）的数量、种类、质量
提升视觉特征	将排水系统设计和当地文化传承、景观结合起来，并且与周边的环境相协调
保障安全	每个 SuDS 设施设计应当考虑公众安全
为未来发展提供弹性	排水系统的设计应预留未来发展的空间及应对气候变化的弹性
系统可识别性	SuDS 排水系统易识别
为社区提供学习环境	社区参与、学校参与、社区教育

2.1.6　生物多样性设计

1. 生物多样性设计目标

生物多样性设计的目标在于创造和维持更加接近自然的空间。SuDS 生物多样性的设计需要排水设计师、城市和景观设计师、规划师和生态学背景的工程师共同参与。

2. 生物多样性设计准则

生态多样性的设计应满足当地设计标准和要求，各地设计标准不完全一样，且地表水生物多样性的设计要求应满足当地小流域生物多样性的设计要求，一般情况下，生物多样性设计应遵循生物多样性设计准则（表 2.4）。

表 2.4　生物多样性设计准则

准则	指标解释
维持和保护当地自然的生物栖息地和物种	通过 SuDS 设计扩大生物栖息地的范围，提升生物栖息地的质量，提高生态栖息地的重要性
有助于实现当地生物多样性目标	SuDS 设计确定的生物栖息地满足当地生物多样性框架/战略的要求

准则	指标解释
支持生物栖息地的连通	SuDS 设计方案与大尺度的绿色基础设施相衔接，或者有助于连接生物栖息地
构建多样的、自我维持和弹性的生态系统	由 SuDS 提供或支持的栖息地类型、范围和多样性，有助于应对未来潜在变化

3. 可持续排水系统支撑生物多样性

由于内容比较多，本部分重点讨论可持续排水系统中湿地、植物及种植结构对生物多样性的支撑作用。

1）结构的多样性

SuDS 设计方案应该包括水平和垂直的结构变化，可以通过如下途径实现：

（1）运用多种 SuDS 绿色设施，并且将这些设施按照水流流动方向进行组合。

（2）使用场地开挖的表土和底层土建设堤岸、小土包、台地等，这些要素镶嵌形成永久性的湿地、季节性湿地、干的地理环境，这有助于形成一系列的生物栖息地。浅水中的"蜂窝状"生态空间，使水、空气在其中自由渗透，利于河岸植物生长，能够模拟自然的湿地栖息地。

（3）在进行湿塘和湿地的设计时，应设计建设较为完整的滨水生态空间：包括河岸干台地（为安全和维护使用）、缓坡、湿缓安全台地、浅水区、深水区，以此形成物理的和生物的多样性景观。

（4）使用多种地形作为物理隔离空间，保护生态价值较高的目标群体免受割草的影响。

（5）湿地和湿塘的设计和建设应避免使用平滑的表面，这些平滑的表面会阻碍生物栖息地的发展。

2）多样性的种植

SuDS 方案应该包括多样性的植物，植物多样性可以通过如下途径提升：

（1）使用当地的野生植物物种。

（2）不要引入外来入侵物种。

（3）尽量使用本地或者源自本地的物种，这些物种对本地的土壤和水文特征都比较适应，非本地植物可以考虑使用在正式的场合，如居住地旁的雨水花园。

（4）当使用非本地植物时，仅只使用具有较高美学价值的植物。这些植物不应该具有入侵性，不应该易于传播并影响重要的敏感生物栖息地，或者曾经引入之后在当地成为主导物种。

（5）选择多种植物搭配，这些植物在一起时，能够形成全年都有树叶覆盖、四季有花果，以便为无脊椎动物和鸟类提供食物和庇护所。

（6）在 SuDS 系统建立过程中允许期望的动植物族群发展壮大。

（7）在场地里种植不同高度的草，有利于野生动物以不同方式利用不同高度的草。

（8）鼓励在草地中种植适量的花，这些花的花蜜会吸引不同的昆虫。

（9）可以考虑在沙砾较多的土地上种植花蜜丰富植物，耐旱，能经受汽车碾轧和人的踩踏。

（10）当 SuDS 设施（如植草沟）要求 100%的被植被所覆盖，那么就应该采用草皮，应该使用多花或者野花作为标准草皮的点缀。

（11）草皮应该能够经受较快流速水流的冲刷和长时间的浸泡。

（12）湿地和湿塘植物的设计应该包括乔木、灌丛和水生植物。这样可以营造一个适于两栖动物、无脊椎动物的生境。

（13）尽可能地保留已经死亡的树木。死亡的树木可以为细菌、无脊椎动物、鸟类提供很高的价值。

3）水体特征的多样性

SuDS 方案应该保持水体特征的多样性和弹性。可以通过如下途径达成：

（1）防止有毒、致病和其他有毒有害物质和能窒息野生动物的淤泥排入到水体。

（2）尽可能保护现有的生物栖息地，并且将其纳入场地景观规划，SuDS 设施应布局到人类活动强度相对较低、接近但又不直接与自然湿地湿塘相连接的场地。

（3）尽量利用浅水区或具有沉水植物和浮叶植物的区域。这些栖息地不易受到污染，具有较高的生态价值。

（4）设计部分区域不受大部分雨水径流的影响，或者仅仅受单独的径流来源的补给，以保持该区域尽可能干净，如屋面雨水。

（5）在干的植草沟或者汇流区域的尾端，建立浅草湿区，该区域的水质最干净。这个区域可能是 1～2m 宽，100mm 深。粗糙且比较浅的湿地，连接不同宽度的弯弯曲曲的地表水沟，将会提升野生动物生存的概率，并且减缓水流速度。

2.1.7　可持续排水系统的实施

1.《水框架指令》（*The Water Framework Directive*，WFD）

欧盟于 2000 年 11 月通过了《水框架指令》，其目的是建立一个保护内陆地表水、地下水、过渡水域及海洋水环境的系统。WFD 针对所有类型的水体分别设定了较为严格的化学指标和生态指标，并要求各成员国在 2015 年以前使本国的所有水体达到相应标准。

由于水体质量标准的提高，雨水径流导致的污染必须得到更有效的控制。这给雨水管理带来了两方面的挑战，一是地下水的保护，WFD 对地下水的质量要求提高后，雨水径流污染物渗入地下水的问题需得到处理；二是对严重污染物的处理，指令中列出了一系列"优先污染物"及"优先有毒物"，而其中的一些物质（如镍等）是雨水中的常见污染物。

该指令对水体质量的重视促使人们开始关注雨水径流污染这个问题。在此之前，为保护人口密集型城市免受洪水的破坏，人们主要关注的是雨量控制问题。随着该指令的提出，为满足水体质量标准，各国逐渐禁止了将雨水直接排入水体的做法，许多国家开始建立固定的雨水处理设施，并开始采用源头控制技术及最佳管理实践（best management practices，BMPs），并最终导致了英国制定了一整套 SuDS 规划管理技术体系。

2. 法规及实施

2010 年英国出台了《洪水与水资源管理法案》，根据这个法案，英国环境食品和乡村事务部（Department for Environment, Food and Rural Affairs, DEFRA）于 2011 年 12 月发布可持续排水系统（SuDS）国家建议标准，《洪水与水资源管理法案》附件 3 提出该国家标准，法案提出了一个三年引入期的设想，最初只有一些重大发展项目需要通过适用的 SuDS 许可系统（SuDS approving body, SAB）允许，但在 2015 年 10 月前，包含不止一座房屋的开发项目都要得到 SAB 的许可。

2014 年 12 月，政府宣布现有的规划部门将从 2015 年 4 月开始拥有批准 SuDS 提案的权力，而且十处及以上住所、规模相当的非居住建筑或混合项目都要提出申请。

3. 标准规范

《可持续城市排水系统手册》（*The SuDS Manual*）对可持续排水系统的规划、设计做了详细的规定，相关的规范与可持续排水系统予以衔接。英国《开发场地地表水管理标准》（图 2.6）（BS 8582-2013, *Code of Practice for Surface Water Management for Development Sites*）、《场地开发洪水风险评估和管理标准》（BS8533-2017, *Assessing and Managing Flood Risk in*

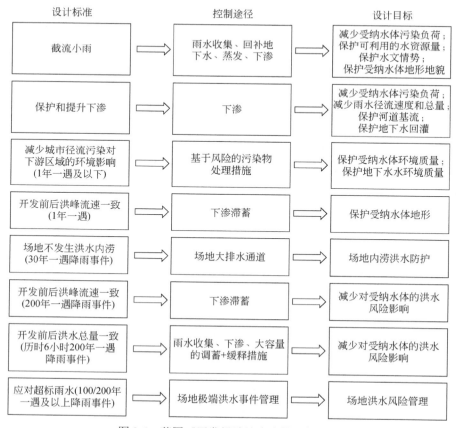

图 2.6　英国《开发场地地表水管理标准》

Development-code of Practice）、《室外排水系统标准》（BS EN 752-2008，*Drain and Sewer Systems Outside Buildings*）明确将 SuDS 理念纳入场地雨洪管理、城市排水系统规划设计、施工、运维等过程中。

英国《开发场地地表水管理标准》明确排水系统小雨（1 年一遇及以下）、中雨（30 年一遇）、大雨（200 年一遇）的设计标准、控制途径和设计目标，具体如图 2.6 所示。

由上述标准可知，针对 1 年一遇及以下的降雨，英国要求采用渗透和滞蓄措施控制和滞留雨水，不排入管网；当发生 30 年一遇的降水时，通过排水系统排走；当发生 100 年或 200 年一遇的大暴雨时，将暴雨径流峰值控制到开发前或者绿地的标准，同时将暴雨径流总量控制到开发前或者绿地标准（6 小时历时）；发生超过 100 年或者 200 年一遇的超标暴雨时，采用大排水系统将暴雨排走[1]。

2.2　澳大利亚水敏感城市设计

2.2.1　水敏感城市设计产生背景

澳大利亚地跨两个气候带，北部属于热带，由于靠近赤道，1 月和 2 月是台风期；南部属于温带。澳大利亚中西部是荒无人烟的沙漠，干旱少雨，气温高，温差大；沿海地带，雨量充沛，气候湿润。澳大利亚约有 2/3 的国土属于干旱或半干旱地带，几乎整个澳大利亚大陆都经常受到干旱的威胁，全球气候变化加剧了澳大利亚本已经十分脆弱的水资源危机（IPCC，2012，2014a，2014b）。除此之外，澳大利亚也是一个高度城市化的国家，大约 85%的人口生活在城市里，尤其是占地不到国土 1%的沿海地区城市。

人口高度的聚集和膨胀使得有限的城市水资源面临巨大压力，而随之而来的城市建设也给水环境和水生态带来不良的影响。由于持续的城市化，城市中的道路和建筑日益密集，原本透水性良好的天然地表（如土壤、植被、水体等）被透气性差的人工铺装所代替，原本已形成系统的自然排水路径被人为阻断，破坏了自然水循环的平衡状态。

另外，传统的雨洪管理模式旨在将城市雨水快速收集并排走，当暴雨径流的大流量、高峰值超出了城市排水设施的排水能力时，就会导致了城市洪水、内涝的发生。在发生内涝的同时，传统的排水系统还易导致城市水环境问题。雨水径流流经城市区域，将地表污染物携带到排水管道进而流入城市水系，造成城市及其周边水生态的破坏。

为应对上述问题，澳大利亚国家和地区政府启动了政府间计划——国家水倡议（National Water Initiative），该倡议为国家综合性战略，旨在提升国家水管理水平。国家水倡议包括一系列的水管理事项，鼓励吸纳最佳实践途径提升澳大利亚的水管理水平。在城市范围内，国家水倡议的目的在于提升城市水管理的效率和效益。水敏感城市设计整合了城市水循环各阶段，包括供水、污水、雨水、地下水、城市设计和环境保护等内容，自然纳入了国家水倡议的范畴[2]。

① The City of Copenhagen. 2012. Cloudburst Management Plan 2012. Technical and Environmental Administration.
② Department of Energy and Water Supply. 2013. Queensland Urban Drainage Manual: Third edition 2013—Provisional. Queensland Government.

水敏感城市设计（water sensitive urban design，WSUD）是在对传统城市发展和雨洪管理模式的反思中应运而生。20 世纪 90 年代初，澳大利亚提出了水敏感城市设计的理念，其核心在于通过将城市水循环与城市设计相结合，对雨水进行收集与合理再利用来维持生态系统平衡（Hoyer et al.，2013；Maritz，1990）。但是，这种前卫的理念在 90 年代初并未得到广泛的认可，随着人们对传统排水系统对城市水生态平衡影响的日益关注，到 90 年代中期才逐渐受到关注。经过不断的探索与研究，现在作为一种耦合城市水循环的城市设计新思维，澳大利亚 WSUD 已经发展为理论、技术、规范较为完善的规划体系，并成为许多国家和地区广泛借鉴和学习的对象。Brown 等（2009）总结澳大利亚城市水管理的 6 个阶段，该框架基本还原了水敏感城市设计理念的认知与接受过程，该框架从经济社会驱动因子、城市涉水发展阶段、主要涉水对策等三方面耦合社会经济、城市发展阶段的关系，如图 2.7 所示。

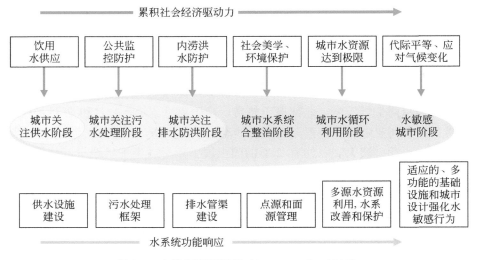

图 2.7　水管理演变框架（Brown et al.，2009）

根据该框架，城市发展涉水方面可以分为六个阶段，这六个阶段分别为：城市关注供水阶段、城市关注污水处理阶段、城市关注排水防洪阶段、城市水系综合整治阶段、城市水循环利用阶段、水敏感城市阶段等六个阶段。这六个阶段层层嵌套，后一阶段的城市发展阶段包含前一城市发展阶段内容，前一阶段的城市发展是后一阶段发展的基础。

不同发展阶段的城市，城市涉水的关注点有所侧重。第一阶段的城市主要关注供水问题。在这一阶段，城市新建，城市缺乏供水设施，导致供水能力不足。这一阶段通过建设水源设施、供水场站、供水管网为居民提供供水服务，在澳大利亚，这一阶段主要发生在 19 世纪早期。

第二阶段的城市主要面临污水处理的问题。在第一阶段的基础上，城市用水量大增，污水量相应大幅度增长。19 世纪欧洲自来水厂及集中供水管网的修建使得大规模应用冲水马桶成为可能。到 19 世纪中叶，英国率先引入和普及冲水马桶。城市开始大规模修建下水道。冲水马桶引入后，由于厕所废水量数十倍增加，城市中原有与排水系统独立的粪坑在容量上受到巨大冲击，原有的粪尿收集、转运设施无法再满足新的要求，不得不通过下水道排放。1848 年德国汉堡开始引进英国技术修建城市下水道。1892 年发生的一次霍乱疫情，造成 7500 多人死亡，成为当时的特大事件。当时垃圾污物被认为是传染源，所以 1893 年汉堡修建了德国的第一个垃圾焚烧厂，但是后来很多分析研究证实，恰恰是水源被含粪尿的污水污染是造成这次灾难的原因。19 世纪英国伦敦的瘟疫流行也是同样的原因。此后，城市开启了污水处理设施建设的进程，在污水处理方面，提出了新的工艺，如采用生物技术处理生活污水等。

第三阶段的城市主要面临洪水、内涝的问题，这一阶段在澳大利亚主要发生在第二次世界大战后。战后澳大利亚的城市居民都希望住进带大院子的房子，因此城市向郊区扩张，由于城市的扩展，自然形成的雨水通道被侵占，城市易遭受洪水威胁。因此这一阶段城市涉水的主要任务是防护城市免遭洪水的影响，这一阶段城市涉水设施建设的主要任务是合理建设排水防洪设施，减少洪水、内涝对城市发展的影响。

第四阶段的城市主要面临的问题为城市水环境恶化，水环境不能满足城市的景观、社会美学的需要。这与第二阶段不一样，第二阶段由于城市缺乏污水处理设施，人粪尿直接进入水体，导致人体健康问题。第四阶段城市有污水处理设施，但由于污水处理设施排水标准偏低，城市人口总数增加，导致入河污染物超出水环境容量，河道水环境恶化，其景观、生态服务功能衰退。这一阶段城市水系受污染的主要原因包括合流制溢流、雨水径流污染、河道由于渠化等导致的生态功能丧失等。这一阶段城市涉水设施建设的主要任务为治理城市点源、面源，控制河道内源等，系统治理城市水环境。

第五阶段的城市面临的主要问题为城市水资源和城市水环境容量达到极限。在这种情况下，城市为了保护水环境、合理利用水资源，采取优水优用的政策。城市水源包括雨水、再生水、海水淡化等，用水对象包括工业、农业、家庭、市政、绿地浇洒等，这一阶段需要合理的配置水源，兼顾环境、生态功能需要。

第六阶段的城市面临的主要问题为城市可持续发展受到气候变化的威胁。为了应对气候变化所导致的城市排水问题，消除所有的硬化路面是不现实的。因此 WSUD 应运而生，通过耦合水文设计和城市设计，综合采用入渗、过滤、蒸发和滞蓄等方式减少雨水径流排放量，使城市开发前后水文响应基本相同。

上述城市发展的六个阶段关注的主要问题有明显的变化，层次推进。该框架揭示了随着城市发展，城市水管理变得更加复杂，面临着多重挑战，尤其是随着城市发展人民的期望值变高和自然资源耗尽后之间的矛盾日益突出。考虑到气候变化和城市人口增长的事实，迫切的需要新的理念协调城市与水之间的关系，以确保长期的可持续发展。

2.2.2　水敏感城市设计的内涵

1. 水敏感城市设计概念

水敏感城市联合指导委员会（Joint Steering Committee for Water Sensitive Cities）对水敏感城市设计给出了定义，这个定义较为广义，即 WSUD 是结合了城市水循环——供水、污水、雨水、地下水，城市设计和环境保护的综合性设计[①]。简单而言，就是 WSUD 是城

---

① Joint Steering Committee for Water Sensitive Cities. 2009. Evaluating Options for Water Sensitive Urban Design—A National Guide.

市雨洪管理和城市设计两部分有机结合并达到优化的产物。不同于传统雨水管理"以排为主"的思想，WSUD 是将包括供水、污水、雨水、地下水等在内的城市水循环作为一个整体进行考虑，并与城市规划和城市设计科学地整合，最大限度地减少城市开发建设对生态环境的不利影响（Ferguson，2014）。

图 2.8 展示了水敏感城市设计中城市水循环与城市设计的耦合关系。在城市水循环方面，通过减少用水需求、饮用水备用、中水回用等手段，加强对供水安全的保障；在排水水量方面，其设计目的在于减少洪峰流量、延长径流过程，降低洪水发生频率和总量；在排水水质维持方面，需要统筹考虑雨水径流污染物浓度控制、污染负荷削减、预防突发事件对河流水系水质的灾难性影响，维持水系的美学价值；在涉水设施维护方面，需要考虑设施运行维护的便捷度、设施功能多样性以及设施全生命周期；在城市设计方面，首先要考虑对水系敏感区域的保护以及对自然排水通道的保留，通过保护和保留，保留自然排水本底；在城市设计中，充分考虑涉水设施与建筑环境的耦合，与景观的耦合，发挥美学价值。

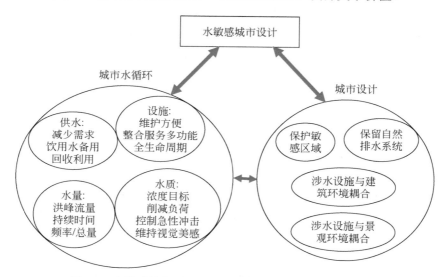

图 2.8   水敏感城市设计中城市水循环与城市设计的关系图

经过 20 多年不断地研究与探索，澳大利亚 WSUD 已经形成了规范完善、技术成熟、实践丰富的规划设计体系，被许多国家和地区作为学习和借鉴的对象。

2. 与传统雨洪管理的区别

自然状态下，大部分降水通过蒸发、渗透进入自然界，雨水径流仅仅是一小部分，约 20%~30%的雨水通过径流排走；在传统的城市建设理念下，对雨水进行"快排"，即将雨水尽快排走。雨水径流时间大幅度降低，导致蒸发、渗透大幅度减少，径流量大幅度增加，80%的雨水通过排水系统排走。

传统的排水系统多采用合流制或是存在混错接的分流制，旱流污水直排河道，雨天初期雨水携带城市面源污染物进入河道，合流制溢流污水进入河道。这种排水系统不能处理初期雨水和合流制溢流问题，导致水体的污染；另外，由于传统排水系统采用快排模式，导致开发前后雨水径流总量和峰值都大为增加，易导致城市内涝发生。对于澳大利亚来说，还有一个很重要的问题是雨水资源没有得到收集和利用。

WSUD 则注重城市水循环的连续与平衡，将污水和雨水处理后再利用，一方面减少了对新鲜水的需求，另一方面减少了雨水径流量和径流污染。与传统雨水管理模式下的城市水平衡相比，WSUD 水平衡在满足城市需求的前提下也减少了对水生态环境的不利影响（图 2.9）。

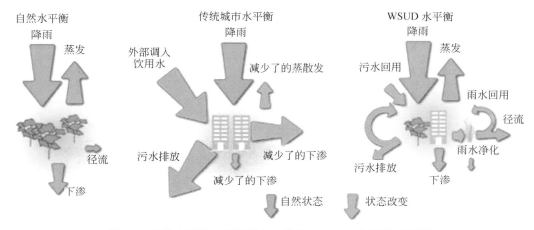

图 2.9 　自然水平衡、传统城市水平衡、WSUD 水平衡对比图

3. 与传统城市设计的区别

城市设计是落实城市规划、指导建筑设计、塑造城市特色风貌的有效手段，贯穿于城市规划建设管理全过程。通过城市设计，从整体平面和立体空间上统筹城市建筑布局、协调城市景观风貌，体现地域特征、民族特色和时代风貌。实务上城市设计多半是为景观设计或建筑设计提供指导、参考架构，因而与具体的景观设计或建筑设计有所区别。城市设计复杂性在于需重点协调城市空间布局与居民的社会心理健康。通过对物质空间及景观标志的处理，创造一种物质环境，既能使居民感到愉快，又能激励其社区（community）精神，并且能够带来整个城市范围内的良性发展。

WSUD 是以解决城市水问题为出发点，在城市设计中，加入水循环要素。具体的设计要点包括：①对水敏感地区实施保护；②对自然水系予以保留，保留汇流通道；③在不同规模的实践工程上将城市设计与城市水循环设施有机结合与优化，以实现城市发展可持续；④将城市水循环设施与城市景观有机结合起来，创造良好的人居景观。通过以上手法，WSUD 给解决城市水问题和指导城市可持续发展提供了新思路和新途径。

通过对 WSUD 内涵的梳理，可以发现，通过在不同空间尺度（城市尺度到场地尺度）上将城市设计与供水、污水、雨水、地下水等设施结合起来，使城市设计和城市水循环管理有机结合并达到最优化。水敏感城市设计强调通过城市设计整体分析的方法来减少城市开发对自然水循环的负面影响和保护水质，不同于传统的雨水管理将雨水作为灾害，WSUD 将污水、雨水等看作是一种资源，作为原料参与到另一个过程中，从而达到城市水资源可持续利用和城市水资源平衡的目的。更重要的是，WSUD 将城市发展、城市设计、城市水循环设施有机结合并优化，这也是当代澳大利亚城市可持续发展的关键。

2.2.3 水敏感城市设计实施流程[①]

水敏感城市设计的实施可分为三个阶段，一是方案制定阶段，二是建设阶段，三是运维管理阶段，水敏感城市设计方案制定阶段包括 6 个流程，如图 2.10 所示。

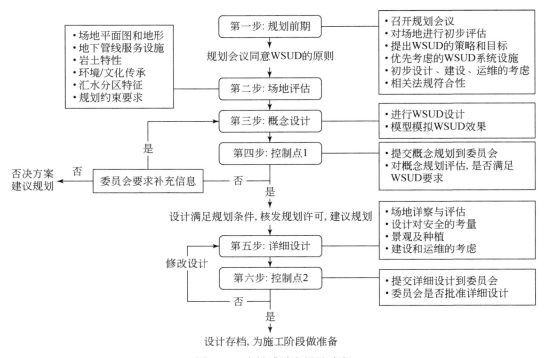

图 2.10 水敏感城市设计流程

WSUD 整体设计流程包括规划前期、场地评估、概念设计、详细设计，规划委员会概念设计和详细设计分别进行审查，概念设计审查通过后核发规划许可，详细规划审查通过后存档，为施工做准备。部分城市会在概念设计后增加一个环节，即海绵城市功能设计，主要设计雨水控制与径流污染控制两方面的内容。

WSUD 整体设计流程与国内较为相似，这 6 个流程，在国内建设项目规划管理流程中也能找到相对应部分。如规划前期，和我国规划设计条件核发阶段类似，概念设计经审查后核发规划许可与我国的规划管理流程的规划许可的发放基本相同，详细规划的审查类似于我国的施工图审查，审查通过的施工图可作为施工的依据。

WSUD 整体设计流程与国内建设项目的规划建设管理也存在一定的差异性，一是在概念设计阶段，要求用模型模拟水敏感城市设计方案效果，在第四步控制点 1 提交的材料中要求提交详细的模型模拟结果，并建议采用 MUSIC、STORM 等模型。在实际操作中，国

---

① https://www.hobartcity.com.au/Development/Planning/Water-sensitive-urban-design.

内难以做到建设项目尺度采用模型模拟分析。二是在国内的项目设计流程中，一般包括三个流程，分别为方案阶段、初设阶段、施工图阶段，其中初设阶段为住建局审查，施工图一般由图审机构审查，澳大利亚水敏感城市设计项目设计流程将 3 个阶段合并为 2 个阶段。

　　WSUD 建设和运维阶段主要包括 9 个步骤，涵盖建设、运维等两阶段内容，流程如图 2.11 所示。

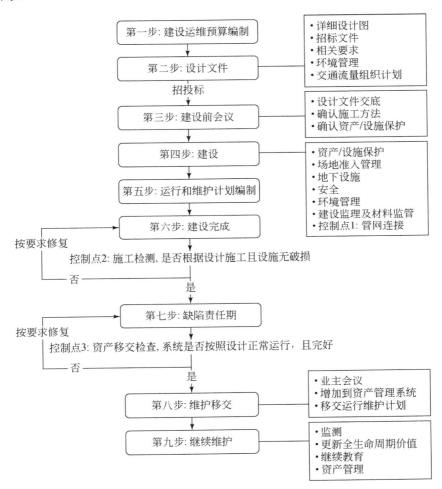

图 2.11　水敏感城市建设和运维流程

　　WSUD 整体建设流程包括建设运维预算编制、设计文件（招投标）、建设前会议、建设过程、运行和维护计划编制、建设完成、缺陷责任期、维护移交、继续维护等 9 个流程，其中包含 3 个控制点，分别为建设过程中管网连接及质量检查控制点、竣工验收质量检测、缺陷责任期后资产移交检查。

　　WSUD 设施的建设必须依据详细设计图和其他设计文件，所有的设计文档必须在建设之前经规划委员会批准，之后移交建设单位，建设单位按图施工。建设单位必须依据 WSUD 设施建设施工方法施工，还需要依据其他在建设前会议约定的特定的规定（如设施保护、安全措施、围挡、环境保护、控制点检查等）。

　　水敏感城市设计项目建设与运维的 9 个流程与国内项目建设流程基本一致，但水敏感城市设计项目建设流程中也存在一定特色，既高度重视工程质量的监控，除了建设监理之外（制定了 WSUD 设施监理清单表），还安排了 3 次工程质量监控的关键点，并在建设过程中，将地下管网施工质量作为控制点进行检查。澳大利亚制定了详细的工程检测方案，本书仅引用墨尔本水务局制定的 WSUD 设施建设检查方法，部分 WSUD 设施建设检查、验收依据列举如表 2.5 所示。

表 2.5　控制点 WSUD 设施现场检查及建设材料验证要求

WSUD 设施类型	控制点和现场验证内容	参考依据
生物滞留池（雨水花园）	1. 土工布或是砂层：检查土工布是否正确安装（如果是黏土防渗，检查压实度；如果是土工布，检查是否正确安装且没有任何损坏）	1. 详细设计图件/标准图集
	2. 穿孔管：检查每个设计文件中的穿孔管的安装，检查穿孔管的开孔（如果可行）	2. 墨尔本水务局 2005 年制定《WSUD 工程手册》6.4.2 节的施工图
	3. 渗透介质：检查水力传导度是否满足要求（由供应商提供，否则应该现场检测），应该避免车辆进入渗透介质	3.《暴雨径流生物渗透系统指南》附录 E（需现场检测水力传导度）（FAWB.2009）；墨尔本水务局 2005 年制定《WSUD 工程手册》5.4.2 节
	4. 进出口结构：检查结构施工是否符合设计图纸。大暴雨事件后检查是否有侵蚀或冲刷。如果是道路侧方开口的进水口，检查路边开口宽带以确保交通不受影响	4. 墨尔本水务局 2005 年制定《WSUD 工程手册》5.4.2 节和 6.3.2 节
人工湿地	1. 基层：确保不同深度区域、不同坡度区域地形平滑变化。检查防渗膜或是砂土层是否符合设计文件（如果有）	1. 墨尔本水务局 2005 年制定《WSUD 工程手册》9.4.2 节图集
	2. 斜坡：符合设计文件，并满足安全要求	2. 墨尔本水务局 2005 年制定《WSUD 工程手册》10.3.2.3 节图 4,《人工湿地指南》第六节
	3. 进出口结构：检查结构施工是否符合要求，包括底部标高、水土侵蚀保护措施，以及进出口	3. 墨尔本水务局 2005 年制定《WSUD 工程手册》10.3.3 和 10.4.2

注：FAWB，Facility for Advancing Water Biofiltration。

2.2.4　技术标准体系[1][2]

1. 规划设计标准/指南

　　为规范水敏感城市实施，各城市制定较为完整的技术标准。以墨尔本为例，2015 年墨尔本水务局发布了 42 项单项设施的设计标准，包括设计参数标准、管道基础及回填要求、侵蚀环境中管道涂层防护要求、水泥型号要求、附属混凝土结构、重型大型维护车辆入口设计、管网排口设计等。

　　以上 42 项可归纳为四大类，分别为通用指南/标准、水敏感城市处理设施设计指南/标准、管道和结构设计指南/标准、规划设计指南/标准，以墨尔本水务局相关标准说明，如表 2.6 所示。

① https：//www.melbournewater.com.au/planning-and-building/developer-guides-and-resources/standards-and-specifications.
② Melbourne Water. 2015. Water Sensitive Urban Design. http：//www. wsud. melbournewater. com. au/.

表 2.6　墨尔本水务局设计指南与标准分类

类别	标准/指南	主要内容
通用指南	排水工程设计目标	明确排水工程规划设计的主要目标及基本原则
	排水系统通用规定	明确排水系统规划设计、施工需要考虑的物理方面的因素，如汇水面积、地形地貌、管线埋深等
	洪水/大排水通道安全	确定洪水设计方法、参数、标准，规定小区街道、工业街道等作为大排水通道的设计要求与标准
	设施连接	规范明渠、开放水体、封闭水体、雨水排放口的连接方式，相关的连接需要考虑流速、水位、地下管线等因素影响
	水文与水力学设计	规范水文、水力学设计的方法、参数
	保护区和保留区设计	从保护排水设施的角度，规范排水设施保护范围；从构建大排水通道的角度以及水质保护的角度，规范保留区
	围挡和安全设计	明确排水设施的进水口、排水口需要进行围挡，规范大排水通道的围挡不能影响排洪；规范其他设施如沉沙井的安全防护要求
	维护	以运营维护导向，规范地下排水设施检修井间距、检修井位置、检修井开口宽度；规范排水管线的连接与接入方式
	建成区内水系设计	规范在城市建成区内的水系的管护原则、改造原则，以及由于城市开发后对其可能影响的应对措施
水敏感城市设计处理设施	人工湿地	规范人工湿地的设计标准、结构、具体技术参数、施工方法
	垃圾及大颗粒污染物收集井	该设施以收集垃圾、粗颗粒泥沙为主，规范该设施的设计标准、结构、施工方法
	渗渠/渗井	明确该设施的主要功能以渗透为主，规范该设施的设计参数，结构，施工方法
	透水铺装	明确该设施的主要功能及适用范围，规范设施结构、参数、施工方法、运行维护
	雨水花园	明确该设施的主要功能以雨水收集、雨水净化为主，规范其设计参数（雨水花园面积为其汇水区面积的 1%~2%）、植被种植要求、维护要求
	雨水箱	明确该设施的主要功能，以雨水收集为主，规范该设施的设计、施工、维护要求
	植草沟	该设施以传输功能为主，可以有效滞缓洪峰、削减污染物，规范该设施适用范围、结构、运维要求
管道结构	管道工程设计	规范了管道的管材、埋深及道路荷载、管道基础及回填、腐蚀环境下管道防护、水泥型号、连通管和连接角度、附属混凝土结构、排水口设计施工验收要求等
	安全和维护	规范了排水设施的进口、出口，以及落差大于 0.75m 的设施应该布置围挡防护，规范了排水设施其他安全防护要求
	连接地下管道	规范检查井与地下管线的连接方式、地下管段与地下管段的连接方式
	检查井及管网连接水头损失系数	规范了排水检查井及连接结构的水头损失系数
	满管流流量曲线图	规范了不同水力坡度、管径、曼宁系数的设计流量
	圆管水头损失曲线	规范不同流速、不同半径比、不同连接角度圆管的水头损失曲线
设计成果	设计内容	规范了设计必须包含文本和图集，并规范了文本和图集的相关内容
	设计标准	规范、列举了设计应遵循的相关标准

下面以通用技术标准的"排水工程目标"为例，说明导则内容。

"排水工程目标"首先强调现代排水工程需要认识到洪水是水循环的一部分，结合现状城市建设，总结8个问题，提出10个排水工程的目标。

问题1：不透水面积增加。商业、工业、居住开发导致不透水面积增加，进而导致降雨径流峰值和总量增加。这可能对自然环境造成不利影响，如洪水淹没土地，土壤侵蚀、泥沙转输和污染物入河量增加，并且对水生生物造成不利影响。更进一步的是洪峰流量和总量的增加可能会对陆域建筑财产、休闲游憩设施产生不利影响。

目标1：减少由于城市开发导致的自然水文情势变化，包括洪峰流量、洪峰总量、流速、洪水发生频率等，对城市水系的不利影响。

目标2：确保新开发区域不对下游财产保护产生负面影响。

问题2：水环境质量下降。城市开发导致初期雨水水质恶化，雨水径流将营养物、有毒物质、泥沙、垃圾等携带进入受纳水体，这将对水体及岸边的生物产生不利影响。

目标3：保护城市水系免受污染，应避免水体中营养物、有毒物、泥沙、垃圾、水化学成分改变。

问题3：排水设施与景观分离。成功地将排水系统纳入城市景观一体化设计建设中将对所有的利益相关人有利。排水设施与城市环境融合有利于提高视觉舒适度，提升休闲娱乐的机会。通过保护、恢复自然排水线和水系，如自然水系，湿地、岸边植被，可以提高环境和视觉舒适度。

目标4：鼓励排水系统与城市景观一体设计与建设。

问题4：洪水影响财产和生命。洪水能破坏不动产并且会威胁人身安全。排水设计需要考虑洪水的发生频率、洪水流速、持续时间等对既有建筑的影响，以及受威胁人员、救援人员的进入、疏散和保护的要求。

目标5：为确保新开发的居住建筑免受暴雨洪水侵袭，新开发的小区为所有地表水流提供了陆面汇流通道。

目标6：确保洪水不会对社区造成不可接受的洪水风险。

问题5：排水管网设计标准以内发生内涝。城市排水系统收集和排除小雨不应该造成不便和危险。

目标7：确保管道排水系统具有足够的能力传输小的降雨确保洪水不经常发生。

问题6：雨水资源利用率低。澳大利亚的水资源是有限的，需要提高雨水收集利用以减少对新鲜水、饮用水的消耗。

目标8：鼓励城市开发收集利用暴雨径流。

问题7：文化和遗产不足。在城市建设过程中，保护文化和历史遗产被忽略，历史文化传承有待加强。

目标9：根据相关法规要求，在城市设计中，保护和保留文化和历史文化遗产。

问题8：安全。

目标10：确保所有的土地开发过程中建设的排水设施安全可靠，不对社区和利益相关人造成安全隐患。

2. 场地管理及建设指南[①]

场地管理指南/标准主要包括场地管理方案制定，场地管理要求，施工期间暴雨管理要求。墨尔本水务局制定了场地管理方案工具包，土地开发商、咨询公司、承包商按照工具包的要求，制定施工场地管理方案；场地管理指南/标准主要对施工场地的噪声控制、交通组织、安全、水土流失等提出要求。设施建设标准/指南可分为通用设施、水敏感城市设施、管网设施，相关建设标准与指南如表 2.7 所示。

表 2.7　WSUD 设施建设指南

类型	指南	内容
通用设施	标准建设图集	包含概念规划、详细设计两个阶段的图集，分别包括人工湿地、围挡防护设施、管网和结构、滞蓄设施、水系、暴雨收集等设施及设施部件的图集
水敏感城市设施	人工湿地	人工湿地工作机制，人工湿地设计目标，流速控制要求，水深控制要求，人工湿地建设要求，人工湿地与雨水花园的比选
	雨水花园	雨水花园作用机制，雨水花园设计目标、环境要求、介质水力传导度要求、植物要求、不适用雨水花园的场地、部门维护职责分工
	石方建设	石方工程建设的目的（降低暴雨径流流速，保护和稳定水系河床），明确不同石方建设的施工要求
	水系	提出水系建设需考虑水系保护、文化传承、河床和护岸的稳定等方面的要求，规范施工要求
管网和结构	材料	明确承包商必须使用认证的材料，如果使用非水务部门认证的材料，监理必须获得相关咨询机构的书面许可；对管材及配件的供应、存储、安装明确其标准；对纤维强化混凝土管的生产、安装、胶圈连接提出相关要求；规范了预制板的生产与安装要求；规范了止回阀的建设与安装要求
	开挖	规范强化混凝土管开挖宽度和深度，开挖方法，现场安全施工要求，过度开挖基础处理要求和回填要求，开挖土方存储与处置要求，施工降水处理要求，爆破要求
	管网安装	管网的铺设、连接和埋设应该符合相关标准、图集及其他有关要求，管网的安装完成之前必须确保基坑没有水以防止管网漂浮；基础必须满足相关标准要求；管网管材应进行缺陷和病害检查，HDPE 管应进行变形检查；规范管网铺设建设要求、管网连接建设要求、管网埋设要求
	开挖方回填	规范开挖回填的施工基本要求，回填材料种类及施工要求
	回填土填筑	规范沟渠与竖井的填筑施工方法，管道覆土深度不够等情况的施工处理方法
	人孔，进出料口结构	规范人孔及进出料口施工的基本要求，人孔施工容差要求，人孔壁表面光洁度要求，人孔梯施工要求，螺栓和踏步的安置要求，管口入口施工要求，公众警示牌设置要求
	管网检测	规范目视检验管径大于 DN600 以上的管网、HDPE 管椭圆度试验方法及要求，管网缺陷改正要求，管网清洁要求

水敏感城市施工中，将管网的施工放在一个很重要的位置，不惜篇幅去强调管网设计和建设的重要性，这其实是在强调，水敏感城市设施中源头设施建设很重要，但管道等隐蔽工程、结构的施工也非常重要，不能因为建设了源头设施而忽略了管网工程的建设。

---

① https://www.melbournewater.com.au/planning-and-building/developer-guides-and-resources/melbourne-water-safety-procedures.

2.2.5　水敏感城市设计实施保障

1. 澳大利亚规划体系保障

澳大利亚联邦宪法规定，联邦政府主要负责外交、国际、外贸和移民事务，州政府与州以下的地方政府负责地方性事务。州设有议会，制定各州的法律。除直接置于联邦管理的地区之外，关于地方政府事务及城市规划问题均由州立法。澳大利亚各州均由自己的规划立法和规划行政体系，但他们主要的特征是相似的。

除规划法以外，各州还有大量的与规划法相关的立法，以维多利亚州为例有：建筑控制法、土地排水法、环境影响法、环境保护法。每部法律一般有配套的实施性的法规，如规划程序条例、规划许可和复议条例、规划复议委员会条例等。与规划法相配套的最主要法律是地方政府法（Local Government Act 1989）。经批准的法定规划也具有法律效力。州以下地方政府一般没有立法权，地方政府经许可制定的地方辖区的法定规划需要经过州政府批准才能成为有效的法律文件。澳大利亚国家级及州级部分水相关法律法规及政策如表 2.8 所示。

表 2.8　澳大利亚国家级及州级部分水相关法律法规及政策

政策	国家级	州级
环境政策	国家生态可持续发展战略 Department of the Environment and Heritage	我们的环境，我们的未来，可持续行动申明（2006 年）
水政策	全国水倡议 Council of Australian Governments，2004 国家水安全计划 Prime Minister of Australia，2007	共同保护我们未来的水（2004 年） 可持续水战略中心区域行动（2055 年）
城市规划政策	可持续城市计划 2003	墨尔本 2030 规划
立法	《联邦环境及生物多样性保护法》（1999 年） 《水法》（2007 年）	《环境保护法》（1970 年） 《水法》（1989 年） 《集水及土地及保护法》（1994 年） 《规划与环境法》（1987 年） 《环境影响法》（1978 年）

结合事权和规划内容，各层级的规划在水管理方面，作出了相关的要求，如表 2.9 所示。

表 2.9　澳大利亚各级涉水规划及主要内容

规划阶段 规模	规划内容	水管理内容	案例	使用面积大小 /hm^2
1. 国家层面	区域策划 区域结构规划	确定水资源的环境需求，提出战略排水规划等关键性的策略	2006 年国家政府颁布的《国家水质量管理策略》等	>300

续表

规划阶段规划规模	规划内容	水管理内容	案例	使用面积大小/hm²
2. 州层面	地方规划策略 地区计划 修正案 地区结构计划	提出满足可持续水循环的地区和区域管理目标，进行地表水和地下水分析，分析规划前的土地利用性质确定潜在的污染可能性，确定关键性的蓝色基础设施	2004 年新南威尔士州政府颁布的《西悉尼WSUD技术指引》等	>300
3. 地方层面	局部规划方案 局部结构的计划 大纲发展计划	确定地区的水目标、场地的综合分析（主要分析内容包括现存的和人工的水廊道，地区的自然条件分析，水资源的社会、文化价值，现状水污染水平，水文分析）	地方政府的法律指引	<300
4. 小区层面	地区详细设计	遵守区域水管理策略汇总的目标，综合的区域分析，利用相关设计减少城市水污染，保护水资源，保护水系廊道、湿地等的生态社会价值，水资源的存储和资源的重复利用，确定具体布局和位置并提出实施措施	小区住宅设计指引	<20
5. 开发	开发申请 建筑许可证	履行上层次的水保护策略，并采用定期监测的手段定期对开发区域进行监测	评价体系保障	

在水管理体系上，国家和州制定法律，保障 WSUD 内容传导，国家、州、地方政府、小区设计、开发等层层落实规划，保障 WSUD 落地。

2. 维多利亚州 WSUD 政策解析

在澳大利亚维多利亚州，有一系列的规划管控文件规范雨水径流的管理。包括水政策，如维多利亚州环境保护政策-维多利亚水部分，规划条例。

1）维多利亚州环境保护政策（State Environment Protection Policy，SEPP）

SEPP 是维多利亚州级的政策，该政策规定城市和农村雨水径流不能损害下游受纳水体的水质。WSUD 是符合该政策要求的合适的工具。

2）维多利亚州规划条例（Victoria Planning Provisions，VPP）

2006 年 VPP 引入了条款 56.07 和 56.08，该条款的引入为水敏感城市设计导则出台提供了强大的支撑。条款 56.07 明确在居民小区，需要进行水综合管理，并且条款 56.07-4 和标准 25 强制要求必须在开发活动中开展最佳实践，以削减污染负荷和控制地表径流。根据该条款，在大部分的开发中，必须将 WSUD 纳入小区设计。条款 56.08 明确在小区进行相关活动时必须保护 WSUD 系统，如场地泥沙控制等。

VPP 上述条款要求所有开发类型（包括居住、商业、工业）都要同时实施 WSUD。

VPP 条款 19：社会、物理基础设施服务应该坚持"高效、公平、可获取和及时"的原则。条款 19.03-2 明确规划和相关部门应该确保：城市雨水排水系统应该在流域尺度综合统筹，采取措施削减洪峰流量。

VPP 条款 19.03-3 明确，当以"减少暴雨洪水对湾区和流域的影响"为关键目标时，应将 WSUD 技术到纳入到城市开发中，以：①削减径流总量和径流峰值，②降低排水和基础设施费用。

VPP 条款 56.07-4 和标准 25：根据条款 56.04，地方政府负责要求 2 个及以上建筑的新开发区域需要满足最佳水质和流量管理要求。条款 56.04 规定：①最小化城市开发后雨水径流对居民造成的不便，最小化城市开发后雨水径流对城市财产损害；②确保在大暴雨事件时主要街道正常运行以保障公共安全；③最小化由于城市开发导致雨水径流增多对环境的不利影响。标准 25 强制规定地块开发前后雨水径流保持不变，或者由相关部门许可并且对下游没有影响。

3. WSUD 纳入排水防涝规划

以布利斯班城市规划为例，阐述 WSUD 与排水防涝规划的关系。具体参见布利斯班排水规划[①]。

1）引言

（1）城市排水规划、设计和实施必须统筹考虑雨水管理的两个不同方面，即水量和水质，雨水系统必须：①防止或最小化社会、环境、洪水对城市水系、地面汇流路径、和排水设施的负面影响；②设计水系时应尽量采用自然水系设计的方法；③运用水敏感城市设计原理和水循环综合管理原理，以保障雨水径流水量水质达到可接受的标准。

（2）城市雨水系统的规划、设计和建设应该遵循下述导则标准：水敏感城市设计。

2）设计标准

城市雨水排水系统包括小排水和大排水系统。大排水系统是城市排水系统的一部分，以应对超标暴雨事件为主，主要包括开敞暴雨径流通道，规划的道路洪水通道，自然的或者人工水系，蓄滞洪区，其他大型水体等。

小排水系统是城市排水系统的一部分，主要排除两年一遇的小雨，主要设施包括路缘石、边沟、路边渠道、地下管道、人孔和出口。针对不同地区，采用不同的排水标准，如表 2.10 所示。

表 2.10　布里斯班排水系统设计标准

开发区域	设计参数	最低设计标准	
		年超标概率/%	重现期/年
农村区域 (每公顷 2~5 个居民点)	小排水系统	39	2
	大排水系统	2	50
居民用地(低密度居民区)	小排水系统	39	2
	大排水系统	2	50
	屋顶排水系统	昆士兰州城市排水手册所确定的二级标准	

① http://eplan.brisbane.qld.gov.au/CP/Ch7StormwaterDrainage.

续表

开发区域	设计参数	最低设计标准	
		年超标概率/%	重现期/年
居民用地(中低-高密度居民区)	小排水系统	10	10
	大排水系统	2	50
	屋顶排水系统	昆士兰州城市排水手册所确定的三级或四级标准	
工业用地	小排水系统	39	2
	大排水系统	2	50
	屋顶和楼宇排水系统	昆士兰州城市排水手册所确定的四级标准	
商业用地 (中央区域)	小排水系统	10	10
	大排水系统	2	50
	屋顶和楼宇排水系统	昆士兰州城市排水手册所确定的四级或五级标准	

2.3　美国低影响开发及绿色基础设施规划

2.3.1　美国低影响开发/绿色基础设施规划简介

低影响开发（low impact development，LID）于 20 世纪 90 年代在美国马里兰州乔治王子郡被首次提出[1]。LID 是一种创新的雨洪管理模式，其核心是运用适宜的场地开发方式，模拟原有场地的自然水文条件，即尽可能维持或恢复场地开发前的自然水文特征，以达到减少对水文条件和生态环境的影响。

LID 是典型的源头管理措施，通过分散的、小规模的人工设施来控制雨水径流和污染物，并综合采用保护性设计、渗透技术、径流调蓄、径流输送技术、过滤技术、低影响景观等多种方式（表 2.11），从而实现减少径流量、降低径流污染的目的[2]。由于其措施简单、成本低，并且可提供具有功能性的水景观。LID 不仅适用于新建项目，在城市更新项目中也卓有成效，例如，街道升级改造，雨水管道维护、升级等。

表 2.11　LID 技术体系分类

项目	技术说明
保护性设计	通过保护开放空间，如减少不透水区域面积，减少径流量
渗透技术	利用渗透既可减少径流量，也可处理和控制径流，还可以补充土壤水分和地下水
径流调蓄	对不透水面常设的径流进行调蓄利用，逐渐渗透、蒸发等，减少径流排放量，削减峰流量，防止侵蚀
径流输送技术	采用生态化的输送系统来降低径流流速，延缓径流峰值时间等

① Maryland Department of Environment. Maryland Stormwater Design Manual. 2009. http：//www. mde. mary land. gov/programs/ water/ stormwater_design. pdf. 2015-05-22.

② EPA，Office of Water. 2005. National Management Measures to Control Nonpoint Source Pollution from Urban Areas. Washington DC 20460（4503F）：EPA-841-B-05-004.

续表

项目	技术说明
过滤技术	通过土壤过滤、吸附、生物等作用来处理径流污染，通常和渗透一样可以减少径流量，增加河川基流，降低温度对受纳水体的影响
低影响景观	将雨洪控制利用措施与景观相结合，选择适合场地和土壤条件的植物，防止土壤流失和去除污染等，可以减少不透水面积，提高渗透潜力，改善渗透环境等

完善的 LID 设计能够做到因地制宜，充分利用场地的自然景观元素，节约成本的同时又满足雨洪管理的要求，达到生态效应、社会效应、经济效应的结合（Kahn，2010）。

到目前，美国已经形成了较为完善的可持续雨洪管理系统，其经验也被其他国家所认可，并在此基础上不断发展。

2.3.2　缘起与发展

雨水管理在美国的发展，可以追溯到 20 世纪 70 年代。1972 年，美国《清洁水法案》（简称 CWA）开启了雨水监管的历史。1976 年美国设立了针对城区分流制雨水排放的一般许可证。1979 年和 1980 年 CWA 两度修订，要求所有雨水排放者提交各自的许可申请。1987 年《水质法案》（*Water Quality Act*）通过。20 世纪 90 年代以来，美国城市点源污染得到了有效控制，政府及公众开始转向对城市雨水径流污染及水量控制的关注（Sansalone，1997）。20 世纪 90 年代初，美国乔治王子郡和西雅图、波特兰市等地率先开始实践以雨水花园为主的低影响开发，以有效管理降雨径流，控制雨水污染。目前美国已在 32 个州推广 LID[1]。美国环境保护署、住房和城市发展部、联邦应急管理署、内政部、渔农局及美国陆军工程兵团等多部门共同推进，计划到 2040 年实现在美国全覆盖。进入 21 世纪，美国在推行低影响开发的基础上，提出了绿色基础设施（green infrastructure，GI）的概念，并将其视为生态城市建设及城市可持续发展最为有效的措施之一[2]。经过多年探索实践，美国绿色基础设施建设取得了较为丰富的经验，相关技术标准也相对较为成熟。

2.3.3　规划目标

总体上，美国推行绿色基础设施都是与解决水质问题、内涝问题等目标密切相关[3]。马里兰和华盛顿两个州都是为水质总体目标达标，而将绿色基础设施作为控制城市面源污染，削减污染负荷的重要手段。

1. 乔治王子郡

马里兰州的乔治王子郡位于 Chesapeake 湾流域（图 2.12）。Chesapeake 湾是美国最大的海湾，流域范围共包括 6 个州，加上华盛顿特区，流域面积共 6.4 万平方英里[4][5]（合 16.58

---

① Thurston County Water Resources. 2011. Low Impact Development Barriers Analysis. Washington Thurston County.
② USEPA. 2013. Green Infrastructure Opportunities and Barriers in the Greater Los Angeles Region. EPA-833-R-13-001.
③ United States Environmental Protection Agency. 2000. Low Impact Development（LID）: A Literature Review. EPA-841-B-00-005. Office of Water，Washington D C.
④ 1 平方英里=2.59km²；1 英里=1.61km.
⑤ United States Environmental Protection Agency. 2012. Terminology of Low Impact Development. EPA-841-N-12-003B，Office of Water，Washington D C.

万 km²），海岸线总长度 1 万英里（合 1.61 万 km），人口约 1700 万人。2009 年美国总统奥巴马宣布，Chesapeake 湾是"国家宝藏（national treasure）"。

随着城市的不断发展和污染物排放量的增加，Chesapeake 湾出现了较为严重的淤积以及富营养化的问题，尤其是夏季，水体中容易出现富营养化的问题。为了解决 Chesapeake 湾的污染问题，美国环境保护署在 2010 年开始了美国历史上最为复杂和浩大的 TMDL（total maximum daily loads）项目，开始核定各个州允许排入 Chesapeake 湾的污染物排放量，该项目于 2013 年完成。Chesapeake 湾的 TMDL 主要是针对总悬浮物、总磷和总氮三类污染物。

图 2.12　Chesapeake 湾
地形示意图

根据 TMDL 的要求，马里兰州需要在 2025 年将总氮污染物的排放量降低到 3840 万磅/年①（2010 年为 4873 万磅/年）。TMDL 还将总氮的排放允许量分别分解到林业、农业、点源和城市面源，并将该 TMDL 制订的污染物削减计划分解到各个城市和郡。乔治王子郡 2010 年 12 月接受了给该郡分配的污染物减量目标（表 2.12），并且确定 2010～2011 年该郡的流域实施方案（watershed implementation plan，WIP）。

表 2.12　乔治王子郡的 TMDL 削减目标

水体	污染物	雨水污染减排
皮斯卡塔韦溪	粪大肠菌群（大肠杆菌）	82.8%
马塔沃门溪	氮和磷	14%
Anacostia 河　（潮汐和非潮汐）	营养物质（氮，磷），生化需氧量	BOD：58% TN：81% TP：81.2%
	粪大肠菌群（肠球菌）	东北支流/西北支流：80.3% Tidal：99.3%
	沉积物，总悬浮物	85%
	多氯联苯	东北支流：98.64% 西北支流：98.1%
	垃圾	100%
Western Branch Patuxent 河	生化需氧量	不适用
帕塔克森特河，上游流域	粪大肠菌群（大肠杆菌）	53.4%
	沉淀物	11.4%
落矶峡水库	总磷	15%
波托马克河，Anacostia 河	多氯联苯 – 潮汐区	随水体变化（5%～99%）

---

① 1 磅=0.453kg.

续表

水体	污染物	雨水污染减排
Chesapeake 湾[①]	氮，磷，沉积物	TN：随水体变化（10%～26%） TP：随水体变化（32%～41%） TSS：随水体变化（29%～31%）
Cash 湖[②]	汞	不适用

注：BOD＝生化需氧量；TN＝总氮；TP＝总磷；TSS＝总悬浮物。
①流域实施方案由该郡在 2011 年制定；
②Patuxent 野生动物保护区属美国内政部直接管辖，Cash 湖流域位于 Patuxent 野生动物保护区内，因此不受该郡的 MS4 许可证限制。

2011 年 9 月 14 日，马里兰州将 Chesapeake 湾的 TMDL 的目标分解到该州的各个市、郡。根据要求，乔治王子郡按期向州政府提交了自己的 WIP-II，在获得州政府颁发的 MS4 的许可之后，乔治王子郡用了一年的时间来修改完善自己的 WIP。根据最终批复的 WIP，乔治王子郡需要在 2019 年前完成污染物减排的 70%，在 2025 年完成污染物减排任务的 100%。为此，乔治王子郡明确在 2019 年之前对城市 20%的不透水地面的 1 英寸[①]降雨（合 25.4mm，降雨历时为 24 小时）进行处理，在 2025 年之前要改造 15000 英亩[②]（合 60.7km²）的建设用地，预计总投入 12 亿美元。

2. 纽约市[③]

纽约市合流制排水系统占全市总面积的 60%。为了控制合流制溢流污染，纽约市在 2010 年制订了《纽约市绿色基础设施规划》，提出要在 25 年的时间里，通过绿色基础设施的建设，对全市 10%硬化地面的 1 英寸降雨（合 25.4mm，降雨历时按照 24 小时考虑）实现就地消纳。这些区域主要是分布在纽约市的合流制排水系统内，通过绿色基础设施的建设，可以有效降低全市的合流制溢流污染频率。

2.3.4   绿色基础设施建设区识别

美国在识别确定绿色基础设施建设区域的时候，一般会考虑以下几点：合流制排水系统的分布、水环境的敏感和重要程度、雨水是否可以下渗等。其中，对于雨水是否可以下渗，一般会经过特别的评估，识别出适宜下渗和不适宜下渗的区域。

对于西雅图而言，三个区域的街道是未来全市绿色基础设施建设的重点，但是西雅图市公用事业局认为，也不是每条街道都适宜、都有条件进行绿色基础设施建设。为此，西雅图市公用事业局对这三个区域适合建设绿色基础设施的街道进行了评估。

2.3.5   合流制溢流污染控制规划

1. 美国合流制的基本情况

据有关报道，美国目前有 1100 个城市是有合流制的排水系统。历史上美国也曾经兴起

---

① 1 英寸＝25.4mm.
② 1 英亩＝0.00405km².
③ New York Division of Engineering. 2015. New York State Stormwater Management Design Manual. http://www.dec.ny.gov/chemical/29072.html. 2015-05-22.

过将合流制改为部分分流制，即单独在街道上建设雨水收集管网。如今美国已经不再简单提出将合流制排水系统改为分流制排水系统，而是转向合流制污水的溢流污染控制，控制的指标包括合流制污水溢流的总量和合流制污水溢流的次数。

华盛顿特区存在大量的合流制排水系统，西雅图目前完全雨污水分流、雨污合流和部分分流的比例各为 1/3。

2. 合流制污水溢流污染控制规划

美国合流制污染控制规划主要有两种类型：一是制订了 TMDL 的城市，都会编制一个流域实施规划（WIP）。对于有合流制排水的地区，在 WIP 中一般会提出合流制排水系统的溢流污染控制措施，二是不少城市都会根据美国联邦雨水管理部门的要求，编制合流制溢流污染控制的长期规划（long term control plan，LTCP）。例如，西雅图市 2015 年编制完成的《西雅图市合流制溢流污染控制长期规划》，其中内容包括背景与现状、系统特征、合流制溢流污染控制可用措施筛选、控制措施评估、措施的选用与规划实施等内容。

3. 合流制溢流污染控制中的非工程措施

在美国，街道清扫是水环境改善的重要举措。西雅图市经过研究发现，占全市面积 16% 的道路贡献了城市中面源污染的 44%。西雅图市的道路清扫和城市排水一起，都归属于西雅图市公用事业局。在公用事业局的合流制溢流污染控制对策中，道路清扫被作为重点内容。

2.3.6　绿色与灰色基础设施相结合

目前，美国不少城市和地区在大力推广绿色基础设施，但这些设施只是总体目标下的一部分，往往要与传统的基础设施（即灰色基础设施）相结合，在应对内涝和合流制溢流污染中最大程度发挥作用，具体可参考各城市的绿色基础设施规划①。

1. 西雅图市

西雅图公用事业局管理了 86 个合流制溢流排水口，King County 管理了 38 个。20 世纪 70 年代前后，西雅图花大力开展雨污分流工作，将部分城市道路的雨水从合流制管网中分离出来，单独再建设一套雨水管网，这一部分就是目前的部分分流制排水系统。后来西雅图逐步放弃这种做法，进而转向对合流制溢流污染的控制。西雅图市对合流制溢流污染的控制目标为：到 2025 年，确保每个溢流口的溢流次数不超过 1 次。

在西雅图公用事业局管理的 86 个溢流口中，截至 2014 年年底，共有 34 个未能达标。2014 年西雅图公用事业局管理的溢流口共发生溢流事件 406 起，溢流污水量 43.85 万 m³。

为了控制合流制溢流污染，西雅图市提出控制策略，即首先修复现状管网系统（fix it first）；然后通过绿色基础设施建设，尽可能减少雨水进入合流制排水系统中的径流量（keep

---

① Lauzen C. 2013. Kane County 2040 Green Infrastructure Plan，4th Draft. Kane County Board.

stormwater out）；最后对于尚且不能满足标准的区域，将溢流出来的污水短暂存储后再输送至污水处理厂进行处理后方可排放（store what's left）。通过这种绿色和灰色相结合的策略，西雅图市预计可以在 2025 年达到其非常严格的合流制溢流污染控制标准。

2. 华盛顿特区

华盛顿特区为控制合流制溢流污染，制订了《合流制溢流污染长期控制计划》（Long Term Control Plan，LTCP）。该规划计划修建 3 条合流制溢流污染控制隧道，总调蓄容积达到 2.25 亿加仑①（约 85 万 m³）。

在推行绿色基础设施建设背景下，2015 年华盛顿特区开始研究新的合流制溢流污染控制思路，计划通过绿色基础设施的建设，控制其中 1.2 英寸（合计 30.5mm）的降雨，再辅以传统的灰色设施，达到合流制溢流污染的控制效果。在新的规划思路下，华盛顿特区目前计划对两片不透水面积分别为 365 英亩和 133 英亩的区域集中采用绿色基础设施。此外，华盛顿特区还对其中的两个合流制溢流排水口的上游区域实施雨污分流改造。由此，华盛顿特区可以将合流制溢流调蓄隧道的规模从原计划的 2.25 亿加仑降低至 1.87 亿加仑，降低幅度达到 17%。

2.3.7　绿色基础设施规划的实施

1. 国家法规制度保障

1）国家污染物减排体系 NPDES

国家污染物减排体系（national pollutant discharge elimination system，NPDES），是按照美国《清洁水法案》307 条、318 条、402 条、405 条规定的，包括颁发、修改、撤回与重新颁发、终止、监督和实行许可证以及编写和实行预处理标准的国家项目。

1972 年，美国会通过了《联邦水污染控制法修订案》（简称 1972 年法案），修正内容包括 NPDES 许可证项目，维持了以水质为基准的污染物控制思路，但同样强调了基于工程技术的或末端治理的控制策略，并提出了阶段性目标，即在 1983 年 7 月 1 日实行"提供可以保护并繁殖鱼类、贝类及野生生物，并且人类能够进行水上娱乐活动的水质"。这个目标，更广为人知的说法是"可垂钓、可游泳"的目标。法案的第四部分构建了废水排放许可证制度（402 条），这就是国家污染物排放削减系统（NPDES）。

第一批 NPDES 许可证发放于 1972～1976 年，许可证根据当时的最佳实用处理技术（best practicable control technology currently available，BPT）提出控制一些常规污染物，主要集中在生化需氧量、总悬浮物（TSS）、pH 值、油和油脂及部分金属。

1977 年对《清洁水法案》修正后，将污染物控制的重心由常规污染物转向了有毒物质。这一时期对有毒有害污染物的控制被称作第二批许可行动。BAT 控制的范围也扩大到有毒污染物。1987 年美国会通过《水质法》（Water Quality Act，WQA）对 CWA 进行了修正。

---

① 1 加仑＝3.785L.

WQA 中重点提出了各州达标的策略。

WQA 制定了控制工业废水和城市暴雨径流排放达到 NPDES 许可证要求的新时间表。工业废水和城市暴雨径流排放也要达到与 BCT/BAT 相同的排放标准。城市分流制雨水系统（municipal separate storm sewer system，MS4）要求在最大可行性范围内控制污染物排放。此外，WQA 要求 EPA 对污泥中的有毒物质进行鉴定，并进行总量控制。WQA 还发布了反倒退法令，禁止对已颁发的许可证进行降低排放限值、标准或状况的修改。

A. NPDES 项目分类

NPDES 项目规定了几种不同类型的排放源，即市政源和工业源。

其中，市政源包括国家预处理项目和暴雨项目。国家预处理项目：规定了非住宅（即工业和商业）设施中的废水排入市政污水处理厂（即间接排放）的情况；市政污水污泥项目：市政污水处理厂和其他生活污水处理厂必须为污泥使用和处置提交许可申请；合流制溢流污水（combined sewer overflow，CSO）：为控制 CSO，1989 年美国发布了国家 CSO 控制战略，1994 年制定和发布了 CSO 控制政策。暴雨项目（市政）：1990 年发布了城市分流制雨水系统（MS4）的雨水排放规范（55FR47990）。该规范将 MS4 定义为"由州或地方政府拥有或运行的，设计用来收集和运输雨水的运送设施（系统）"。在暴雨项目的第一阶段，只有服务于 10 万以上人口的 MS4 才需要申请 NPDES 许可证。

B. NPDES 许可证类型

许可证是特许某设施在特定条件下排放特定数量的污染物进入收纳水体的执照，但许可证也对设施生产的过程、焚烧废物、垃圾、污泥利用等进行核准。NPDES 许可证的两种基本类型是个体许可证和一般许可证。个体许可证是特别为个体设施量身定做的，一般许可证是由许可证授权机构指定的，并颁发给特定范围内多种设施的许可证。

C. 许可证编制/颁发程序

许可证申请程序的第一步是由企业或设施提交许可证申请。收到申请后，许可证编写者要全面、准确地评估申请者情况。当申请被审核通过后，许可证编写者便要开始起草许可证文本，并给予申请数据对许可条件（指基于实际情况或陈述）进行判断。

D. 联邦与州授权机构的职责

美国行业主管部门在《清洁水法案》的授权下，直接执行 NPDES 项目，也可以授权州、地区或部落来执行全部或部分的国家项目。州、地区或部落可全权实施基础项目（如为工业源或市政源颁发个体 NPDES 许可证）以及部分国家项目，如联邦设施、国家预处理项目、一般许可证、城市污泥项目等。一般来说，当授权州、地区或部落颁发许可证时，国家行业主管部门是被禁止指导这些活动的。但是国家行业主管部门有权评估每个州、地区或部落颁发的许可证，并针对与联邦要求相冲突的内容提出反对意见。一旦由任何政府机构颁发了许可证，州、地区和联邦机构（包括国家行业主管部门）便应合法实施和强制执行此许可性，甚至公民个人也可以通过联邦法庭提出此要求。

2）雨水排放许可 MS4

CWA 规定，除非有国家颁发的污染物排放削减排放许可证，禁止从点源向通航水域排放任何污染物。1976 年美国国家雨水管理部门设立了针对城区分流制雨水排放管道的一般许可证。1987 年美国联邦政府通过的《水质法》，规定了雨水排放许可要求，确立雨水许可证制度（NPDES），包括"工业活动相关"的排放、"供应 10 万或以上人口的城市分流制雨水系统"的排放、以及美国国家雨水管理部门认定的、会导致违反水质标准的雨水排放，或者会成为通航水域污染物重要来源的雨水排放。同年，美国国会在雨水修正案中，提出了针对各种雨水排放类型的管理方法。之后，美国国家雨水管理部门具体负责执行雨水管理计划并实现这些目标。

1990 年美国雨水管理规定将受监管的雨水系统分为：①合流制污水溢流（CSO）；②市政分流式雨水系统（雨水管道由市政部门运营，仅接收雨水径流）；③分流式雨水系统（雨水管道服务于工业设施，且在历史上从属于 NPDES 许可证或为其中一部分）；④非点源径流（不通过管道排入水体）。

美国规定了三类雨水排放许可证：基于城市分流制的雨水排放许可证（MS4 许可）、工业雨水排放许可证和建设场地雨水排放许可。

A. MS4 许可

MS4 许可证的实施分两个阶段。第一阶段，按照《清洁水法案》第 402 条的规定，MS4 需"在最大可行程度上"减少其雨水排放中的污染物。可通过管理、控制技术、设计和工程方法以及其他适当方法来实现。市政雨水系统还须禁止非雨水排放物进入。监管对象仅限于服务人口超过 10 万的城市。并设立了针对人口等于或大于 25 万人口的大城市，以及针对人口在 10 万～25 万的中等城市两种类型的许可申请。第二阶段，《美国联邦行政法典》第 40 篇、第 122.34 条规定，小型城市雨水排放需获得许可证，大多是一般许可证。小型城市是指人口不足 10 万的城市建成区。据美国国家雨水管理部门估计，大约有 3500 座城市属第二阶段规定的监管范围。

B. 建设场地雨水排放许可

建设场地雨水排放许可，最初属于工业排污许可中的一般许可类型，但在美国雨水管理第二阶段得到强化。建设场地一般许可证申请必须在施工开始前至少两天提交，提交前还须编制雨水污染防治计划（SWPPP）。1999 年，美国要求扰动土地面积在 1～5 英亩范围内的施工场地需控制雨水径流污染物。若施工活动扰动面积不足 1 英亩，但它属于某个扰动总面积达到或超过 1 英亩的更大开发计划，或者是 NPDES 许可授权机构指定单独需要办理许可证的活动，需要办理许可证。这些施工场地的业主或运营商必须取得 NPDES 许可证，提交意向通知书，并实施最佳管理实践（BMPs），以最大限度地减少污染物径流。一旦建设工程竣工，业主或运营商还应提交终止通知书，通知 NPDES 许可授权机构不再需要雨水排放许可证。

总之，1999 年美国实施的第二阶段雨水管理，还规定了市政当局必须制定雨水管理计划（Sotrmwater Management Plan，SWMP），其中包括：当地社区可能需要采用某项限制受影响径流排入附近地表水的法令；需要编制地图标明雨水系统排污口的位置；需要制定社区教育计划，教育公民如何最大限度地减少污染物进入雨水系统（如不通过自家的雨水排放管倾倒废弃物）等措施。规定要求，小城市通过采用雨水径流污染物控制最佳管理实践

（BMPs）①设定量化目标，实现雨水管理计划（SWMP）。并规定第二阶段城市在 5 年内实施最佳管理实践。

2. 纽约市暴雨设计和建设管理系统指南

2012 年 1 月提出，并于 2012 年纳入纽约市城市法则（RCNY）第三十一条的增补案，同年 7 月实施。第三十一条主要是关于合流制暴雨径流标准，有以下规定。

对于新开发地区：场地暴雨径流排放速度取 0.25 立方英尺②/秒和原有标准的 10%两者之间的大值。

如果场地原有标准允许流量小于 0.25 立方英尺/秒，场地暴雨径流排放速度取原标准限值。

流量限值是场地开发后暴雨径流可允许排放到现有或规划的雨水或者合流制排水系统中的值。

对于改造场地：雨水径流排放速度与改造区域所占整体排水分区的面积有关，并且不得新增雨水排放点。

例如，①在 Brooklyn 区域按新的要求，1 英亩排放速率为 0.25 立方英尺/秒，而原有的标准为 2.5 立方英尺/秒；②在 Brooklyn 区域，0.5 英亩原标准规定的排放速率为 1.25 立方英尺/秒，按 10%计算为 0.125 立方英尺/秒，按新的标准为 0.25 立方英尺/秒；③在 Brooklyn 区域，3000 平方英尺的区域，原标准规定为 0.172 立方英尺/秒，既然小于 0.25 立方英尺/秒，该地块的排放速率为 0.172 立方英尺/秒。

新的雨水管理规则要求：许多区域需要降低到由排水规划和所确定的地块排放值的10%以下。这就要求：①通过滞、蓄措施强化场地雨水径流的管控；②中小地块由于排水限值没有超过 0.25 立方英尺/秒，所以这些地块基本不受影响；③要求建设绿色基础设施，包括回收、下渗系统。

3. 绿色基础设施规划

纽约绿色基础设施规划于 2010 年提出，其主要目的在于控制合流制溢流，具体目的为通过建设绿色基础设施，控制 38 亿 m³/a 的合流制溢流量，相当于 20 亿 m³/a 净通过灰色基础设施控制的量。其主要措施包括在合流制区域源头建设绿色基础设施。该规划主要包括五部分。

（1）建设成本效益比高的灰色基础设施。

（2）优化现有污水处理系统。

（3）建设绿色基础设施控制 10%的不透水面的雨水径流。

（4）制度机制建设，评估影响，监测合流制溢流和监测水质。

---

① EDAW. 2009. Urban Stormwater—Queensland Best Practice Environmental Management Guidelines 2009，Technical Note：Derivation of Design Objectives. EDAW，Ecological Engineering Practice Area.
② 1 立方英尺＝0.028m³.

（5）公众和利益相关方参与。

纽约环保署对绿色基础设施和灰色基础设施方案在控制合流制溢流的效果做了对比，通过绿色基础设施规划，纽约合流制溢流将由现在的约 300 亿加仑/年减少到 179 亿加仑/年，这比纯灰色基础设施方案少约 20 亿加仑/年。

绿色基础设施规划整体要比灰色基础设施投资节省，相对灰色基础设施的 68 亿美元，绿色基础设施投资约 53 亿美元，减少量约为 15 亿美元。

2.4   小   结

美国的低影响开发、英国的可持续排水系统、澳大利亚的水敏感城市设计等，虽然名称、侧重点有所不同，但在内涵和发展趋势方面基本相同（表 2.13）。不同于传统的"以排为主"的雨洪管理模式，都强调让雨水径流慢下来，让雨水径流更多地留在当地。可持续排水系统采用雨水管理链的模式，对雨水径流进行净化和调蓄；水敏感城市设计则更加强调将雨水用起来；美国绿色基础设施则强调灰色绿色结合，降低洪峰流量，减少 CSO 溢流量。这三种模式都从保护生态环境的角度对其进行科学管理，达到减少径流及污染的目的，并将雨洪管理设施与景观结合，创造出了具有创造功能性的景观，综合提高了社会效益、经济效益和生态效益。

表 2.13　设计理念对比表

序号	国家	标准体系
1	中国	海绵城市
2	美国	最佳管理措施、低影响开发
3	澳大利亚	水敏感城市设计
4	英国	可持续排水系统

从三种排水系统模式所采用的技术手段看，发达国家和地区的排水系统设计均采用了基于源头+过程的控制方式，建立了暴雨径流源头控制标准体系（表 2.14）。三种排水系统模式都强调从源头开始，全过程实施流量控制，能有效地削减降雨期间的流量峰值，减轻排水管道的压力，降低城市内涝发生的频率和强度。

表 2.14　设计标准对比表

序号	国家	小排水系统	大排水系统
1	中国	一般地区 1~3 年、重要地区 3~5 年、特别重要地区 10 年	20~100 年
2	美国	居住区 2~15 年，一般取 10 年。商业和高价值区域 10~100 年	不少于 100 年

序号	国家	小排水系统	大排水系统
3	澳大利亚	高密度开发的办公、商业和工业区 20~50 年；其他地区以及住宅区为 10 年；较低密度的居民区和开放区域为 5 年	不少于 100 年
4	英国	农村地区 1 年、居民区 2 年、城市中心/工业区/商业区 5 年、地下铁路/地下通道 10 年	农村地区 10 年、居民区 20 年、城市中心/工业区/商业区 30 年、地下铁路/地下通道 50 年

发达国家和地区在排水系统中有明确的"内涝"（waterlogging disaster or local flooding）概念。目前已经形成城市排水（小排水系统，minor drainagesystem）、城市内涝防治（大排水系统，major drainagesystem）和城市防洪三套工程体系。大多数发达国家和地区城市排水标准较高，内涝和防洪标准基本一致，可保障在没有发生洪灾的条件下，城市不会发生内涝灾害。

这三种排水系统模式起因都和城市内涝有关，因此将控制城市内涝作为其主要目标。根据三种排水模式的调研，城市小排水系统设计以短历时为主,如针对 1~2 年一遇的降雨,设计历时以 2~3 小时为主；针对极端暴雨,如 30 年或者 100 年一遇的暴雨,设计历时一般 6 个小时。

第 3 章

海绵城市建设系统方案

3.1 本底调查及问题分析

3.1.1 试点建设范围

海绵城市建设以排水分区为基本单元，出于城市安全、城市建设的考量，海绵城市建设试点范围并非完全由完整的排水分区构成。同时考虑到需要在江北城区区域层面协调防洪排涝、水环境治理的问题，因此，本系统方案分两个层次，即江北城区及海绵城市建设试点范围（图 3.1）。

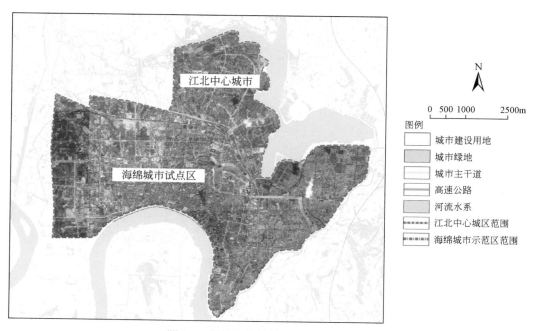

图 3.1 常德市海绵城市建设试点范围

江北城区：面积约 110km²，主要从区域层面协调防洪排涝，水系建设。

海绵城市建设试点范围：东、北至常德大道，西至桃花源路，南至沅江及人民路，围合的面积为 36.1km²。其中老城区为 6.6km²，新城区为 25.8km²，拟建区为 3.7km²（图 3.2）。

图 3.2　常德市海绵城市建设试点区建设现状图

3.1.2　自然本底条件

1. 降水特征

据常德国家气象站 1971～2016 年日雨量数据统计，常德市年降水量总体呈增加趋势，气候倾向率为 30.7mm/10a，多年平均降水量为 1331.6mm，降水量年际变化较大，最大值出现在 2002 年（2063.4mm），最少年为 2011 年（716.5mm），最多与最少年降水量相差1346.9mm。

年内降水量分布呈单峰形（图 3.3），月雨量平均值最大的是 6 月（194.5mm）、最小的是 12 月（37.8mm），4～9 月总雨量达到 903mm，占全年降水量的 68%；冬半年（10 月至次年 3 月）雨量最少，总雨量 428.5mm，占全年水量的 32%。

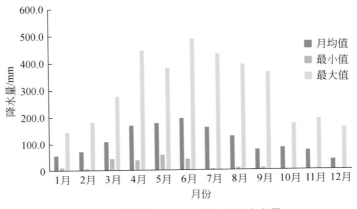

图 3.3　常德站 1971～2016 年月降水量

根据常德市 1994～2014 年日降水统计数据（表 3.1），年均有效降水日数（大于 2mm）为 87 天，其中降水量不少于 50mm 的天数为 4.19 天，降水量是 20～50mm 的天数为 16.14 天，降水量是 8～20mm 的天数为 25.76 天。年有效降水日占全年的 23.87%，其中又以小雨天气居多，小雨日数占总降雨日数的 47.02%。

表 3.1　常德市日降水特征统计表

指标	降水量 P/mm				全年合计
	≥50	20～50	8～20	2～8	
有效降水日数	4.19	16.14	25.76	40.91	87
占比/%	4.82	18.55	29.61	47.02	100

根据常德暴雨强度公式，确定 2 年一遇 120 分钟雨量为 52.08mm，3 年一遇 120 分钟雨量为 59mm，5 年一遇 120 分钟雨量为 67.9mm。长历时 1440 分钟的 10 年一遇、20 年一遇、30 年一遇、50 年一遇的雨量分别为 153.22mm、176.38mm、189.83mm、206.8mm。短历时雨型采用芝加哥雨型（图 3.4），雨峰系数为 0.428，长历时雨型采用同频率推求（图 3.5）。

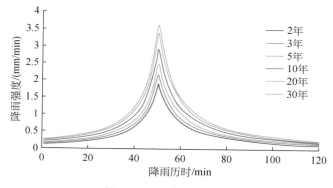

图 3.4　短历时降雨雨型

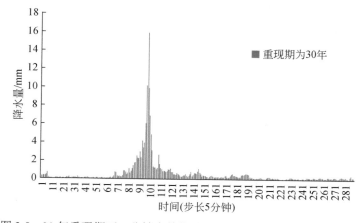

图 3.5　30 年重现期下 5 分钟为单位时段常德 1440 分钟降雨时程分配

2. 地形地貌

常德平原区为本区最主要的地形地貌，由河流阶地组成的冲积平原，地势低平，相对高差较小。常德市中心城区江北城区及近郊地势平坦，为河湖冲积平原。江北城区地势西北高、东南低，由南向北倾斜。常德市中心城区江北中心城区高程大部分在 32m 左右。江北城区坡度基本都在 5° 以下（图 3.6）。

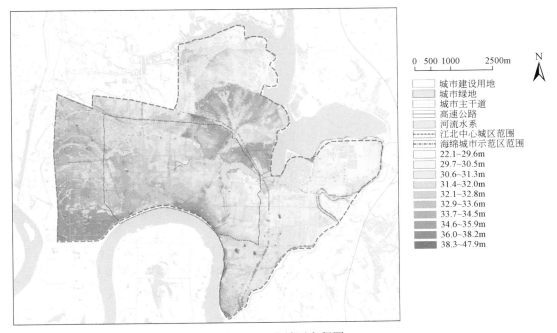

图 3.6　江北城区高程图

3. 河道水系

常德江北城区的水系可分为过境水系（沅江）、外环水系、内环水系（图 3.7）。

1）沅江

沅江水系是常德市的母亲河，距洞庭湖约 24km；城区段为沅江下游，河床宽 500～900m，平均水深 9.62m，常德站平均水位 29.1m（黄海高程，下同），历史最高水位 40.58m（1996 年），年平均流量 2065m³/s，最大流量 29000m³/s，最小流量 188m³/s，年平均输水量 651 亿 m³，水资源比较充沛，同时也是江北城区各水系排涝的最终去向。

2）渐河

渐河由北向南通过河洑闸流入沅江，设计常水位 38.34m，历史最高水位 40.65m，堤岸坝址控制流域面积 288km²，干流长度 16.3km。渐河改建后以撇洪为主，并联合渐河与五里溪中型水库灌溉河洑、丹洲、灌溪、护城等乡的 3 万多亩[①]农田。

_____

① 1 亩＝667m².

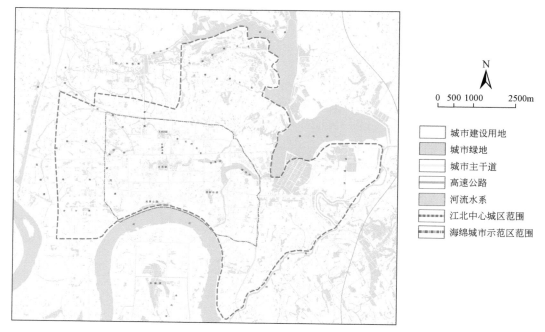

图 3.7 江北城区水系现状图

3）新河渠

新河渠水系设计常水位 30.60～31m，设计洪水位 31.6m，历史最高水位 33.10m。新河渠曾是穿紫河水系的上游，新河渠北段（原反修河）的修建使其在竹根潭处割裂开来。杨桥河、新河渠南段（原新竹河）水流汇合后经新河渠北段由南向北流入花山河。

4）花山河、柳叶湖

花山河、柳叶湖水系是江北城区外围水圈的重要组成部分，柳叶湖拥有巨大的调蓄空间，最大水面面积为 14.93km^2。花山河设计常水位 31m，最高洪水位 33.5m；柳叶湖设计常水位 30.6m，最高蓄水位 33.08m，总蓄水量约 7124 万 m^3，每上升一米可调蓄水量 1370 万 m^3。

5）穿紫河

穿紫河水系由西段的白马湖、穿紫河，东段的姻缘河及南段的三闾港组成，构成了“T”形格局。目前穿紫河水系常水位 30.6m，设计洪水位 31.6m。水系东面的姻缘河通过柳叶湖水闸与柳叶湖相接，南段的三闾港下游设有南碚排涝泵站，雨季河水可通过南碚排涝泵站排入沅江。

6）马家吉河

马家吉河为冲（冲天湖）柳（柳叶湖）低水水系的一部分，北面经冲柳闸（又称新五家拐闸）与冲柳高水相通，西面经新河口水闸与柳叶湖相通，南端通过马家吉闸、马家吉雨水泵站与沅江相连通。马家吉河全长 41.10km，汇水面积 169.8km^2，堤顶高程 36.50～37.50m。河底一般高程 28.00m，最高控制蓄水位 35.00m，总蓄水量 5516 万 m^3，每米可调蓄水量 970 万 m^3。

7）其他水系

根据《常德市中心城区及周边区域水系专项规划》，确定北部新城环形水系设计常水位 29.6m，排涝起排水位 29.8m，控制最高水位 30.6m；江北城区西部水系设计常水位 30.6～

31m,控制最高水位 31.6m;江北城区东部城区水系设计常水位 28.5m,排涝起排水位 28.6m,最高控制水位 29.1m。

4. 水文地质

常德中心城区属第四纪河流冲积湖泊沉积层,河流冲积层岩性为砂卵石,土质为淤泥质黏土、粉质黏土、粉土。城区含水层厚度为 25m 左右,地下水位较高,约为 28.7m 左右(城区地面高程为 31~38m),水位高低随沅江及冲柳水系(穿紫河和柳叶湖等)水位涨落而变化,水位年变化幅度约为 2m,年最大变幅近 3.5m。

根据常德市勘测报告,常德市中心城区场地地层属第四系全新统,常德河湖冲积平原地区土壤可以粗略地分为两大层(图 3.8)。

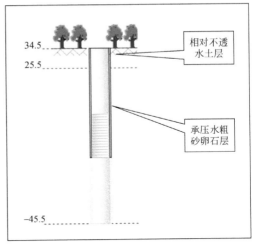

图 3.8　常德市中心城区地层结构图

(1)以粉质黏土、粉土为主,局部上覆杂填土、淤泥,下伏粉砂。总厚度 7~12m。

(2)卵石:成分为砂岩、石英岩、燧石等,粒径一般为 1~3cm,最大大于 5cm,混杂分布,含水饱和,中密,无胶结,局部夹黏性土及细砂。是良好的含水地层,水量丰富,依据地质资料,厚度约为 80m。

常德市江北城区土壤渗透性由南向北递减,护城河流域土壤渗透性较好,渗透系数可达 10^{-5}m/s;穿紫河流域土壤渗透性较差,到穿紫河两岸,渗透系数小于 10^{-6}m/s,渗透性较差(图 3.9)。

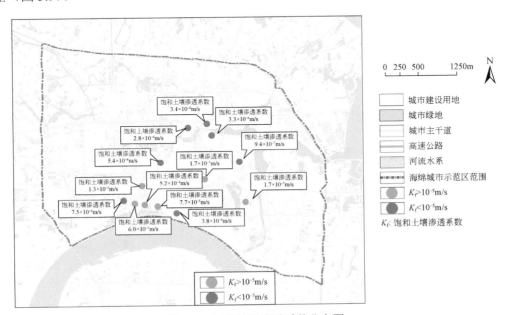

图 3.9　江北城区渗透系数分布图

5. 降雨径流关系

根据《常德市水资源公报》，2015 年常德市降水量为 1398mm，接近多年平均降水量，以 2015 年降水径流关系，说明常德市多年平均降水径流关系。2015 年全市地表水资源（天然河川径流）量 132.9 亿 m³，折合径流深 731.0mm，径流系数为 0.505，水资源总量 135.5 亿 m³，产水系数 0.51，中心城区及附近各区县水资源如表 3.2 所示。

表 3.2　2015 年常德市水资源统计表

行政分区	计算面积 /km²	年降水量 /亿 m³	地表水资源量 /亿 m³	地下水资源量 /亿 m³	重复计算量 /亿 m³	水资源总量 /亿 m³	产水系数
武陵区	212	2.76	1.657	0.3782	0.3782	1.657	0.60
鼎城区	2234	31.42	15.02	3.984	3.185	15.81	0.50
经开区	54	0.7595	0.3414	0.0963	0.0738	0.3639	0.48
柳叶湖区	139	1.952	0.9179	0.2475	0.2259	0.939	0.48
合计	2639	36.8915	17.9363	4.706	3.8629	18.7699	0.51

根据水资源统计表，得出 2015 年常德市年径流总量控制率统计表，如表 3.3 所示。

表 3.3　2015 年常德市年径流总量控制率统计表

行政分区	降水量/亿 m³	地表产流/亿 m³	地表径流系数	年径流总量控制率/%
武陵区	2.76	1.657	0.600	40.0
鼎城区	31.42	15.02	0.478	52.2
经开区	0.7595	0.3414	0.450	55.0
柳叶湖区	1.952	0.9179	0.470	53.0
合计	36.8915	17.9363	0.486	51.4

考虑到武陵区建成区面积约占武陵区面积的 20%，该区域受人类活动影响较大；其他区域建成区面积均在 5% 以下，区域的情况基本可以代表城市建设以前天然本底的情况，因此根据表 3.3，可得知在天然状态下，常德市年径流总量控制率约为 52%～55%。

3.1.3　黑臭水体分析

1. 护城河黑臭成因分析

1）护城河无序开发，人居环境质量差

20 世纪 80 年代护城河改造后，老城区用地紧张又因缺乏规划管控，居民在原护城河河道上建设住房，导致该区域建筑密度高、人口密度大，公用基础设施不配套、各类管线布置混乱且无消防通道，经过多年的演变，该区域私搭乱建的市民居住房屋破乱不堪，人居环境质量差，居民意见大、出行不便，城市历史文化遗迹消亡（图 3.10）。

2）污水直排护城河，河道水体黑臭

护城河现状为合流制暗渠，护城河流域的污水通过护城河暗渠经由建设桥合流制泵站抽排至污水处理厂净化（图 3.11）。

(a) 护城河所在城市区间(赵津乐 摄)　　　(b) 护城河上的高密度棚户区(尹言诚 摄)

图 3.10　常德市护城河被盖板后所处的城市区间

—— 合流管道

图 3.11　护城河流域内合流制管网分布图

　　护城河东端有建设桥雨水和污水泵站，通过污水泵房将污水提升到污水厂，通过雨水泵房将水提升到穿紫河，再向南排入沅江，护城河成为穿紫河、沅江的重要污染源。

　　护城河流域面积约 3km²，约 6 万人，按人均 500L/（人·d），产污率取 0.8，则每天污水量为 2.4 万 m³/d，这些污水直排护城河（图 3.12）。

(a) 生活污水直排口(郑孝云 摄)　　　(b) 生活垃圾被直接倾倒入护城河(李小海 摄)

图 3.12　典型的护城河沿线直排口现状照片

根据《室外排水设计规范》，排放污水中的化学需氧量取 300mg/L，总氮取 20mg/L，氨氮取 8mg/L，总磷取 4mg/L，可计算得到排放到护城河污染负荷，如表 3.4 所示。

表 3.4　护城河汇水分区污水直排护城河污染物　　　　　　　　　　单位：t/a

水系	化学需氧量	总氮	氨氮	总磷
护城河	2628.0	175.2	70.1	35.0

3）初期雨水污染

根据监测，确定常德中心城区各种下垫面初期雨水水质浓度，如表 3.5 所示。

表 3.5　常德市初期雨水浓度表　　　　　　　　　　单位：mg/L

下垫面	氨氮	总氮	悬浮物	总磷	化学需氧量
屋面	0.64	2.45	30.2	0.027	21.5
主干道	1.23	6.26	115	0.48	364
次干道	1.48	5.46	58	0.25	270
广场	1.03	2.85	23.7	0.045	28.2
停车场	0.61	1.84	46.3	0.031	30.3
绿地	0.63	2.88	37.2	0.038	29.3

根据遥感解译，建设桥排水分区各种下垫面如下（表 3.6）：

表 3.6　排水分区内面积统计表　　　　　　　　　　单位：hm²

排水分区	道路	建筑	裸地	水系	小区道路	小区水系	植被	总面积
建设桥分区	95.14	184.46	0.12	14.98	93.78	2.64	98.17	489.29

目前，我国对初期雨水量没有准确统一的计算方法，有的资料认为一场雨的前 6～8mm 雨量，也有的认为是前 5～15 分钟降雨。为了简便起见，本书采用雨量的概念，即一场雨的前 6～8mm 为初期雨水。根据各护城河流域建设用地面积，计算出护城河流域场次初期雨水污染负荷。常德市日降水量大于 8mm 的天数为 46 天，合计年初期雨水污染负荷（COD）为 184.46t/a（表 3.7）。

表 3.7　建设桥排水分区初期雨水污染负荷一览表　　　　　　　　　　单位：t

时间	氨氮	总氮	悬浮物	总磷	化学需氧量
场次	0.03	0.11	1.54	0.004	4.01
全年	1.38	5.06	70.84	0.21	184.46

4）底泥污染物释放

根据现场测量，常德市葫芦口至长怡中学护城河箱涵净宽约 4.0m，净高 2.6～5.0 不等，淤泥平均深度 1.8～1.9m。护城河位于常德市老城区，修建年代久远，为常德市城区最早的排水体系，由于城市发展建设，其上修建了学校、住宅小区、商场等建筑，长期处于封闭状态，且多年未清淤，箱涵内的淤泥、杂物较多。

底泥污染释放主要包括静态释放和冲刷释放，释放速率受到温度、pH 值等环境条件的影响，估算难度较大，不确定性高，估算结果只能作为试点区内水环境容量核算参考。底泥污染静态释放计算公式如下：

$$W = \sum_i r_i A \Delta T_i \times 10^{-3} \tag{3.1}$$

式中，r_i 为污染物在 i 温度下的释放速率，mg/（m²·d）；A 为水底面积，km²；ΔT_i 为 i 温度下时间段，d。

通过文献确定总氮、总磷在不同温度下的静态释放速率，如表 3.8 所示。

表 3.8　河道底泥中总氮、总磷等污染物释放速率

指标	不同模拟温度污染物释放速率		
	5℃	15℃	25℃
代表时间段比例	0.2	0.3	0.5
总氮释放速率/[mg/（m²·d）]	35	45	60
氨氮释放速率/[mg/（m²·d）]	0.9	1.2	1.7
总磷释放速率/[mg/（m²·d）]	0.2	0.4	0.7
化学需氧量释放速率/[g/（m²·d）]	1.2	1.5	2.1

护城河长 5.4km，平均宽度约为 6m，合计护城河水底面积约 3.24hm²。可计算出护城河底泥污染静态释放量。考虑到动态冲刷释放对底泥污染释放贡献率超过 70%，综上计算护城河底泥内源负荷为总氮为 1.99t/a，化学需氧量为 68.59t/a（表 3.9）。

表 3.9　护城河河道底泥中总氮、总磷等污染物释放量　　　　　　　　单位：t/a

污染物	静态释放量	动态释放量
总氮	0.60	1.99
氨氮	0.02	0.05
总磷	0.01	0.02
化学需氧量	20.58	68.59

5）三面光现象严重，水生态严重失衡

原护城河水面宽广，最宽处逾百米，但因历史原因被改为排水干渠，其两岸筑以石壁，底部铺设水泥板局部抛石（图 3.13），"三面光"现象严重，护城河自然生态本底和水文特征遭到严重破坏。

6）污染物来源及负荷解析

根据计算得到护城河年化学需氧量总入河量为 2881.05t，总氮 182.25t，氨氮 71.53t，总磷 35.23t，各污染物及来源如表 3.10 所示。

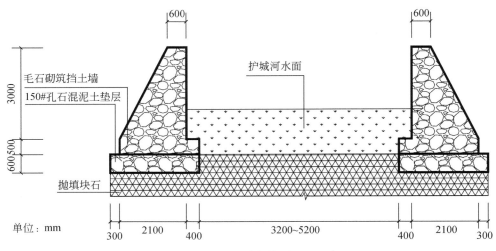

图 3.13 护城河渠道大样图（1988 年）

表 3.10 建设桥排水分区污染物解析 单位：t/a

污染物	总负荷	污水直排	初期雨水	底泥释放
化学需氧量	2881.05	2628	184.46	68.59
总氮	182.25	175.2	5.06	1.99
氨氮	71.53	70.1	1.38	0.05
总磷	35.23	35	0.21	0.02

计算污染物来源，污水直排占护城河入河污染物 90%以上（图 3.14），污水直排是护城河最主要的污染源。

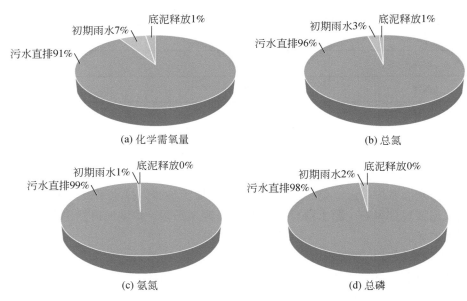

图 3.14 护城河入河污染物污染源解析图

2. 穿紫河黑臭成因分析

1）旱流污水直排

根据统计，穿紫河流沿岸有 118 个雨水口，但由于雨污水混接严重，穿紫河沿岸 118 个雨水口成了排污口，2015 年为改善穿紫河水质，对沿岸 118 个雨水口进行封堵，穿紫河沿岸 9 个雨水泵站成为穿紫河旱流污水直排口（图 3.15）。

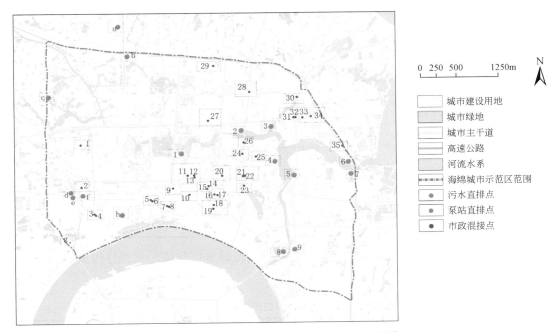

图 3.15　穿紫河流域旱流污水直排口分布图

2015 年常德市对船码头泵站的不明来水进行了监测，监测结果表明，船码头机埠的不明来水量约为 5 万 m^3/d。根据管网探测及流量监测，船码头排水分区每天汇入的水量为 1.8 万 m^3/d，故船码头分区不明来水约为 3.2 万 m^3/d。船码头排水分区（北至滨湖路、南至人民路、东至朝阳路、西至芙蓉路，面积 4.15km^2）每平方千米不明来水量约为 0.92 万 t/d。考虑船码头区域建设较早，其他区域建设较晚，设施较好，其他区域不明来水应有所降低，按每平方千米不明来水量约为 0.6 万 t/d，穿紫河汇水分区面积 27.97km^2，合计 16.78 万 t/d。

常德地势平坦，雨水管网、污水管网小流量时污染物易沉积管道，当流量较大时，雨水径流冲刷管道、调蓄池，是导致泵站外排口污染物浓度较高的原因之一。以船码头泵站为例，内有 5 台雨水泵，总排水能力为 12.6m^3/s，另有一台排水能力为 0.6m^3/s 的污水泵。蓄水池的总容积约 32000m^3，实际使用容积约 20000m^3。泵站设施老旧。池体结构和运行方式导致污染物进入河道：非降雨期或小雨期，在池体内沉淀后的混流制污水通过污水泵站泵入污水处理厂。由于混流制污水浓度低，且流量大，污水厂处理效率低下。暴雨时，水流冲击导致蓄水池内沉积的污染物涌起，经雨水泵站泵入河道，污染河道。

根据 2009 年对常德市排水泵站的排水水质监测（表 3.11），化学需氧量平均浓度为 98mg/L，总氮为 32.14mg/L，氨氮为 5.5075mg/L，总磷为 1.8125mg/L，严重低于地表水环境质量 V 类水水质标准。

表 3.11　2009 年 10 月污水净化中心与雨水机埠排水中水质　　　　单位：mg/L

子水系	污染源	化学需氧量	总氮	氨氮	总磷
穿紫河西	船码头				
穿紫河中	夏家垱	111	59.25	8.62	2.17
	尼古桥				
穿紫河东	余家垱				
	粟家垱	56.8	43.94	6.78	2.08
	污水处理厂	25.84	12	0.62	0.82
三闾港	柏子园	147	10.54	1.7	2.03
	杨武垱				
三闾港南	楠竹山				
	建设桥	77.2	14.83	4.93	0.97
	泵站平均	98	32.14	5.5075	1.8125

根据旱流污水量及旱流污水浓度，计算穿紫河流域分区旱流污水直排污染物负荷，如表 3.12 所示。

表 3.12　穿紫河流域排污口污染物排河量　　　　单位：t

污染物	化学需氧量	总氮	氨氮	总磷
日负荷	16.44	5.39	0.92	0.30
年负荷	6002.21	1968.48	337.32	111.01

2）雨污管网混接错接

根据管网检测，江北城区海绵城市试点范围内小区错接市政道路雨污水管网的有 331 处；33 处市政道路雨污混接点，其中污水管接入雨水管的点位 17 个，雨水管接入污水管的点位 13 个，合流管接入雨水管的点位 3 个。

根据 2010 年对柏子园机埠汇水区域的检测结果（表 3.13），整个柏子园汇水区域经调查发现混接点 99 处。检测的小区接入点 443 个，混接点 99 个占总比例 22.3%。雨、污混接中主要以污水接到雨水为主（图 3.16 和图 3.17）。

表 3.13　柏子园汇水区域混接类型统计表

路名	路段合计	合→雨	污→雨	雨→污
武陵大道	21	3	17	1
滨湖路	19	4	12	3

续表

路名	路段合计	合→雨	污→雨	雨→污
朗州路	19	3	15	1
洞庭大道	17	2	15	0
育才路	10	1	8	1
丹阳路	9	2	7	0
茉莉路	3	1	2	0
紫桥北路	1	1	0	0

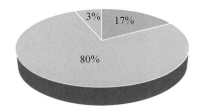

■ 合→雨　■ 污→雨　■ 雨→污

图 3.16　柏子园汇水区域各类型混接比例图

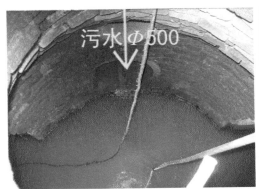

(a) 武陵大道常德市广播电视台前管径　　　　(b) 朗州路808号门管径300mm雨水
　　500mm的污水管接入雨水管　　　　　　　　连管接入污水井

图 3.17　污水管、雨水管混接　（黄维 摄）

　　根据《常德船码头机埠不明来水调查报告》，穿紫河流域排水体制为分流制，但排水管网错接严重。以船码头泵站集水区为例，船码头集水区面积415hm²，排水区内约30%的市政雨污水管道错接，错接的管道污水通过雨季泵站排出，污染穿紫河。

　　由于市政管网混接，可计算由于小区合流接入雨水管网带来的污染。穿紫河流域27.97km²，按人口30万人计算，按人均500L/（人·d），产污率取0.8，则每天穿紫河汇水分区污水量为12t/d。按小区雨污30%的错接计算，穿紫河流域小区污水管错接输送给雨水管的污水量为3.6t/d。根据《室外排水设计规范》，化学需氧量取300mg/L，总氮取20mg/L，氨氮取8mg/L，总磷取4mg/L，可计算得到由于小区错接给雨水管网输送污染物的量，如表3.14所示。

表 3.14 小区排入市政雨水管网污染物的量　单位：t/a

水系	化学需氧量	总氮	氨氮	总磷
穿紫河	3942	262.8	105.12	52.56

该部分污水直排入市政管网，由市政管网的 8 个排污口再排入河道，不直接排入河道，故排河污染物不再计算该部分。

3）护城河及污水净化中心尾水污染河道

现阶段护城河为常德市护城流域合流制排水干渠。降雨期间，护城河收集的合流制污水通过建设桥机埠排入穿紫河末端，经南碈排涝泵站排入沅江。

常德市污水净化中心位于穿紫河与柳叶湖的连通处，日处理能力 10 万 m³。当前尾水水质为 1 级 B 标，直接排入穿紫河，是穿紫河主要污染源之一（表 3.15）。

表 3.15 江北污水净化中心尾水排入穿紫河的量　单位：t/a

水系	化学需氧量	氨氮	总氮	总磷
穿紫河	445.3	86.87	383.25	16.06

根据实际运行数据，常德市污水净化中心现状日平均处理量为 12 万 t/d，现状污水净化中心尾水浓度为：化学需氧量 12.2mg/L，氨氮 2.38mg/L，总氮 10.5mg/L，总磷 0.44mg/L。

2015 年穿紫河南段 10km 的水质分析报告表明，晴天污水净化中心和护城河流域为穿紫河两个主要的污染源（图 3.18）。

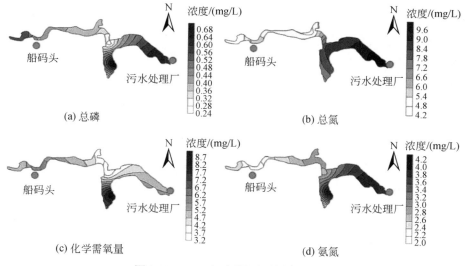

图 3.18　2015 年穿紫河污染物分布图

4）面源污染负荷

根据遥感解译，穿紫河流域各排水分区各种下垫面如表 3.16 所示。

表 3.16　排水分区内面积统计表　　　　　　　单位：hm²

排水分区	道路	建筑	裸地	内部道路	水系	植被	总面积	排水分区总面积
柏子园分区	51.36	169.17	6.55	12.88	40.07	69.72	349.75	349.75
船码头分区	75.11	227.83	13.68	27.26	15.37	92.49	451.75	451.75
楠竹山分区	35.59	122.72	3.67	5.11	5.51	54.86	227.47	253.77
尼姑桥分区	37.40	65.28	21.65	2.06	7.32	45.36	179.07	254.70
邵家垱分区	31.84	60.79	14.41	9.93	18.81	19.27	155.05	237.43
粟家垱分区	27.37	59.28	18.23	2.28	26.20	39.98	173.34	218.24
夏家垱二分区	27.61	62.66	11.91	3.54	12.09	31.62	149.43	149.43
夏家垱一分区	50.30	131.13	3.79	10.76	10.72	60.30	267.00	296.71
杨武垱分区	29.94	69.71	3.20	3.22	25.27	33.26	164.59	164.59
余家垱分区	10.44	23.31	4.04	3.17	26.47	17.88	85.31	213.59
长港分区	43.75	65.43	16.12	12.03	20.02	88.34	245.68	245.68
合计	420.71	1057.31	117.24	92.24	207.85	553.08	2448.44	2835.64

　　根据各护城河流域建设用地面积，计算出护城河流域场次初期雨水污染负荷，如表 3.17 所示。

表 3.17　穿紫河流域各排水分区场次降水污染负荷一览表　　　　单位：kg

排水分区	氨氮	总氮	悬浮物	总磷	化学需氧量
柏子园分区	14.07	60.43	861.40	2.11	1671.31
船码头分区	20.21	86.62	1232.43	3.15	2538.62
楠竹山分区	9.87	42.56	608.16	1.43	1114.76
尼姑桥分区	7.16	32.16	484.76	1.32	1014.14
邵家垱分区	6.29	27.48	407.41	1.21	968.59
粟家垱分区	6.01	26.65	393.42	1.01	781.40
夏家垱二分区	5.95	26.20	386.94	1.02	796.73
夏家垱一分区	11.98	52.11	756.72	1.96	1548.09
杨武垱分区	6.43	28.30	418.36	1.10	854.49
余家垱分区	2.62	11.48	165.22	0.43	340.91
长港分区	10.15	45.26	659.47	1.75	1390.15
合计	100.74	439.25	6374.29	16.49	13019.19

　　根据上表，江北城区场次初期雨水 COD 总量可达 13t，与穿紫河流域旱流污水污染负荷（16.44t/d）基本持平。

常德市日降水量大于 8mm 的天数为 46 天，合计初期雨水污染负荷如表 3.18 所示。

表 3.18 穿紫河流域年污染负荷一览表

污染物	氨氮	总氮	悬浮物	总磷	化学需氧量
年初期雨水污染负荷/t	4.63	20.21	293.22	0.76	598.88
场次初期雨水污染负荷/kg	100.75	439.24	6374.30	16.47	13019.20

表 3.19 穿紫河底泥污染物释放量　单位：t

污染物	静态释放量
总氮	15.67
氨氮	0.43
总磷	0.16
化学需氧量	539.84

5）底泥污染物释放

根据现场测量，穿紫河面积约 0.85km²，淤泥平均深度 0.7～1.0m。主要污染物为混接分流制管道排水。由于穿紫河水流流速极低，基本可以不考虑底泥冲刷释放，底泥污染释放主要为静态释放，通过计算得到计算穿紫河清淤削减的污染负荷为：总氮 15.67t/a、总磷 0.16t/a、氨氮 0.43t/a，化学需氧量 539.84t/a（表 3.19）。

6）河道水体交换周期过高

现状护城河补水水源为雨水。穿紫河上游原为新河，后来河道改造，穿紫河上游被填埋，穿紫河的补水水源包括雨水、江北污水净化中心尾水（补水量为 10 万 m³/d），沅江补水（规模为 1.5m³/s，不定期），换水周期高达 1 个月。另，还存在补水点分布不均的问题，穿紫河补水点分布在东边（穿紫河和柳叶湖交界处）和中段（船码头段），西段没有补水点（图 3.19）。

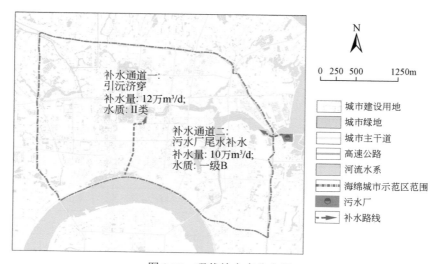

图 3.19 现状补水点分布图

现状穿紫河河道平均宽度约为 100m，最窄处约 40m，正常水位平均水深约 3.23m，枯水位平均水深 2.23m，采用湿周法，计算穿紫河河道生态基流，约为 20m³/s。

现阶段常德市内城市内河如新河渠、穿紫河、护城均无活水补充，难以满足河道生态基流，仅能从河道水环境维持的目标，进行必要的补水。

7）河道生态严重退化

一是河道堵塞甚至被填埋（图 3.20），穿紫河总长 17.3km，由于被填埋，在 2010 年左右连通段仅为 8.7km，船码头成为穿紫河的最上游，隔离了穿紫河和上游白马湖公园、丁玲公园、杨桥河的连通关系，使得城区水系无法形成一个有机整体，无法充分发挥水面的调蓄作用。城区上游的河道由于年久缺乏梳理，淤堵严重，如杨桥河过水断面大大缩小。

(a) 杨桥河过水断面

(b) 穿紫河船码头处2010年河道

图 3.20　河道淤堵图

二是河道岸线以硬质驳岸为主（图 3.21），消落带土壤裸露，河道滨水绿带不能发挥应用的净化与景观功能，景观差；河道驳岸建设较早，以硬质驳岸为主，由于建设年代较久，市民利用破败的驳岸种菜，给河道带来了新的污染。三是河道内污染严重，城市河道内水生植物基本消亡，水生态系统崩溃，水体不能发挥自净作用。

图 3.21　柏园桥至南碚段河道驳岸（吕志慧 摄）

根据设计，江北城区内河水系（穿紫河、新河、护城河等）最高水位控制位 31.6m，最低水位为 29.60m，常水位为 30.60m，在枯水季节形成了约 1～2m 的消落带，破坏了河道生态系统的完整性（图 3.22）。

图 3.22 穿紫河中段水质及消落带（改造前）（戴晓军 摄）

8）污水处理厂处理能力不足，且进水浓度低

常德市江北城区现有两座污水处理厂，为江北污水净化中心和皇木关污水处理厂，设计污水处理能力分别为 10 万 t/d 和 5 万 t/d。根据统计，江北污水净化中心进水化学需氧量平均浓度仅为 64mg/L，但日均处理量达到了 13.6 万 m³/d；皇木关污水处理厂平均进水浓度达到了 93mg/L，日均处理量达到了 5.3 万 m³/d。

江北城区现状人口约为 60 万人，按人均用水量 500L/（人·d），排污系数取 0.8，合计江北城区污水排放量为 24 万 m³/d，显然现状污水处理厂处理能力达不到要求。

根据常德市的监测资料，2008~2009 年汛期污水处理厂进水浓度化学需氧量小于 60mg/L 的时间较多，污水来水量也为预测量的 2 倍；2018 年常德市某污水处理厂逐周进水浓度表明，污水处理厂进水浓度依然有相当一部分时间小于 60mg/L（图 3.23）。

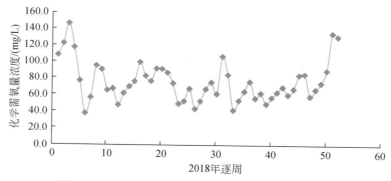

图 3.23 常德市污水处理厂进水浓度变化图

9）污染物来源及负荷解析

根据计算穿紫河年化学需氧量入河量为 7586.23t，总氮 2387.61t，氨氮 429.25t，总磷 127.99t，各污染物及来源如表 3.20 所示。

表 3.20 穿紫河污染物负荷及来源解析 单位：t

污染物	总负荷	污水直排	初期雨水	尾水直排	底泥释放
化学需氧量	7586.23	6002.21	598.88	445.3	539.84
总氮	2387.61	1968.48	20.21	383.25	15.67

续表

污染物	总负荷	污水直排	初期雨水	尾水直排	底泥释放
氨氮	429.25	337.32	4.63	86.87	0.43
总磷	127.99	111.01	0.76	16.06	0.16

计算污染物来源，污水直排占穿紫河入河污染物的 79%以上，污水直排是穿紫河最主要的污染源（图 3.24）。

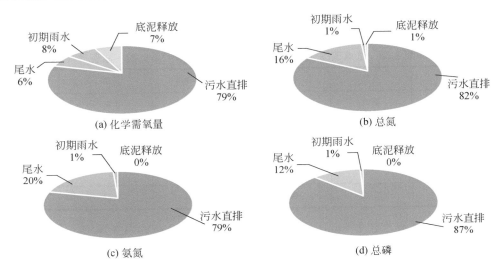

图 3.24　穿紫河污染物来源解析图

3. 新河黑臭成因分析

1）污水直排

新河为城郊河流，目前存在 7 处污水直排点。根据调查，新河汇水分区内现有人口约 2 万人，按人均 500L/（人·d），产污率取 0.8，则每天污水量为 0.8 万 m^3/d。这些污水由于管网不完善，污水收集处理率仅为 50%，每天排河污水量约为 0.4 万 m^3/d。

根据《室外排水设计规范》，化学需氧量取 300mg/L，总氮取 20mg/L，氨氮取 8mg/L，总磷取 4mg/L，可计算得到排放到新河污染物的负荷，如表 3.21 所示。

表 3.21　新河流域排污口污染物排河量 单位：t/a

水系	COD	总氮	氨氮	总磷
新河	438	29.2	11.68	5.84

2）面源污染负荷

根据遥感解译，新河流域试点范围各排水分区各种下垫面如表 3.22 所示。

表 3.22 排水分区内建设用地面积统计表 单位：hm²

排水分区	道路	建筑	裸地	内部道路	水系	植被	总面积
城堰堤分区	13.76	2.30	29.07	1.85	16.45	56.39	119.83
甘垱分区	31.14	90.12	2.88	7.75	15.06	46.69	193.63
聚宝分区	26.37	37.52	9.29	4.30	17.87	38.65	134.00
刘家桥分区	29.77	19.12	27.20	2.64	33.14	64.07	175.94

根据各护城河流域建设用地面积，计算出新河流域场次初期雨水污染负荷，如表 3.23 所示。

表 3.23 试点范围涉及的 4 个排水分区次降水污染负荷一览表 单位：kg

排水分区	氨氮	总氮	悬浮物	总磷	化学需氧量
城堰堤分区	3.40	15.86	231.43	0.56	432.67
甘垱分区	8.21	35.55	509.35	1.27	1004.01
聚宝分区	5.23	23.51	351.15	0.97	761.89
刘家桥分区	5.59	25.93	392.27	1.07	830.37
合计	22.43	100.85	1484.21	3.87	3028.93

按年平均 46 次降水超过 8mm，则一年初期雨水污染负荷如表 3.24 所示。

表 3.24 新河年初期雨水污染负荷估算表 单位：t

排水分区	氨氮	总氮	悬浮物	总磷	化学需氧量
新河流域	1.04	4.64	68.28	0.18	139.33

3）底泥污染

新河长 7.3km，平均宽度约 15m，由于长期有水流动，底泥深度一般约 0.5m 左右。

底泥污染释放主要包括静态释放和冲刷释放，考虑到动态冲刷释放对底泥污染释放贡献率超过 70%，综上计算新河底泥内源负荷为总氮 6.73t/a，总磷 0.07t/a（表 3.25）。

表 3.25 新河底泥污染释放量 单位：t

污染物	静态释放量	动态释放量
总氮	2.02	6.73
氨氮	0.06	0.19
总磷	0.02	0.07
化学需氧量	69.54	231.81

4）农业面源

由于农业面源难以估算，且来水量少，本书不做估算，但在实际工程项目中，结合实际测算，安排农业面源控制项目。

5）新河污染物来源分析

根据计算得到新河年化学需氧量入河量为 809.14t，总氮 40.57t，氨氮 12.91t，总磷 6.09t，各污染物及来源如表 3.26 所示。

表 3.26　新河流域污染物解析　　　　　　　　　　　单位：t/a

污染物	总负荷	污水直排	初期雨水	底泥释放
化学需氧量	809.14	438	139.33	231.81
总氮	40.57	29.2	4.64	6.73
氨氮	12.91	11.68	1.04	0.19
总磷	6.09	5.84	0.18	0.07

计算污染物来源，污水直排量占护城河入河污染物 50%以上，污水直排、底泥释放是新河最主要的污染源（图 3.25）。

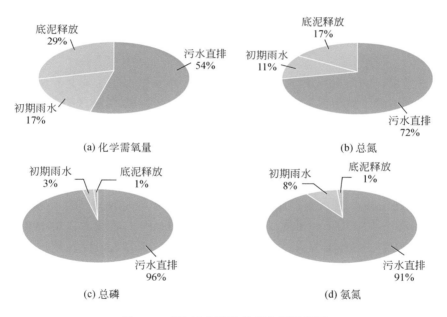

图 3.25　新河入河污染物污染源解析图

3.1.4　内涝成因分析

1. 水域面积减少，城市调蓄能力下降

常德市在城市建设过程中，部分小的水系被填埋，明河改暗涵。根据 2016 年 10 月份的 Landsat8（精度为 15m）和 1985 年同期的遥感卫星图片（原始精度为 30m），遥感解译后水面如图 3.26 所示。

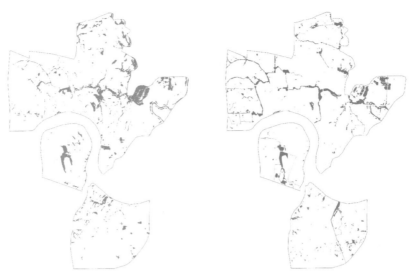

(a) 1985年常德市中心城区水系分布示意图　　(b) 2016年常德市中心城区水系分布示意图

图 3.26　水系面积对比图

根据统计结果，2016 年江北城区相对于 1985 年水系湿地面积减少了 65.38%。水系面积的减少一方面降低了城市内部水系蓄水能力，另一方面阻断了城区的自然排水通道，水系面积大量减少导致雨水无处可去，城市雨水积在地面，形成内涝积水。

2. 城市建设用地面积增速快，地面硬化比例高

随着城市的发展，硬化面积的增加。1975 年编制的城市总体规划预测城市人口到 1985 年发展到 20 万人。在《常德市城市总体规划（1991—2010）》的指导下，常德市建城区面积由 1988 年的 22.5km² 扩展到 1999 年的近 50km²，非农业人口由 1988 年的 23.37 万人扩展到 1999 年的 32.41 万人；实际居住人口达 47.25 万人，已经超过原总体规划的规模（表 3.27）。

表 3.27　常德市城区人口统计表　　　　　　　　　　　　单位：万人

城区	1999 年	2016 年
江北城区	29.76	55.00
江南城区	8.76	15.00
德山城区	8.73	15.00
合计	47.25	85.00

现状城市建成区的 17 个排水分区面积 60.97km²，整个江北 17 排水分区硬化比例为 62.16%，但部分排水分区硬化高达 80%（表 3.28）。

表 3.28　常德市江北排水分区硬化统计表　　　　　　　单位：%

排水分区	硬化比	排水分区	硬化比
排水分区 1	51.61	排水分区 10	80.88
排水分区 2	60.96	排水分区 11	84.48
排水分区 3	81.07	排水分区 12	73.31
排水分区 4	46.42	排水分区 13	56.93
排水分区 5	43.10	排水分区 14	77.66
排水分区 6	60.21	排水分区 15	62.96
排水分区 7	81.72	排水分区 16	47.31
排水分区 8	60.01	排水分区 17	75.92
排水分区 9	75.48	江北	62.16

由以上数据可以看出城市规模增长迅速，由此带来排水区域硬化面积增加，导致城市排水分区径流系数大幅增长，排水峰值负荷越来越大，遭遇暴雨，内河峰值流量增加，水位上涨造成排水管网顶托现象，进而增加城市内涝风险。

3. 排水设施建设标准低

现状雨水管道部分管径偏小，雨水排放标准低，容易发生内涝。除了重要地区，一般地区雨水重现期 P 规划一般取 1，甚至小于 1。但是在建设中由于城建资金较紧张，部分雨水管道没有按照规划标准形成，并且在建设过程中存在错接、乱接现象。如紫菱路与紫缘路交叉路口，紫菱路雨水管网管底标高为 26.5m，而紫缘路雨水管网的管底标高为 28.78m，紫菱路的雨水管完全位于紫缘路雨水管下方，导致紫菱路附近的怡景福园小区成为城市主要的内涝点之一（图 3.27）。

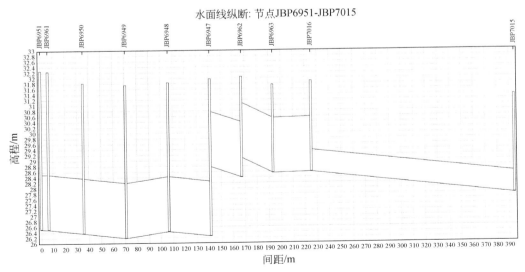

图 3.27　紫菱路与紫缘路交叉路口管网剖面图

　　管网建设的另一问题在于大管接小管，导致管网排水能力不足，如金色晓岛与朝阳路交叉路口（图 3.28），朝阳路的管径仅 600mm，而金色晓岛前道路的雨水管网达到 900mm，严重影响了城市管网排水能力。

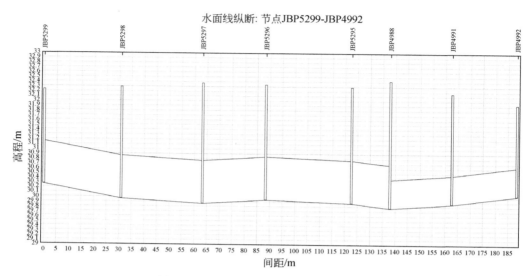

图 3.28　金色晓岛与朝阳路交叉路口管网

4. 排水设施未按规划建设，任意扩大雨水管网服务范围

　　排水设施与道路同步建设，但由于道路往往分段建设，导致道路下的排水设施建设完后雨水无出路的现象，设计、施工单位为解决问题，往往找最近的管网或水系就近排放，若不在一个排水分区内，就会导致排入的分区的面积扩大，进而导致分区下游主干管排水能力不足，严重甚至导致内涝。根据《常德市江北城区排水专项规划（2011）》，常德大道以北、铁路线以南、火车站以西的区域应该排往前进泵站，但由于通向前进泵站的道路还没有修通，该区域的雨水管接到夏家垱排水分区的管网，增大了夏家垱雨水分区的面积，雨水管网排水能力下降，导致该区域成为常德市主要的内涝区域之一（图 3.29）。

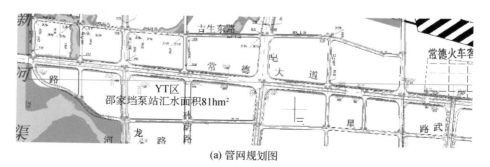

(a) 管网规划图

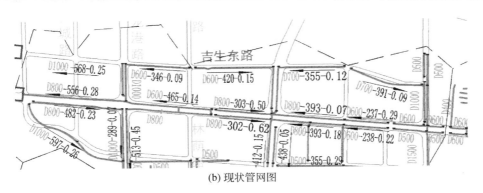

(b) 现状管网图

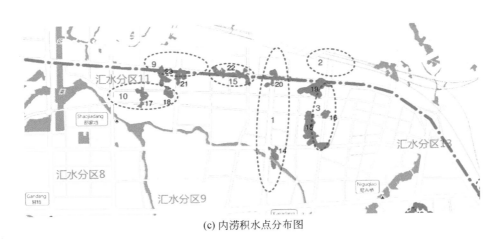

(c) 内涝积水点分布图

图 3.29　常德大道规划排水管网、实际管网敷设及内涝点分布图

　　另外，由于排水泵站建设的滞后，导致排水分区变化，主要表现为船码头排水分区面积的扩大。由于甘垱机埠建设滞后，滨湖路以南原甘垱机埠的服务面积被调整到了船码头机埠，导致船码头机埠汇水分区面积扩大了 2km²，降低了船码头片区排水设施的标准。

5. 泵站抽排能力偏低

　　随着城市的发展，一些近郊逐步变为城市，但其排水设施的建设却没有相应跟上，许多地方仍然由农排泵站担负着城市水体的排放任务，不能满足城市排水的要求。2014 年前，常德市江北城区的排水范围内，农排泵站 31 座，负责 3734hm² 的排水区域，城排泵站 11 座，装机容量 5142kW，负责 1710hm² 的排水区域。在暴雨期常出现积水，排水不畅，导致城区内涝严重，发生频繁。

6. 排水设施运维缺乏

　　由于排水管材以混凝土（砼）为主，缺陷等级较高的 3 级与 4 级（图 3.30），数量占缺陷总数的 64%，已经严重影响了排水管网的正常安全运行。

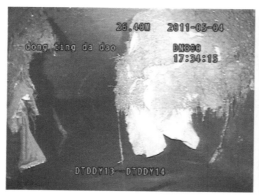

(a) 洞庭树根入侵(过水断面损失25%)

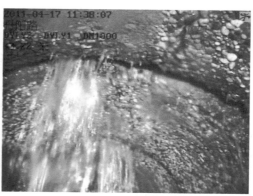

(b) 丹阳路地下水侵入管网

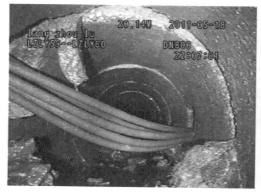

(c) 管道材料破碎, 异物侵入

(d) 管道底部有石头等障碍物, 断面损失约为管径的50%

图 3.30   管网破损

由于排水设施缺乏运维, 导致雨水箅子缺失、雨水口淤堵已成为积水点的成因之一, 如建设局前积水点。

7. 堤防建设阻止雨水自然排入调蓄水体

穿紫河水系的演变与常德市城区的发展密切相关。1949 年常德市城区人口仅 54571 人, 城市还基本保留明、清时的轮廓, 即以护城河和常德城墙为界, 穿紫河只是郊外一条清澈的自然河流。

1949 年后, 尤其近 20 年, 随着防洪(百年一遇)、交通(航空、铁路、高速公路、水路)和区域经济(湖南第三)等条件的改善, 常德市城市发展十分迅速, 2005 年城区人口达到 57.04 万人, 建成区规模为 $61.25km^2$。2020 年预计城区人口达 85 万, 规划城区面积 $85km^2$。现在穿紫河中下游成了城中之河。

1958 年前, 穿紫河水系除出口外均离城尚远, 水系自然完整。但旱时灌溉与涝时洪水, 往往无法控制, 南碈排洪压力很大。

1958 年为了解决灌溉与防洪问题, 历时两年修建了渐河, 从此穿紫河水系源头受人工调控, 极大地缓解了旱涝压力。

1972 年, 为了解决丹洲内涝与穿紫河防洪问题, 修建了新河(即现在的新竹河、反修河段），从此穿紫河变成了断头河、死水河，没有源头补给，无法自净，加之城区扩大，污染加重。随着城市的进一步发展，护城河上游多处被遮盖，下游被填埋而改道，穿紫河下游被束窄，乌龙港南段被填，长港也因无水源注入，被围、填形成塘、田。

2005 年，护城河被完全遮盖，后来成为建设桥泵站一条雨、污混流的进水渠道。为了改善穿紫河日益恶化的水质，修建了引沅济穿提水工程，即通过三水厂引水泵站引沅江水至穿紫河段船码头处。

2015～2016 年，常德对穿紫河进行改造，将沿岸 116 个排水口全部封闭，穿紫河沿岸雨水只能通过 8 个泵站排入河道。

为防治穿紫河洪水，穿紫河两岸堤防高程一般为 34m 左右，高于穿紫河两岸的地面高程（31～32m），雨水无自然通道排入河道。

这种转变，一方面阻止了城市雨水直接排入调蓄水体，另一方面改变了常德市城市雨水排除方式，即从分散式雨水排除改为集中式强排，提高了城市排水能耗与风险。

穿紫河沿岸 8 个泵站改造完毕后，穿紫河沿岸已成为常德靓丽的名片，穿紫河的水质已成为非常敏感的因素。由于雨污混接，再加上雨水管理埋深较深，地下水入渗，城市雨水管网、泵站调蓄池常常满水，城市管网处于满管或是半满管状态，严重影响城市管网的排水能力。

3.2　目标指标确定及分析

3.2.1　总体目标

消除试点范围内的黑臭水体，城市河道水环境质量达到《湖南省主要地表水系水环境功能区划》（DB43/023—2005）的要求，即城区内部重点河道穿紫河水质目标为地表水环境质量 IV 类。

消除试点范围内涝积水点，即 30 年一遇 24 小时降水 189.83mm 不发生内涝灾害。当发生 30 年一遇暴雨时，一般道路积水深度超过 15cm 的时间不超过 30 分钟且最大积水深度不超过 40 cm。

3.2.2　指标体系

1. 指标体系构建

针对常德市城市水体黑臭和内涝的主要问题，根据其原因，构建指标体系，寻求解决方案。

不论分流制区域还是合流制区域，污水直排是常德市黑臭水体的主要成因，因此应首先应消除污水直排，即旱流污水直排口为 0。

对于穿紫河流域，江北污水处理厂尾水直排穿紫河是排名第二的污染源，为消除尾水对穿紫河的污染，应对江北污水净化中心进行提标改造，尾水主要水质指标应达到穿紫河补水水质要求。

　　城市面源是城市河道的主要污染源之一，穿紫河场次初期雨水日污染负荷和旱流污水污染负荷大致相当，污染负荷高达 13t/场次，因此要尽量减少初期雨水的污染，初雨污染控制应大于 45%（以 SS 计算），低影响开发初期雨水的控制能力应大于 8mm。

　　穿紫河流域旱流污水的主要来源包括小区合流管（污水管）混接入雨水管、市政雨污水管的错接。小区合流制管网/污水管错接入市政雨水管所带来的污染物占旱流污水的65.6%，市政雨污水管网错接及管网冲刷所带来的污染物占旱流污水直排的 34.4%。为消除雨污水混接，清污分流，应对错接入市政雨水管网的小区合流制管网（污水管网）进行改造，小区错接率小于 5%；对雨污水市政管网进行修复和运维，混接率小于 10%，减少混接污水量 50% 以上。

　　对于护城河、楠竹山排水分区，主要考虑溢流量及溢流频次，其排水体制为合流制，但老城区难以建设大型调蓄设施、低影响开发设施，如果单纯从溢流频次考量，难以达到目标。且护城河为渠道型河流，水体体积极少，几乎无水环境容量。因此，重点从溢流量、溢流污染物浓度考虑。根据水环境要求，确定合流制区域化学需氧量平均溢流浓度小于30mg/L。

　　新河、穿紫河、护城河等底泥污染虽然相对量较小，但绝对量不小，因此应进行河道清淤，根据国内外相关研究，当清淤深度大于 40cm 时，底泥释放量削减 70%，具有较好的可行性，因此确定底泥污染物消除率应大于 70%。

　　考虑到现状污水处理能力不足、污水收集处理设施不完善，导致城市污水直排河道，应提高污水处理率应大于 98%。

　　根据国家要求，海绵城市建设试点不减少水面面积，水面率应大于 7.3%。

　　穿紫河、新河等水面较大，其生态岸线率应大于 95%；护城河因河道狭窄，现状为安全，且没有纳入城市蓝线管控，生态护岸不做要求。

　　海绵城市建设指标体系如表 3.29 所示。

表 3.29　常德市海绵城市建设试点海绵城市建设指标体系

	指标	范围
水生态	年径流总量控制率	78%（21mm）
	生态岸线恢复率	95%
	水面率	7.3%
水环境	小区污水/合流管出口错接率	<5%
	市政管网雨污混接率	<10%
	初雨污染控制（以 TSS 计）	45%
	污水直排口	0
	底泥污染消除率	>70%
	合流制溢流污染物平均浓度	<30mg/L（COD）
	污水收集处理率	>98%

续表

指标		范围
水资源	雨水资源利用率	7%
	污水再生回用率	>50%
防洪排涝	防洪标准	100 年一遇
	防洪堤达标率	100%
	内涝防治标准	30 年一遇

2. 年径流总量控制率论证

1）基于降雨径流关系的计算

根据计算，常德市天然状况下年径流总量控制率约为 51.4%，可作为海绵城市建设指标的参考依据。

2）混接管网溢流污染控制

根据《城市水系规划规范》（50513—2009），对截流式合流制排水系统，应控制溢流污染总量和次数；美国典型的水质控制体积标准分为 4 个等级，即控制年均 80%、85%、90%、95%降雨场次，如表 3.30 所示。

表 3.30　美国源头减排体积控制标准与常德的降水量对比

水质控制体积标准等级	目的	标准等级来源	常德降水量/mm
80%（降雨场次）	污染控制与效益最大化	2003 年加利福尼亚州的《新建改建雨水最佳管理手册》	14.4
85%（降雨场次）	实现径流污染物总量控制效益最大化	1998 年《城市径流水质管理》	19.2
90%（降雨场次）	控制降雨初期的雨量为 0.8～1.2 英寸*	"初期冲刷"概念	26.8
95%（降雨场次）	控制年径流体积与未开发前自然状态下的年均下渗量一致	2009 年美国环保署颁布的"雨水径流减排技术导则"	40.0

* 1 英寸≈0.025 米.

将美国标准与常德降水量对比，常德 90%的降雨场次对应的降水量为 26.8mm，与美国 1 英寸（25.4mm）非常接近；考虑到美国该标准的提出是基于合流制排水系统，而常德市污水混接入雨水管网的比例约为 20%～30%，因此可采用 80%的降雨场次作为污染控制的下限。因此，从污染控制与效益最大化的角度，常德市建成区的年径流总量控制率应该大于 67.5%（对应 14.4mm），该值可为区域年径流总量控制率下限值。

3）基于水环境容量的核算

以穿紫河水环境容量计算为例，采用水环境滴定法确定年径流总量控制率。常德市河道如穿紫河、长港水系等城市内河污染物主要为初期雨水和混接进入雨水管道的生活污水，污染物易降解，穿紫河属中小河流，河流宽深比为 10～70，污水入流后能较快的与河水均匀混合，且污染物在横向和纵向的变化不显著。

穿紫河雨水泵站集中分布于船码头泵站以下，其影响区域初步确定为西起皂果路，东至常德大道（姻缘桥），北邻柳叶湖大道，南起柏园桥，呈倒"Y"形贯穿江北主城区，30.6m常水位水面面积 953216m^2，该区域总长度约 7km，平均水面宽度为 136.2m。根据穿紫河清淤工程设计，穿紫河航道底面标高为 27m，平均河底标高为 27.37m，常水位平均水深约为 3.23m。

考虑到常德城市内河水位较为稳定，长期保持在 30.6m，目前穿紫河有两处稳定的补水点，分别为船码头补水点和江北污水净化中心尾水。补水量分别为 8 万 m^3/d 和 10 万 m^3/d。

根据《常德市污水净化中心 PPP 项目厂内扩建及尾水深度处理工程环境影响报告书》，江北污水净化中心其进水为污水净化中心的尾水，设计出水水质主要指标 pH 值、化学需氧量、生化需氧量、氨氮、总磷达到《地表水环境质量标准》（GB3838—2002）中Ⅲ类标准。

根据计算，在现状补水条件下，穿紫河水流速度为 0.01m/s，水流速度慢，穿紫河基本可以视为湖泊，因此根据《水域纳污能力计算规程》（GBT25173—2010），穿紫河的水域纳污能力可采用式（3.2）计算：

$$M = (C_S - C_0)V \qquad (3.2)$$

式中，M 为纳污能力；C_0 为初始断面的污染物浓度；C 为污染物浓度；V 为湖库容积，约为 308 万 m^3。

根据常德市政府发布的《2017 年 6 月地表水环境质量》，常德市穿紫河地表水环境质量为 Ⅲ 类。常德市穿紫河水量为 308 万 m^3，因此可计算出穿紫河的纳污能力约为

$$M = \frac{30 - 20}{1000} \times 10000 \times 308 = 30800 \text{kg}$$

合计，穿紫河 COD 容量为 30.8t/a。

考虑到穿紫河每天有 10 万 t/d 的水量，年换水次数为 11.85 次，因此，年环境容量为 365t/a。

考虑到底泥不能完全清淤，底泥污染削减 70%，年释放量为 161.95t，在水环境容量的条件下，可接受泵站排入河道的污染量为 203.05 t/a。

小区雨水混接率降低到 5%，可以削减约 80%的由小区错接导致的污水，即削减后小区错接入雨水管网的污染量为 788.2t，日均 2.16t。

通过管网清淤与修复，可降低市政雨污管网错接带来的污染物，消除 50%的由市政雨污水管网混接的污水，削减后由于市政雨污水管网错接带来的日均污染负荷约为 2.82t。

场次初期雨水污染负荷为 13t，按面源污染消除 45%，合计面源污染负荷为 7.15t/d。

当发生大雨时，产生的污染物包括小区错接入市政雨水管网的化学需氧量污染量（2.16t/d）、市政管网错接的污染量（2.82t/d）、面源污染量（7.15t/d），合计 12.13t/d，这些污染物将排入河道。

在水环境容量的控制下，可由泵站排入河道的污染量为 203.05 t/a，场次污染产生量为 12.13t，则每年允许排放 16.74 天。将降雨从大到小排序，确定发生泵站抽排到河道时对应日降水量为 23.4mm，对应年径流总量控制率为 80.7%。

考虑到船码头不定期补水，因此从污染治理角度看，可以确定年径流总量控制率为 78%（21mm）是合理的。

基于水环境容量的年径流总量控制率复核如图 3.31 所示。

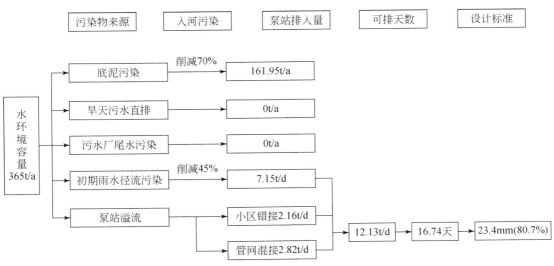

图 3.31 基于水环境容量的年径流总量控制率核算

4）年径流总量控制率确定

根据常德市多年平均降雨径流关系，常德自然本底年径流总量控制率约为 51.4%；根据水环境污染控制与效益最大化的要求，确定常德市江北城区年径流总量控制率下限为 67.5%，因此对于年径流总量控制率为 78%，从水环境的角度来看，是合理可行的。

3.3 建设技术路线

3.3.1 雨水分区划定

1. 汇水分区划分

江北城区雨水受纳水体众多，有护城河、穿紫河、新河、花山河、柳叶湖沾天湖、马家吉水系。按照地形地势、水系将江北划分为穿紫河（含护城河）流域，新河流域，花山柳叶湖流域，马家吉流域等 4 个流域分区（图 3.32）。

2. 排水分区划分

在流域分区的基础上，按照地形地貌按 $2\sim3\text{km}^2$，进一步划分子流域分区，在子流域分区的基础上，结合城市建设时序、城市管网、泵站抽排能力、水系及汇流路径，确定城市排水分区，并确定城市排水主干管走向（图 3.33），各排水分区面积统计如表 3.31 所示。

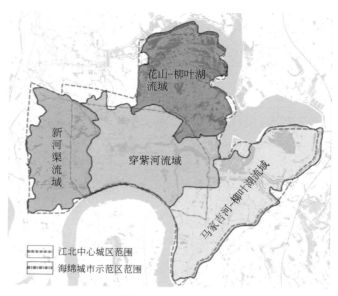

图 3.32 流域分区

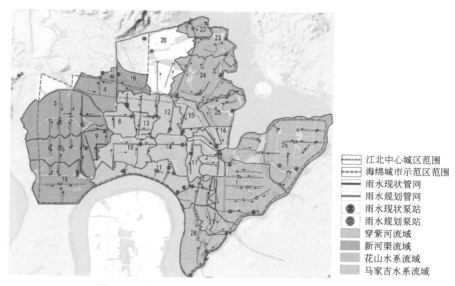

图 3.33 常德市中心城区排水（雨水）分区规划图

表 3.31 规划排水分区统计表

排水分区名称	编号	汇水面积/hm²	排水方式	流域分区
岩坪	18	686	岩坪雨水泵站	新河流域 （4 个）
聚宝	6	568	聚宝雨水泵站	
刘家桥	5	955	刘家桥雨水泵站	
甘垱	9	194	甘垱雨水泵站	

排水分区名称	编号	汇水面积/hm²	排水方式	流域分区
建一、建三	11	490	建一、建三泵站	护城河流域（1 个）
邵家垱	7	237	邵家垱雨水泵站	穿紫河流域 （11 个）
长港	8	245	长港泵站	
船码头	10	451	船码头泵站	
柏子园	14	350	柏子园泵站	
夏家垱一区	12	296	夏家垱泵站	
夏家垱二区	13	150		
楠竹山	3	272	楠竹山雨水泵站	
尼古桥	15	254	尼古桥雨水泵站	
余家垱	16	213	余家垱泵站	
杨武垱	7	165	杨武垱雨水泵站	
粟家垱	2	218	粟家垱泵站	
城堰堤	4	392	城堰堤雨水泵站	花山河、柳叶湖流域 （8 个）
前进	19	217	前进雨水泵站	
花山	20	1041	花山雨水泵站	
黄土岗	22	156	黄土岗雨水泵站	
二十里铺	23	323	二十里铺雨水泵站	
双桥	24	761	双桥泵站	
铁路桥	21	14	铁路桥雨水泵站	
老家垱	25	344	老家垱泵站	
赵家碴	27	237	赵家碴泵站	马家吉流域 （4 个）
皇木关	28	510	皇木关泵站	
护城碴	1	1015	护城碴泵站	
靳家湾	26	1405	靳家湾泵站	

3.3.2 黑臭水体治理方案

1. 黑臭水体治理总体思路

常德市的黑臭水体集中分布于 3 个流域，即穿紫河、新河、护城河流域，由于排水体制、城市建设等原因，三个流域水体黑臭的原因呈现较大的差异性。

护城河位于常德市老城区，排水体制为合流制，现状护城河为其合流制管渠，合流制直排是其主要污染成因。

穿紫河流域为中心城区，建设于 20 世纪 90 年代以后，城市地面建设较好，排水体制是分流制，但存在城市市政雨污水管网工程质量及建设管理不严的问题，城市小区雨污水管网、市政管网错接、混接问题严重。穿紫河黑臭的主要原因是雨污水管网的混接、城市河道水动力条件差、面源污染导致的。

新河位于城郊，污水系统不完善，污水收集率不搞为新河水体黑臭的主要成因。

针对建设条件、排水体制、污水主要成因，提出三个流域黑臭水体治理的思路，即护城河以截污纳管、河道恢复为主；穿紫河以清污分流、面源控制为主；新河以完善污水系统、规划管控为主（图3.34）；在以上的基础以上，辅以必要的措施，确保达到水质要求，改善水环境。

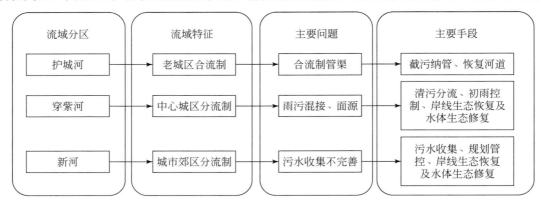

图3.34   常德市黑臭水体治理策略图

2. 护城河流域黑臭治理方案

1）技术路线

护城河流域为合流制排水体制，护城河为其排水管渠。其主要污染源为污水直排、底泥、面源等。

护城河黑臭水体治理首先建设截污干管，将直排护城河的污水接入市政污水管网；在此基础上，重点考虑对溢流污染的治理。

改造后，护城河的水系及排水系统如以下3种方式运行。

（1）晴天时，合流制排水管网收集的污水通过单独的污水管送到污水厂（图3.35）。

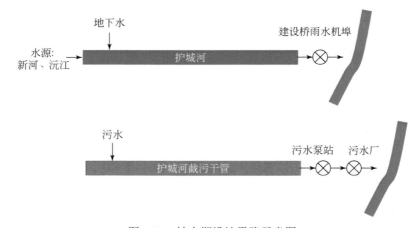

图3.35   枯水期设计思路示意图

（2）小雨时，收集的污水加初期雨水，通过单独的污水管送到污水厂；超过污水泵输送能力的合流污水临时存储在雨水调蓄池中，降雨结束后，再送到污水处理厂（图 3.36）。

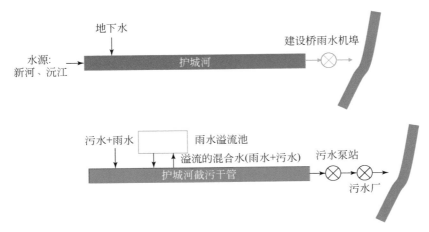

图 3.36　小雨时设计思路示意图

（3）大雨时，收集的污水加初期雨水，通过单独的污水管送到污水厂；超过污水泵输送能力的合流污水临时存储在雨水调蓄池中，降雨结束后，再送到污水处理厂；超过调蓄池容积的合流污水量，经调蓄池沉淀处理后溢流到护城河（图 3.37）。

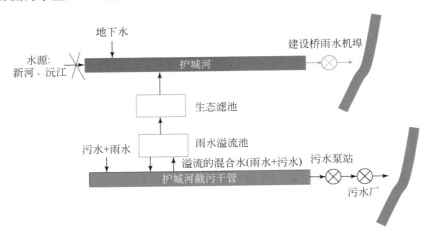

图 3.37　大雨时设计思路示意图

在此基础上进行源头减排、河道清淤，减少入河水量、初期雨水污染、底泥释放量等。

2）方案构建

结合护城河流域现状河流水系、公园及泵站调蓄池等大型海绵要素（图 3.38），采用源头减排、过程控制、系统治理等综合手段进行海绵城市建设。

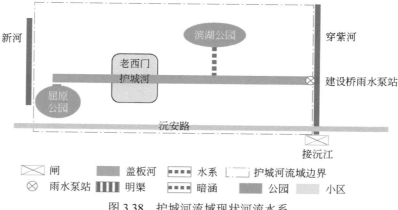

图 3.38　护城河流域现状河流水系

对于有条件的区域，如建设桥和龙坑，有公园水体，可以建设生态滤池；对于城市建设密集地区，无建设生态滤池条件的区域，为减少溢流频次，可适当增加截污干管截流倍数，同时可在溢流口建设沉淀池，净化合流制溢流污水。

考虑暴雨期合流制溢流量较大，应联通上游新河补水，保障河道水生态系统因污染物浓度过大而导致水生态系统崩溃。

A. 源头减排

充分利用现有公园绿地，建设下沉式绿地、生态净化设施，收集、调蓄、净化来自公园周边道路小区以及公园自身的雨水，补给护城河；充分利用现有湖泊水体，作为洪水的调蓄空间。

结合棚改、小区改造，进行雨污分流制改造，在护城河沿岸有条件的区域建设水系绿带，滨水建筑小区、道路雨水可通过水系绿带净化后补充水体；护城河沿线区域建筑建设绿色屋顶，将屋面较为干净的雨水排入护城河，作为护城河的补充水源。

由于建设密度高，在有条件的区域建设绿色屋顶，削减雨水径流。

在地表雨水不能通过坡面流直接进入护城河及其他水体的区域，建设低影响开发设施，雨水净化后汇入雨水管网，并通过排水口的净化设施净化后排入水体。

考虑到老城区改造难度大，根据文献，当排水分区面积较小，源头控制大于 4mm 时候，可以控制初期雨水污染负荷的 50%～70%；因此，对护城河进一步细分，分为四个小的子排水分区，每个子排水分区面积控制在 1km^2 左右。

建设桥排水分区海绵城市源头项目布局图如图 3.39 所示。

B. 过程控制

护城河为老城区合流制排水干渠，合流制排水系统是护城河的主要污染源，对直排护城河的污水进行截流改造。

在沅安路建设污水压力干管，将截流的高浓度污水直接送入污水处理厂，避免进入混接的合流制排水管网。

短期内老城区难以全面实施雨污分流，维持合流制排水系统，通过截污纳管、生态滤池过滤等综合整治措施实现河流水质基本达标。在老城区结合棚改、提质改造，将合流制排水系统改为分流制排水系统（图 3.40）。

图 3.39　建设桥排水分区源头减排项目布局图

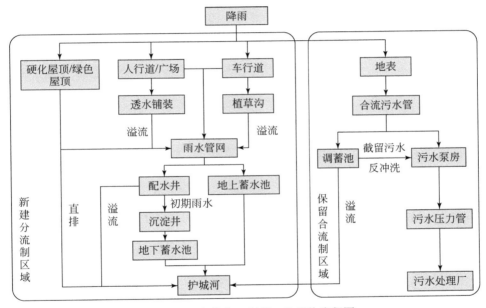

图 3.40　雨水收集、调蓄、处理体流程图

考虑到护城河流域面积较大，建设龙坑泵站、老西门泵站、滨湖公园泵站、建设桥泵站四座泵站调蓄池，将污水经沅安路污水压力干管送往皇木关污水处理厂处理。

结合用地条件，建设龙坑泵站、老西门泵站、滨湖公园泵站、建设桥泵站等 4 个泵站；建设龙坑、建设桥生态滤池，调蓄净化合流制溢流雨水（图 3.41）。对于老西门、滨湖公园段截污干管采用 3 倍截流系数，龙坑、建设桥泵站截污干管服务区域的采用 2 倍的截流系数。

C. 系统治理

河道恢复。拆迁护城河河道上的建筑，打开护城河盖板，并进行河道清淤，采用搅吸法将护城河的淤泥完全清除，消除底泥污染。

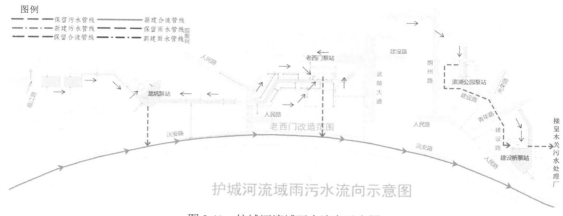

图 3.41 护城河流域雨水流向示意图

驳岸恢复。结合用地条件和城市功能布局，建立三种不同形式的驳岸，分别为两侧石墙、一侧石墙一侧软质驳岸、以及一侧石墙一侧阶梯入水。在可能拓宽河道的区域（如屈原公园段）扩大河道断面，增大调蓄空间，并建设生态化驳岸。

岸线设计。结合河道水位进行岸线设计。枯水位/常水位以下铺设砾石；枯水位/常水位和五年一遇水位区位间采用生态驳岸加固；在河道内种植水生植物、建设人工浮岛，净化水质。

生态修复。对滨湖公园、屈原公园、朝阳湖等水体进行水生态修复，净化水质，重构良好水生态。

活水保质。充分利用河道水面开发滨水休闲空间，恢复历史水系结构，构建护城河与新河的连通通道。

D. 综合布局方案

通过源头减排、过程控制、系统治理，构建在空间平面上以护城河为核心，向外依次为水系绿带、滨水建筑区、其他区域的海绵城市建设体系。水系主要进行河道恢复、清淤、水生态修复；水系绿带结合水位建设不同的低影响开发设施；滨水建筑区合理的组织雨水，合理利用水系绿带净化坡面雨水，补充河道水体；其他区域通过建设低影响开发设施，滞留和净化水质，并通过雨水管网补充护城河水体。

以屈原公园和滨湖公园为界，将护城河流域分为四段（图 3.42）。

第一段：以屈原公园提质改造为核心的海绵城市建设，护城河的改造。

第二段：老西门为代表的老城区有机更新；护城河的改造，合流制的截污和调蓄泵站建设。

第三段：以滨湖公园为代表的水生态修复；护城河清淤工作。

第四段：建设桥雨水溢流池汇水区综合改造。

3）方案复核

A. 截流管改造方案水质达标及溢流频次分析

常德每年降雨平均为 130 天，雨量约为 1300mm。2mm 以下的降雨仅能润湿地面，不能形成径流。常德市平均每年有 87 天的降雨超过 2mm，这些雨水流过硬化路面，形成径流。每年约有 1100mm 雨水会形成径流。每年有 46 天的雨量超过 8mm，年累计总量约为

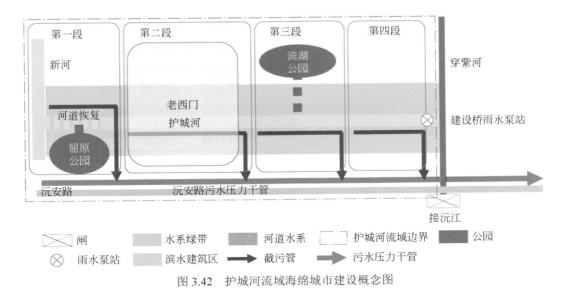

图 3.42　护城河流域海绵城市建设概念图

750mm。雨量在 2～8mm 之间的总量为 350mm/a，约占径流总量的 1/3，估计其中含有污染物总量的 80%，这部分的雨水须净化后才能排放。建设桥排水分区（护城河流域）230hm² 的硬化路面集水区内，6mm 的初期雨水需要储存、净化。每年需要处理的雨量为：350mm×230hm²=805000m³，COD 平均污染浓度为 115mg/L（即 400kg/（hm²·a）；230hm²，92000kg/a）。另外，还有 20%的污染物（即 100kg/a，230hm²，2300kg），包含在雨量超过 8mm 的降雨中，即剩余的 750mm 中，平均污染浓度为 13mg/L，即 750mm 中含 100kg/（hm²·a）。

根据德国经验及常德实际，蓄水型生态滤池处理效率为 65m/a，生态滤池前的溢流池容积的计算按单位 hm² 调蓄容积计算，即单位不透水面积调蓄容积为 45～50m³/hm² 之间，计算得到各段合流制溢流池的容积。

根据建设用地情况，建设龙坑、建设桥调蓄池、生态滤池，建设老西门、滨湖公园调蓄池。采用 KOSIM 模型，以护城河的水质控制为目标，确定方案的可行性。合流制水质目标为：①降低溢流的混合污水污染总量（<125kg/（hm²·a））；②限制排放的化学需氧量浓度（<30mg/L）；③降雨溢流之后，需要短时间补水冲洗，补水量为 0.5m³/s。

根据模拟结果，通过海绵城市建设，护城河流域滨湖公园和建设桥子分区不能通过管网改造可达到规划目标（表 3.32）。

表 3.32　KOSIM 污染负荷模型，雨水调节池计算结果

合流污水处理构筑物	混合污水排放（预处理后排水和溢流水）			
	水量/（m³/a）	频率/（1/a）	COD 负荷/[kg/（hm²·a）]	COD 浓度/（mg/L）
屈原公园雨水调蓄池	122433	41	144	28
老西门雨水调蓄池	165830	28	77	26
滨湖公园雨水调蓄池	256771	36	142	34
建设桥雨水调蓄池	335089	30	119	32
总量/平均值	887472		119	30

B. 源头减排+截流管改造方案水质达标及溢流频次分析

由管网方案的模拟结果可以看出，仅通过管网建设，还有部分区域 COD 浓度超标，为此依据综合布局方案，确定如下建设项目，建设项目年径流总量控制率达到 4mm。

按 4mm 的雨量削减污染物 45%计，护城河流域场次污染物进入管网的量如表 3.33 所示。

表 3.33   进入管网污染物统计表   单位：t

时间	氨氮	总氮	悬浮物	总磷	COD
场次	0.02	0.06	0.85	0.00	2.21
全年	0.76	2.78	38.96	0.12	101.45

根据设计，无建设生态滤池条件的子排水分区截污干管按 3 倍截流系数建设，有建设生态滤池条件的截污干管按 2 倍截流系数建设，可计算出发生溢流时截污干管污水浓度。因溢流发生时，对应降雨都大于 13.4mm，即 90%的污染物被处理了，雨水水质较干净，雨水水质浓度取 8mg/L，旱流污水管网水质浓度取 200mg/L，则管网溢流到调蓄池时水质浓度分别为 56mg/L 和 72mg/L。

对屈原公园和建设桥，能建设生态滤池溢流口，通过源头低影响开发，可以有效地降低溢流频次，如屈原公园，降低了 11 次，建设桥降低了 6.8 次。

对于老西门和滨湖公园蓄水池，通过沉淀、过滤，可以消除约 47%的污染物，因此，当溢流池发生溢流时，污染溢流浓度为 29.68mg/L，降低到 30mg/L 以内。

根据计算可得出各溢流口混流污水排放污染浓度，如表 3.34 所示。

表 3.34   低影响开发成效预测表

片区	频率/（次/年）	降低比例/%	溢流时的降雨/mm	COD 浓度/（mg/L）
屈原公园雨水调蓄池	30	26.8	13.4	<28
老西门雨水调蓄池	22.2	20.7	18.5	<25
滨湖公园雨水调蓄池	26.8	25.6	15.1	29.68
建设桥雨水调蓄池	23.2	22.67	17.6	<30

3. 穿紫河流域黑臭水体治理技术方案

1）技术路线

穿紫河流域的排水体制为分流制，但由于部分小区污水管、合流制管网接入市政雨水管网，市政雨污水管网混接，导致雨水管网排口存在旱流污水，进而污染河道。

在本书中考虑标本兼治，所谓治标，即消除旱流污水直排口，减少直接进入河道的污水量。所谓治本，是指理顺排水体制，实施清污分流，从源头上对混接入市政雨水管网的小区污水管网、小区合流制管网排口进行改造；其次对市政雨污水管网进行检测与修复，减少污染物进入雨水管网的量；最后通过低影响开发，消除分流制小区、道路、广场等的初期雨水小区通过低影响开发，控制初期雨水。

对于河道内污染，主要通过岸线恢复、底泥清淤、活水循环来降低污染，提高水环境容量，提升城市滨河景观。常德市穿紫河黑臭水体治理的技术路线如图 3.43 所示。

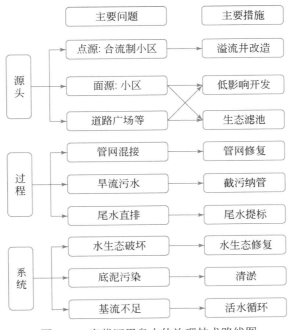

图 3.43　穿紫河黑臭水体治理技术路线图

在具体的操作中，在排口建设调蓄池和生态滤池，处理初期雨水和混流污水。该技术方案分以下三种情景运行。

（1）晴天时，旱流污水通过调蓄池，由污水泵站送入市政污水管网后进入污水处理厂处理（图 3.44）。

图 3.44　晴天雨水系统运行方案

（2）小雨中雨时，合流制小区雨水通过溢流井将初期雨水排往污水管网及污水处理厂；排水体制为分流制的小区雨水经低影响开发设施雨水净化后排入市政雨水管网；由于市政雨污水管网混接导致的污水也进入雨水管网；这些雨水、污水都进入末端调蓄池。此时调蓄池污水泵站关闭，生态滤池泵站打开，混合水进入生态滤池处理，生态滤池不能处理的，待雨停之后排入污水处理厂。此时混合污水不往河道水体中排放（图 3.45）。

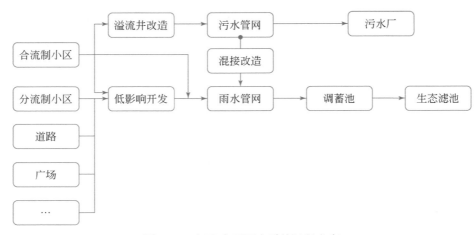

图 3.45 小雨/中雨雨水系统运行方案

（3）大雨时，雨水流向与中/小雨基本相同，排往污水管网的泵站继续关闭，调蓄池内的初期雨水首先由生态滤池处理，当来水量大于处理量，开启雨水泵站，按泵站调度规范，由泵站将混合水抽排到穿紫河，此时雨水和旱流污水比例应大于 8：1（图 3.46）。

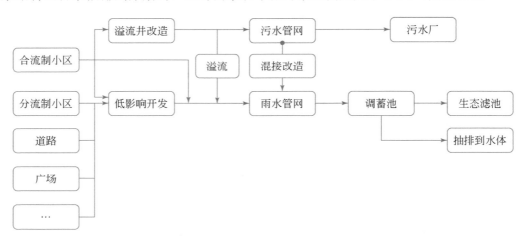

图 3.46 大雨雨水系统运行方案

根据上述运行方案，仅当降水量较大，超出调蓄池和生态滤池的处理和调蓄能力时，降雨和混合污水除生态滤池处理外，其他进入雨水管网的污染物全部排入河道。

2）方案构建

由于难以达到完全清污分流，为处理初期雨水及小雨天混合污水，采取源头控制加管网排口集中处理的方案。

根据计算，穿紫河水环境容量为 365t/a，从经济效益比考虑，底泥污染控制削减 70%，底泥释放 161.95t，在水环境容量的条件下，可接受面源及泵站排入河道的污染量为 203.05t/a。

根据穿紫河治理的技术路线可知，无雨/小雨/中雨时，泵站不往河道排水，只有发生大雨时，泵站将初期雨水及部分混流水排入生态滤池，其余雨水和混流水全部排往河道。大雨天的溢流成为穿紫河的主要来源。

在方案构建时，应同时满足以下前提条件。

（1）初期雨水污染削减 45%，即源头+末端集中式生态滤池低影响开发设施处理能力应该大于 8mm。

（2）污水管或者合流制小区管错接入市政雨水管道小于 5%。

（3）市政雨污混接比例大幅降低，旱流污水减少 50%。

（4）消除江北污水处理厂尾水直排污染，尾水排放主要水质指标达到补水水质要求。

（5）污水处理厂提标扩容，江北城区污水处理能力达到满足污水处理能力要求。

（6）通过灰色基础设施+源头减排，共同达到 78%的年径流总量控制率。

3）源头减排

充分利用现有公园绿地，如白马湖公园、丁玲公园，收集、调蓄、净化雨水，为穿紫河补充水源。

结合穿紫河降堤，建设水系生态驳岸；滨水建筑小区和道路的雨水通过水系绿带净化后补充水体。

在泵站调蓄池较近（半径小于 200m 的范围）且雨水可以通过重力流汇入泵站调蓄池的区域，考虑利用泵站调蓄池及其生态滤池处理该区域的初期雨水，经处理后排入穿紫河，补充水体。

在地表雨水不能通过重力流直接进入穿紫河的区域，建设低影响开发设施，蓄滞、净化雨水，削减洪峰，减少雨水系统对城市污水处理厂的冲击。

源头减排+末端生态滤池低影响开发设施处理水量大于 8mm，削减面源污染 45%以上。

4）过程控制

对小区错接管网进行检测，并进行改造，错接小区满足相关要求。

开展排水管道电视检测（CCTV 检测），对破损管网进行修复和维护，逐步降低进入污水处理厂的雨水量和地下水入渗量。

改造穿紫河流域 9 个泵站调蓄池，净化排入穿紫河河道的水质，减少对河道的污染。同时对泵站进行改造，增强其抽排能力；

扩建的皇木关污水处理厂、江北污水净化中心（日处理能力达到 30 万 m^3），缓解常德市污水处理能力严重不足的问题。

启动污水净化中心 PPP 项目，通过生态湿地净化污水处理厂的尾水，以达到地表水 IV 类趋优的水质标准，实现对穿紫河补水、削减穿紫河污染物的目标。

5）系统治理

恢复水面，对河道进行清淤，清淤深度大于 40cm；在河道内种植水生植物、建设人工浮岛，净化水质。

降低城市河道堤顶高程，拓宽河道，把原防洪堤后的绿地设计为临水一侧可淹没的滨水空间，增强河道调蓄能力，应对超标暴雨，确保 30 年一遇暴雨不成灾。

结合水位进行河道岸线设计，枯水位和洪水位区间的驳岸采用生态固岸方式的加固。

协调区域防洪，调控外围洪水，建设花山闸，连通竹根潭水系，实现与新河水系的连通。

6）综合布局方案

通过源头减排、过程控制、系统治理，构建在空间上以穿紫河为核心，向外依次为水系绿带、滨水建筑区、其他区域的海绵城市建设体系。穿紫河主要进行河道清淤、水生态修复，将滨水建筑区雨水导入水系绿带，净化后补充河道水体；其他区域通过低影响开发，滞留和净化雨水，减少对污水处理厂的冲击。兼顾地表和地下两个空间，做好雨污水管网的修复、小区溢流井的改造（图 3.47）。

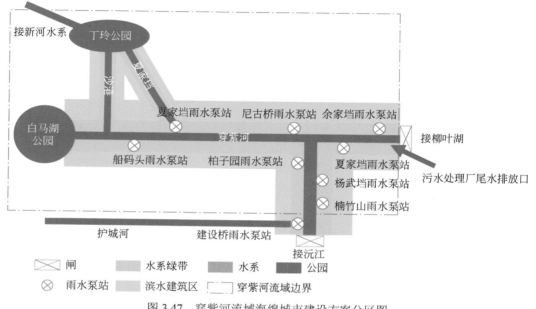

图 3.47　穿紫河流域海绵城市建设方案分区图

在建设时序上，结合常德市黑臭水体治理的经验，先对泵站、调蓄池、生态滤池及泵站周边的水系、绿地进行改造，消除城市河道点源污染，削减泵站周边面源污染；然后对滨水建筑区进行海绵化改造，在条件允许的情况下，将初期雨水导入到水系沿线的海绵设施或泵站调蓄池进行处理；在此基础上大力开展管网修复，小区溢流井改造，小区、道路、绿地广场的低影响开发建设。

通过以上措施形成流域性黑臭水体治理工程。其中包括：船码头等九个雨水泵站和其周边区域改造；以德国风情街为代表的海绵滨水小区建设；以白马湖和丁玲公园为代表的海绵公园改造。

4. 新河流域黑臭治理方案

1）技术路线

为缓解丹洲地区面临着被洪水淹没的危险，从而威胁到城市地区，常德市于 1972 年建成了新河，将水向北引至北部的丘陵地带山脚下的老渐河。目前新河是常德城区和以农田为主的农郊地带的分界线，部分区域未建。

因新河地处城郊，污水收集系统不完善，污水外排、农业面源污染是导致新河水体黑臭的主要原因。根据解析，新河流域现状 COD 总负荷为 809.14t/a。新河的污染源主要有①新河渠带来的丹洲农业面源；②聚宝机埠水渠的排水；③岩坪机埠排水；④沿岸污水口；⑤沿岸坡面流雨水面源；⑥新河的内源污染。其中新河渠、聚宝机埠水渠是新河主要补水水源，各污染物及来源如表 3.35 所示。

表 3.35　新河流域污染物解析　　　　　　　单位：t/a

污染物	总负荷	污水直排	初期雨水	底泥释放
COD	809.14	438	139.33	231.81
总氮	40.57	29.2	4.64	6.73
氨氮	12.91	11.68	1.04	0.19
总磷	6.09	5.84	0.18	0.07

新河黑臭水体治理总体技术路线与穿紫河大致相同，所不同的是对丹洲区域的农业面源污染的控制。针对新河的污染源及开发建设状况，提出新河黑臭水体治理的技术路线（图 3.48）。

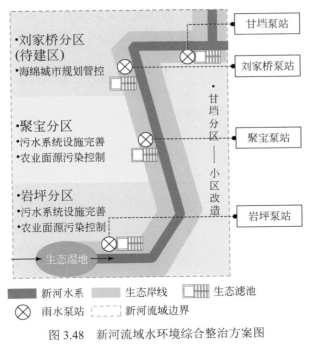

图 3.48　新河流域水环境综合整治方案图

（1）完善污水系统，消除污水直排；

（2）鉴于新河以西近期无开发计划，严格规划管控，落实低影响开发要求；

（3）建设生态处理系统，处理丹洲进入新河的农业面源污染；

（4）建设生态滤池，处理岩坪、聚宝、刘家桥、甘垱机埠的初期雨水；

总体方案层面，由于新河的水动力条件好于穿紫河，且入河污染量远远小于穿紫河，因此，新河流域黑臭水体治理不再单独论证年径流总量控制率目标，采用穿紫河黑臭水体治理的方案。

2）城市面源减排方案

按照海绵城市专项规划，对新河流域未建区进行规划管控。结合城市建设，对新河汇水分区内的源头项目进行改造。

3）雨水管网及泵站建设方案

考虑到新河流域各排水片区管网系统尚不完善，针对敷设管网排水能力不足的区域进行改建扩建，对排水管渠缺失的区域，应根据地形分析的水流汇水，确定排水分区的范围，再根据水流走向，确定排水分区内主干管网的敷设，逐步完善排水管网系统。

改造岩坪、聚宝、刘家桥、甘垱雨水机埠。在泵站蓄水池后接生态滤池，具体工艺要求可参考穿紫河流域船码头泵站改造方案。

4）污水管网泵站建设方案

新河流域新建桃花源、岩桥寺、窑港路污水泵站，对河西污水进行提升，最终排入皇木关污水处理厂。

5）城市河道治理方案

新河控制常水位30.60m，洪水位31.60m。同时，考虑到新河作为穿紫河上游河道，在进行河道综合整治时应统筹上下游关系，最终确定新河水面从25m拓宽到平均80m宽。

对新河渠具备条件的河段进行改造，两岸改造空间不足时可采用石笼式驳岸设计，两岸改造空间充足时可采用梯田式驳岸设计。

由于河道拓宽浚深，由10m拓宽到80m，河道深度也加深到3m左右，考虑到新河底泥清淤深度为1m，清淤河段长度为7.3km，将新河河道淤泥全部清除。淤泥考虑固化填埋或真空预压脱水后用作种植土壤两种处理处置方式。

6）农业面源控制方案

新河上游的汇水区包括丹洲地区，西到渐河，南到沅江，该区域为农业区域。该区域污染物以有机物、氮和磷化合物污染为主。为了削减上游污染物进入河道，改造和利用现有水面和湿地，以改善新河水质。规划在金丹路以东的区域内，利用现有的水池连接形成四座沉淀池和一处净化设施（图3.49）。

图3.49　生态湿地规划图

3.3.3　城市内涝治理方案

1. 城市内涝治理总体思路

在具体的治理措施上，以解决内涝积水为导向，以排（汇）水分区为基本单元，基于现场调研、模型模拟，统筹分析内涝积水点的原因、积水量，因地制宜地制定出切合常德实际情况的解决措施，以实现"小雨不积水 2 年一遇（2h 52.03mm）、大雨不内涝（30 年一遇 24 小时 189.83mm）"的目标。

以内涝点整治为核心，统筹排水分区优化、源头减排、过程控制、系统治理等措施，综合治理内涝积水点（图 3.50）。

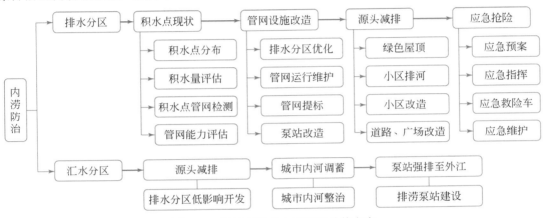

图 3.50　常德市城市内涝治理总体方案

排水分区优化主要针对部分面积过大的排水分区，如船码头排水分区，或者面积调整比例过大的分区，如余家垱排水分区，通过排水分区的调整，充分发挥设施的功能，削减内涝积水量。确保每个排水口对应的汇水面积为 $3 \sim 4 km^2$。

在源头减排方面，重点明确不同小区改造要求，尤其是滨河小区改造要求。现状二级强排排水系统将雨水全部由末端泵站强排至穿紫河等受纳水体，再由南碛排涝泵站等将受纳水体的涝水强排至沅江的排水方式，该排水方式一方面加强了下游管网的负担，另一方面，由于管网的错接，增加了对城市内河水体污染的概率。因此，尽量将排水分区集中由泵站排往河道的方式改为有条件的区域尽量自排入河道。对于建成区，主要考虑强化沿河区域小区改造与建设，雨水净化后就近排入穿紫河、新河、夏家垱河、护城河等城市河道；已建区在强化对滨河小区的改造，小区雨水净化后直接进入河道。对于未建区，在条件许可的情况下，应尽量就近排入水体。

基于沿河雨水自排河道小区选定原则，确定滨河小区，此外，对于丁玲公园、白马湖公园、屈原公园、滨湖公园 4 个大型公园，可利用公园水体调蓄园内雨水以及部分周边雨水。

在管网提标改造方面，重点针对内涝积水点有直接影响的排水管网、泵站进行提标改造；在此基础上，对其他不达标管网进行提标改造，满足管网排水标准。

在排涝除险方面，分两个层面：一是积水点的排涝除险；二是汇水分区层面的蓄排平衡。由于常德市地势平坦且穿紫河两岸较高，雨水无法通过路面大排水通道进入水体，对积水点的排涝除险主要通过应急预案进行。在汇水分区层面，主要通过河道建设、排涝泵站建设来达到涝水蓄排平衡的目的。

本书仅以穿紫河流域一个排水分区为案例，阐述内涝治理方案。

2. 穿紫河汇水分区内涝治理方案

1）船码头排水分区

A. 内涝积水点现状

船码头排水分区面积 6.91km²，现有 2 个内涝积水点，根据现场调研，结合模型模拟，确定各内涝积水点积水量及积水成因如表 3.36 所示。

表 3.36　船码头排水分区现状内涝积水点统计表

编号	内涝点位置	积水量/m³	成因
1	滨湖路（芙蓉路至龙港路段）	1614	由于施工影响排水
2	育才路（朝阳路至皂果路段）	1878	排水管不畅，排水能力不足

以 2 年一遇降水为输入，采用 GRMS 评估现有管网的排水能力，现状船码头排水分区管网排水能力如表 3.37 所示。

表 3.37　船码头排水分区现状管网排水能力评估表

指标	排水标准	
标准	小于 2 年一遇	大于 2 年一遇
比例	80.49%	19.51%

对比现状内涝积水点分布和排水管网排水能力，可发现管网排水能力不达标是内涝的一个重要原因（图 3.51）。

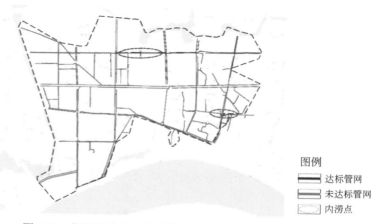

图例
— 达标管网
— 未达标管网
○ 内涝点

图 3.51　船码头排水分区现状管网排水能力与积水点分布图

B. 排水分区优化

船码头排水分区规划面积为 4.5km², 泵站设计排水能力 12.6m³/s。随着城市发展西扩, 将原本接入甘垱雨水泵站的大部分雨水管网接入船码头排水分区, 导致船码头排水分区不断扩大。通管网普查数据分析显示, 现状船码头排水分区面积达到了 6.91km², 较规划面积扩大了 55%, 大大增加了船码头排水分区管网及泵站的压力, 导致管网及泵站排水能力下降。本次通过对道路管网改造, 优化排水分区, 涉及管网改造的道路的如下:

（1）洞庭大道（光源路-高车路段）改造。洞庭大道雨水管道在高车路口处断开, 不再向东经滨湖路汇入船码头泵站, 而是沿高车路向北进入甘垱泵站。

（2）仙源路（滨湖路-柳叶大道）改造。滨湖路雨水管道在仙源路口处断开, 不再向东汇入船码头泵站, 而是沿仙源路向北最终进入甘垱泵站。

（3）长庚路（洞庭大道-人民西路段）和人民西路（芙蓉路-长庚路段）改造。长庚路雨水管道在人民西路路口处断开, 不再经洞庭大道汇入船码头泵站, 改向南经竹叶路向东排入护城河。

（4）芙蓉路（洞庭大道-竹叶路段）改造。芙蓉路雨水管道在竹叶路口处断开, 雨水不再经洞庭大道汇入船码头泵站, 改为向东直排入护城河。

通过对以上 4 段道路的改造（同步进行雨水管网改造）, 优化后船码头排水分区西至高车路, 南至人民路、护城河, 东至武陵大道, 北至穿紫河, 优化后排水分区的面积减为 4.5km², 面积减少了 35%。

同时, 通过对洞庭大道和仙源路两段道路的改造, 使甘垱排水分区的汇水面积由 0.85km² 提高至 2km², 充分发挥泵站及管网的排水能力（图 3.52）。

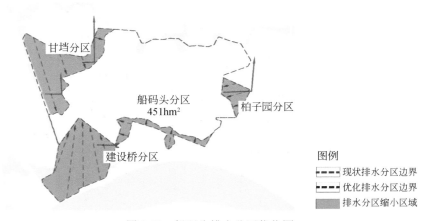

图 3.52　船码头排水分区优化图

C. 管渠设施提标

管渠设施的提标分为两大类, 一是对内涝积水点相关的雨水管渠进行 CCTV 检测, 并进行管网清淤, 管网修复等, 二是改造不达排标的排水管网, 管网的改造与道路同时改造。

（1）内涝积水点管网维护。

第一, 针对育才路的积水问题, 采用 CCTV 检测技术对该路段管道、雨水口进行检测,确保排水系统的通畅性（图 3.53～图 3.55）。对区域内的部分低洼内涝点，采用增设雨水口和雨水支管的方式来解决区域积水问题。加大雨季巡查力度，在极端天气中，对重点区域安排专人蹲点巡查，并安排安全护栏、警示标志等内涝物资。

图 3.53　管道严重错位

图 3.54　管道内树根

图 3.55　管道内异物穿入

第二，针对滨湖路的积水问题，采用 CCTV 检测技术加大对该路段管道、雨水口的维护力度，确保排水系统的通畅性（图 3.56～图 3.58）。对区域内的部分低洼内涝点，采用增设雨水口和雨水支管的方式来解决区域积水问题。加大雨季巡查力度，在极端天气中，对重点区域安排专人蹲点巡查，并安排安全护栏、警示标志等内涝物资。

图 3.56　管道内胶圈脱落

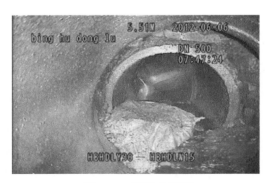

图 3.57　管道内堵塞

图 3.58　管道内沉积

雨水管网维护工程如表 3.38 所示。

表 3.38　雨水管网维护工程列表

编号	名称	改造标准	备注
1	滨湖路	新建 D1200 雨水管 110m，清淤 760m	滨湖路积水点
2	龙港路	新建 D800 雨水管 100m	滨湖路积水点
3	育才路北侧某小区	新建 D400 雨水管 270m	育才路积水点

（2）管网提标改造。

结合积水点的分布与雨水管网能力评估，确定改造洞庭大道等 10 条道路的雨水管网如图 3.59 所示。

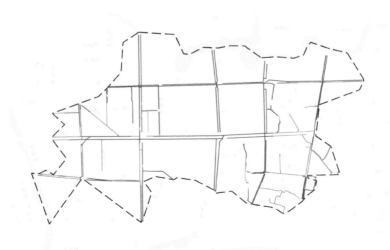

图 3.59　船码头排水分区管网改造规划图

D. 源头减排措施

根据小区、道路、屋顶的建设条件，确定船码头排水分区源头低影响开发建设项目，并根据小区位置、地理高程，确定小区雨水是否排放到市政雨水管网。排水分区小区改造

13 个，道路海绵化改造 3 条，绿色屋顶建设 10 处，项目规划如图 3.60 所示。

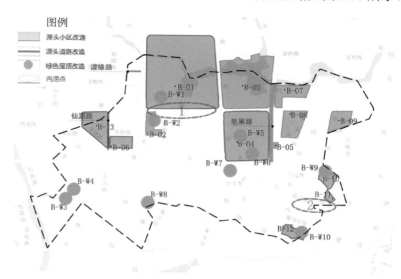

图 3.60 船码头排水分区源头减排项目规划图

E. 改造效果评估

采用 GRMS，分析改造项目对管网排水能力、内涝积水点积水量的影响，如表 3.39、图 3.61 和表 3.40 所示。

表 3.39 船码头排水分区规划管网排水能力（达标率）评估 单位：%

分区	现状	优化分区	管渠建设	低影响开发
船码头	19.51	34.42	60.84	68.64

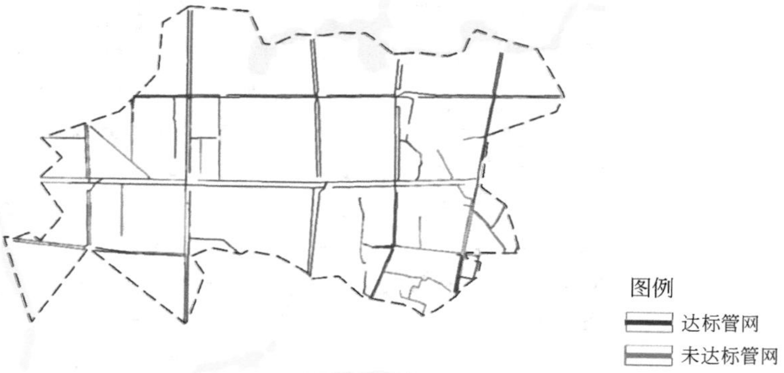

图例
达标管网
未达标管网

图 3.61 船码头排水分区规划管网达标率评估图

表 3.40　船码头排水分区内涝整治效果评估表　　　　单位：m³

编号	内涝点位置	积水量	优化分区	管渠建设	低影响开发
1	滨湖路（芙蓉路至龙港路段）	1614	0	0	0
2	育才路（朝阳路至皂果路段）	1878	1878	0	0

表 3.40 为规划项目实施后积水量的评估表。表中积水量为现状积水量，优化分区是指优化分区措施实施后的内涝点积水量，管渠建设是指在优化分区的基础上再进行管渠建设后积水点的积水量，低影响开发是指在前述所有的措施实施的基础上低影响开发建设后的积水量，本书中以下同类型的表也是同样的处理方案。根据模拟结果，通过实施规划方案，船码头排水分区可以消除排水分区内的内涝积水点；管网达标率也有显著提升，由不到 20% 提升到近 70%。

穿紫河流域其余各排水分区内涝治理措施详见《常德市海绵城市建设系统方案》。

2）汇水分区蓄排平衡

A. 蓄排平衡分析

根据常德市海绵城市模型模拟结果，30 年一遇降雨情况下，降水量为 189.83mm，源头控制 33.2mm，穿紫河面积 1.46km²，按调蓄深度 1m 计算，可调蓄 58.93mm，还需通过南碃排涝泵站排出 97.7mm。

B. 河道水系整治

整治穿紫河、护城河、新河水系、长港水系、夏家垱水系、竹根潭水系等城市内河水系，发挥水体的调蓄与净化作用。

河道整治内容包括：清理河道及沿岸垃圾，清理被占用驳岸；按规划蓝线整治河道、恢复被填埋的水系，按照绿线划定范围建设滨河绿地；按照规划河底标高清淤，拆除违建阻水构筑物，增加内河调蓄容量和过水能力。

已建设河道按规划河底标高要求进行清淤。通过降低滨河绿地高程，增加内河调蓄容量和过水能力。

结合排涝泵站的升级改造，在给定的排涝能力条件下，通过蓄排平衡分析，计算所需河道水系的调蓄能力，确定河道扩宽、挖深规模。穿紫河流域河道整治工程如图 3.62 所示。

穿紫河流域具体河道整治工程如表 3.41 所示。

表 3.41　穿紫河流域河道整治表

编号	河湖名称		长度/km	宽度/m	整治内容
1	穿紫河水系治理	穿紫河（白马湖桥-姻缘桥-建设桥）	8.47	30～100	河道拓宽至 80～200m，新增调蓄容积 70 万 m³，清淤 39m³
2	护城河水系治理	护城河	5.4	4～20	河道拓宽至 4～20m
3	长港水系治理	长港水系	0.78	大于 15m	河道开挖、水系连通，增加水面面积 2.5 万 m²
4	竹根潭水系治理	竹根潭	0.77	30～200	河道开挖，新增调蓄容积 0.8 万 m³
5	夏家垱水系治理	夏家垱	1.97	25～40	河道开挖，新增调蓄容积 1.5 万 m³，清淤 3 万 m³

图 3.62 穿紫河流域整治河湖图

C. 排涝泵站核算

常德穿紫河的排涝泵站为南碈排涝泵站，根据《湖南省南碈排涝工程更新改造初步设计报告》，更新改造前装机容量为 5 台 4000kW，设计流量 38m³/s，通过更新改造和扩机，目前装机容量为 7 台 7000kW，设计流量 54.5m³/s。按照按逐小时排除法计算排涝（抽排）模数，计算河道蓄排面积；设计流量计算公式为

$$Q = q \times A \tag{3.3}$$

$$q \geqslant \frac{P_1 \times \varphi \times F + P_2 \times \varphi \times F + P_3 \times \varphi \times F + \cdots + P_i \times \varphi \times F - hF_w}{3.6iF}$$

即

$$F_w \geqslant (P_1 \times \varphi + P_2 \times \varphi + P_3 \times \varphi + \cdots + P_i \times \varphi - 3.6 \times i \times q) \times F / h$$

式中，Q 为排涝泵站设计流量；q 为设计排涝（抽排）模数，m³/（s·km²）；P_i 为连续出现净流量大于抽排量的各时段暴雨量，mm；φ 为长历时径流系数，取 0.8；i 为连续出现暴雨量大于抽排量的时段数，小时；F 为排涝区面积，km²；F_w 为排涝区可利用的调蓄水体面积，km²；h 为排涝去可利用调蓄水体水深，mm。

h 为 1000mm，φ 取 0.8，F 为护城河流域与穿紫河流域面积，合计 30.97km²，降雨历时采用新编的长历时 30 年一遇暴雨雨型。

关于 i 即连续出现暴雨量大于抽排量的时段数（小时），可以根据南碈排涝泵站排涝能力和暴雨强度公式推算对应的小时降水量，约为 8.2mm。根据暴雨雨型，大于 8.2mm 的时段数为 3 小时，因此 i 取 3。

通过计算，确定调蓄水体面积应大于等于 1.46km²。

恢复护城河，整治屈原公园、滨湖公园护城河流域水面，发挥水体的调蓄作用。恢复穿紫河、白马湖公园、丁玲公园、沙港水系、长港水系,发挥水系的调蓄作用。确保穿紫河水面(含白马湖公园、丁玲公园水面)面积达到 1.46km²,调蓄水深达到 1m。

对穿紫河水系、护城河水系、长港水系、竹根潭水系、以及夏家垱水系综合整治后,穿紫河流域水系的调蓄面积略大于 1.46km²,调蓄容量略大于 146 万 m³,满足蓄排平衡。

为了解决下游外江顶托,加大河道下游泵站抽排能力,根据《常德市中心城区排水(雨水)防涝综合规划(2017—2030 年)》,南碈排涝泵站排涝能力从 38.5m³/s 扩容至 54.5m³/s。目前南碈排涝泵站已经满足要求。

3. 外部防洪体系衔接方案

常德市江北城区水系可分为外环水系和内环水系,其中外环水系包括渐河、花山河、沾天湖、柳叶湖、马家吉河,承担着区域防洪的任务;内环水系包括穿紫河、新河、护城河、长港水系、夏家垱水系等,发挥着城市内部排涝的功能。外环水系和内环水系通过杨桥河、南湖港、花山河、柳叶闸与城市内环水系沟通联系。

通过在上游新建花山闸(含花山排涝泵站)、柳叶湖闸等防洪闸,将城区北面的山洪和东面的柳叶湖水进行拦截,同时调控外环水系,如渐河、花山河、柳叶湖、马家吉河对城市内河的影响,通过闸泵结合,减轻中心城区洪涝压力。

通过柳叶湖东岸堤防整治工程,完善江北防洪体系,确保常德市江北城区和柳叶湖地区的防洪安保。

通过制定防洪排涝水系调度规则,确保市江北城区防洪、排涝安全。

1)防洪闸

防洪闸是城市防洪的重要基础设施,现状防洪闸主要包括河洑闸、新河口闸、南碈电闸及马甲吉电闸等,通过新建花山闸(含花山排涝泵站)、柳叶闸,完善闸站结合的防洪系统,调控外环水系,确保内环水系的防洪安全。江北防洪闸相关信息如表 3.42 所示。

表 3.42 江北防洪闸列表

编号	名称	位置	对应排涝泵站	
			名称	排涝能力/(m³/s)
1	河洑闸	渐河—沅江		
2	花山闸	花山河—新河	花山排涝泵站	65.9
3	柳叶闸	穿紫河—柳叶湖		
4	新河口闸	马甲吉河—柳叶湖		
5	南碈电闸	穿紫河—沅江	南碈排涝泵站	54.5
6	马甲吉电闸	马甲吉河—沅江	马甲吉排涝泵站	36.9

本次规划建设花山闸与柳叶湖闸(图 3.63)。通过这两个闸的建设,完善内环与外环水系的关系。花山闸位于新河水系下游,距离新河河口 80m,水流流向自南往北,河道总宽160m,防洪堤堤顶高程 34.8m,是坝、桥、闸、路合一的综合枢纽工程,在枯水期保证新河水系的正常景观水位,保证新河水系水质,排放新河水系换水量 3.1m³/s,并维持新河水

位 30.6m；在汛期防止花山河洪水倒灌新河并兼顾新河水系排涝。远期规划要求兼顾考虑此枢纽工程满足通航要求，实现新河与柳叶湖的互通。

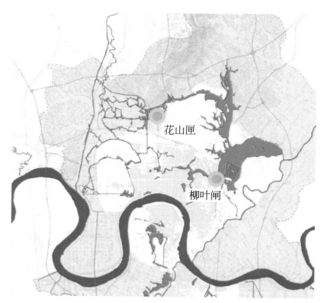

图 3.63　花山闸和柳叶闸

柳叶闸位于柳叶湖环湖路和太阳大道的交会处，连通柳叶湖与姻缘河。柳叶闸由上游引航道、上闸首、闸室、下闸首、消力池、下游导航段、闸上交通桥、闸两岸连接土坝八部分组成，是桥闸合一的工程，闸址控制集雨面积 330.1km²。项目设有排水节制闸和船闸：利用排水闸通过泄流，调节柳叶湖水位；利用船闸通过充、泄水系统，克服水位落差，确保游船安全通行，科学地解决了柳叶湖和穿紫河在汛期存在水位差时的通航和防洪问题。船闸设计一次性通过 4 艘游船，每天可搭载游客 2500 人，通航净高为 3m。

2）防洪堤

常德市江北城区防洪堤，东起马家吉河，南临沅江，西抵渐河，北靠白合山丘岗。防洪堤主要由沅江防洪堤、渐河防洪堤、马家吉防洪堤、柳叶湖防洪堤等组成，长度总计 67km，其中，沅江防洪堤为砼堤，长度 17km，防洪标准为 100 年一遇，江北城区防洪堤（防洪体系）如图 3.64 所示。

本方案对柳叶湖东岸堤防提出整治，柳叶湖东岸堤防整治工程是柳叶湖防洪堤工程的核心工程，是完善江北防洪体系不可或缺的部分。

柳叶湖东岸堤防整治工程位于柳叶湖旅游度假区的东岸段，南起江北污水净化中心，北至新河口闸，全长 4.9km。主要建设内容包括环湖大道和堤防整治工程。

通过环湖大道的建设，可大大提高常德市城区防洪保障的能力，确保常德市江北城区和柳叶湖地区的防洪安全。

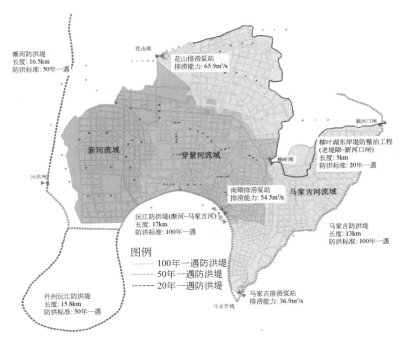

图 3.64 江北防洪（防洪堤）示意图

3）水系调度

为加强江北城区外环水系和内环水系的统一调度，充分发挥水利工程综合效益，确保市江北城区防洪、排涝安全，确定防洪排涝水系调度规则如下。

A. 非汛期（10 月 1 日至 3 月 31 日）（图 3.65）

按照柳叶湖、穿紫河、新河水上巴士通航的要求，柳叶湖、穿紫河、新河水位保持一致，原则控制河湖水位不低于 30.60m，控制调节南碈电闸，开启柳叶闸、花山闸，非汛期保持船闸处于敞开状态。当水位低于 30.00m 时，通过新建人民垱闸（补水流量 3.10m³/s）从渐河向新河补水，改造灵泉寺闸向柳叶湖补水；当水位超过 31.00m，且南碈电闸关闭时，开启南碈排涝泵站向沅江排水，止排水位 30.80m，尽量通过自排达到 30.60m 水位。

B. 汛期（4 月 1 日至 9 月 30 日）（图 3.66）

（1）穿紫河：①常水位 30.60m，洪水位 31.60m，原则最高水位不超过 32.00m；②当穿紫河水位超过 30.80m，且南碈电闸关闭，并预报有降雨时，南碈排涝泵站开机，止排水位 30.60m。

（2）柳叶湖：①控制常年水位不低于常年旅游控制水位 30.60m，洪水入湖最高水位原则不超过 32.60m；②当柳叶湖水位超过 31.60m，并预报有降雨时，开启柳叶闸、新河口闸向穿紫河、马家吉河排水。

（3）新河：①汛期新河常年控制水位 30.60m，原则最高水位不超过 32.00m；②穿紫河与新河未连通前，当花山闸关闭，新河水位超过 30.80m，启动花山排涝泵站向柳叶湖排水，止排水位 30.60m。

图 3.65 非汛期防洪调度示意图

图 3.66 汛期防洪调度示意图

3.3.4 多目标导向项目安排

1. 项目总体情况

以问题和目标为导向,统筹安排九大类 356 项海绵城市建设工程。

2. 示范区项目情况

常德市海绵城市建设试点区基本位于穿紫河流域,部分位于新河、马家吉河及花山柳叶湖流域。针对分区问题和特点,各分区采取不同的治理策略与建设模式。穿紫河流域为常德市主要的建成区,占试点面积大于 90%,考虑到穿紫河流域较大,且为与常德市前期(2015 年前)水系治理相衔接,将穿紫河流域按排水分区打包为两个 PPP 包,采用 PPP 模式推进。新河汇水分区位于新城区,重点在于通过规划管控手段,保护河湖水系、山体绿地的自然格局,确保各地块海绵城市建设指标有效落实,改造项目相对较少,由政府直接投资建设。各分区项目数量与投资情况如表 3.43 所示。

表 3.43　各分区项目数量与投资情况

分区名称	项目数量	工程投资/亿元
穿紫河流域汇水分区	292	46.84
新河汇水分区	26	8.01
其他项目	11	5.97
区外项目	29	17.29
总计	358	78.11

注:部分项目如道路跨两个汇水分区,项目统计 2 次,但经费只统计一次。

3. 试点建设投资情况

常德市海绵城市试点建设项目共计 356 项,总投资额 78.15 亿元。其中,利用国家资金 12 亿元,地方配套资金 48.38 亿元,吸引社会投资 17.77 亿元。

第4章

海绵城市建设协同推进

4.1 推进模式

4.1.1 协同推进机制

常德市建立了海绵城市建设系统推进机制，即组织协同+系统方案+专项规划：成立海绵城市建设牵头机构、相关委办局建立分工协作机制；依据系统方案定项目清单，依据专项规划定管控要求等。常德市建立了统筹推进海绵城市建设的机构：海绵城市建设领导小组及其办公室（海绵办）牵头、相关委办局参与的协调推进机构；常德市探索建立了分工协作的推进机构：海绵城市建设相关委办局领导班子为海绵办内设小组的组长，具体承担相关建设项目的计划的拟定、推进；常德市探索建立和完善了海绵城市建设项目清单：以海绵城市建设系统方案确定建设项目清单，以相关专项规划确定管控要求。

常德市海绵办职责之一为"全面统筹全市海绵城市建设各项工作。制订海绵城市试点城市建设三年行动实施方案并督促各责任主体落实"。海绵办内设9个工作组：综合组、规划设计组、工程组、黑臭水体整治水生植物组、小区院落改造组、园林绿化组、资金及PPP模式推进组、资料宣传组、技术服务组。9个工作组中"工程组、黑臭水体整治水生植物组、小区院落改造组、园林绿化组"等4个组为负责推动海绵城市建设项目，以园林绿化组为例，其组长为市园林局分管园林绿化的副局长，其主要职责如下：

（1）负责拟定年度绿色屋顶改造计划；

（2）负责制订年度绿色屋顶改造进度安排；

（3）负责按批准的进度计划完成改造任务；

（4）负责本组材料、宣传、公示、信访等工作。

根据以上职责，海绵办园林绿化组为市园林局职能的延伸，一是海绵办园林绿化组组长为园林局分管局领导，二是小组的职能为园林局职责的一部分。在这种项目实施机制下，形成了"海绵办+工程建设单位"的项目建设模式。

《常德市海绵城市建设系统方案》是常德市海绵城市试点建设的主要项目依据文件，常德市海绵办依据该方案，总体推进海绵城市试点建设。各小组（对应委办局）结合事权，依据《常德市海绵城市建设系统方案》，形成部门的项目实施计划。依据项目实施计划，推进海绵城市建设项目，常德市海绵城市建设项目实施模式如图4.1所示。

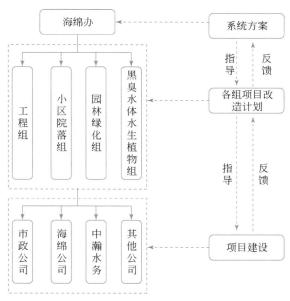

图 4.1　常德市海绵城市建设项目实施模式

　　《常德市海绵城市建设系统方案》是在不断探索海绵城市项目实施的基础上形成的（图 4.2）。2014 年 12 月，国家第一批海绵城市试点建设申报时，常德市历时 1 个月组织中国城市规划设计研究院编制了《常德市海绵城市建设试点实施方案》，申报海绵城市试点；在确定入围之后，按照国家要求，对实施方案进行优化，继续组织中国城市规划设计研究院历时 20 天编制上报了《常德市海绵城市建设试点实施计划》。为落实规划管控，2015 年常德市根据《住房城乡建设部关于印发海绵城市专项规划编制暂行规定的通知》（建规〔2016〕50 号），委托中国城市规划设计研究院编制了《常德市海绵城市专项规划（2015—2030）》。随后常德市依据《常德市海绵城市建设试点实施计划》，编制了《常德市海绵城市建设三年行动计划》，该计划确定了常德市海绵城市建设的 148 个项目；该计划在推进海绵城市建设起到了很好的支撑作用，但要看到，该计划将源头小区、绿色屋顶等建设项目笼统的概括为 5 个大项目，导致常德市海绵城市建设源头小区项目实施较慢，而且

图 4.2　常德市海绵城市建设项目指导性文件演变

该计划缺乏建设项目与建设效果之间关系的论证，缺乏系统的思维。到 2017 年海绵城市试点建设进入关键期，为理顺海绵城市建设项目与建设效果之间的关系，常德市委托中国城市规划设计研究院编制了《常德市海绵城市建设系统方案》，在 148 个项目的基础上，优化了源头、过程、末端项目，落实规划管控要求。

图 4.2 总结了常德市海绵城市试点建设项目指导性文件的演变历程，历版指导性文件完成时间、主要内容、主要问题。总体而言，常德市海绵城市建设项目实施指导性文件经历了螺旋式上升的过程，历版指导性文件在不同阶段都发挥了重要作用，但面对新的情况，又存在一些不足。如《常德市海绵城市建设试点实施方案》以常德市铁路线为边界，在《常德市海绵城市建设试点实施计划》中考虑到铁路线安全保障的需要，根据《铁路安全管理条例》将铁路沿线的部分区域调出试点区域，调整后的试点区面积为 36.1km²，其中老城区为 6.6km，新城区为 25.8km²，拟建区为 3.7km²（图 4.3）。《常德市海绵城市建设试点实施计划》确定了常德市海绵城市试点建设的范围、建设指标，确定了 139 项海绵城市建设试点项目。

(a)《实施方案》试点范围

(b)《实施计划》试点范围

图 4.3　常德市海绵城市试点范围演变图

《常德市海绵城市建设试点实施计划》确定的 139 项项目缺乏规划管控，以小区建设与改造为例，139 项项目中对于小区建设缺乏年径流总量控制率等目标，难以指导海绵城市源头小区项目实施。为解决该问题，常德市委托编制了《常德市海绵城市建设专项规划（2015—2030）》，该专项规划确定地块的年径流总量控制率等目标和相关指标如表 4.1 所示。

表 4.1　海绵城市建设目标与指标表　　单位：%

地块名称	年径流总量控制率	SS 削减率	下沉式绿地	透水铺装	绿色屋顶
A1	78.00	46.46	10.61	30.12	5.50
A2	78.00	45.38	32.32	10.50	0.10
A3	74.00	45.40	9.99	9.97	8.60
A4	78.00	45.86	14.57	17.17	6.70
A5	69.00	45.65	9.99	9.92	8.80
A6	78.00	46.55	17.58	32.72	0.30
A7	78.00	46.64	14.92	30.84	3.70

《常德市海绵城市建设专项规划（2015—2030）》、《常德市海绵城市建设试点实施计划》不能回答 3 年试点期内海绵城市建设项目与海绵城市建设目标之间的关系，因此常德市委托中国城市规划设计研究院编制了《常德市海绵城市建设系统方案》，依据海绵城市专项规划，在保障试点目标的要求下，将海绵城市规划管控要求落实到海绵城市建设项目。

4.1.2　项目推进时序

常德的海绵城市建设与治水紧密相关，与城市建设紧密相关。2013 年常德市开始推行"三改四化"，三改：棚户区改造、河内水系改造、道路改造（水泥路改柏油路，俗称"白改黑"）；四化：美化、亮化、绿化、数字化。到 2015 年海绵城市建设试点启动时"三改四化"还在进行之中；水系治理系统化工程庞大，至 2015 年，仅穿紫河船码头机埠生态湿地项目建成并投入使用。2015 年海绵城市建设启动之后，常德市以海绵城市建设试点为机遇，全方位推进海绵城市建设，2015～2016 年重点推进水系、管网整治与改造，构建海绵城市大骨架，2016 年后集中推进小区院落改造，常德市海绵城市建设试点项目实施时序如图 4.4 所示。

图 4.4　常德市海绵城市建设试点项目实施时序

常德海绵城市建设实践表明，该实施时序有利于海绵城市建设的推进，到 2016 年 9 月，通过水系治理、管网改造，穿紫河消除了黑臭现象，实现了通航，提升了穿紫河周边的地价，政府、市民受益，政府将地价提升所带来的收益继续投入小区的海绵城市改造，保障了海绵城市建设的可持续。

4.2　源头改造与建设项目

4.2.1　规划要求

1. 排水防涝规划要求

考虑到常德市水系发达，城市水面率高达 17.6%，且土壤下渗能力差的特点，《常德市中心城区排水（雨水）防涝综合规划（2017—2030 年）》提出分散调蓄，源头减排的方案，即通过识别、保留城市分散式水面，发挥水体的调蓄作用，减少排入市政管网的雨水径流量。
考虑到常德市中心城区二级强排排水系统将雨水全部由末端泵站强排至穿紫河等受纳

水体,再由南碈排涝泵站等将受纳水体的涝水强排至沅江的排水方式,为减少下游排水管网的负担,同时减少由于管网的错接导致对城市内河水体污染的概率,规划提出了大集中、小分散的排水管网布置原则,尽量将排水分区由泵站集中排往河道的方式改为有条件的区域尽量重力排入河道。建成区强化对滨河小区的改造,小区雨水净化后重力排入河道;待建区,在条件许可的情况下,应尽量就近通过重力流排入水体。在滨河小区的选取上,要求小区高程满足以下要求:

$$H = H_洪 + i \times L + H_安全 \tag{4.1}$$

式中,H 为小区地面标高;$H_洪$ 为河道最高控制水位,常德市城市内河最高控制水位为 31.6m;$H_安全$ 为安全超高,一般取 0.5m;i 为重力流时为管道坡度,压力流时为水力坡降;L 为管道长度。

2. 海绵城市专项规划要求

根据海绵城市专项规划,各宗地及城市道路的年径流总量控制率可按如下流程确定:
(1) 根据各宗用地所在片区的年径流总量控制率要求,确定年径流总量控制率初值。
(2) 根据宗地建筑密度、绿地率、建设状况(是否建成)以及用地性质,依据表 4.2~表 4.5 对年径流总量控制率进行逐步修正。

表 4.2　基于建筑密度的控制率调整表

建筑密度	年径流总量控制率调整/%
建筑密度≤0.3	0~+5
0.3<建筑密度<0.4	不做调整
0.4≤建筑密度	−5~0

表 4.3　基于绿地率的控制率调整表

绿地率	年径流总量控制率调整/%
绿地率≤0.3	−5~0
0.3<绿地率<0.4	不做调整
0.4≤绿地率	0~+5

表 4.4　基于建设状况的控制率调整表

建设状况	年径流总量控制率调整/%
建成	−5~0
未建成	不做调整

表 4.5　基于用地性质的控制率调整表

序号	用地代号	用地名称	年径流总量控制率调整/%
1	R	居住用地	−5~0
	S41	综合交通设施用地	

续表

序号	用地代号	用地名称	年径流总量控制率调整/%
2	A	公共管理与公共服务用地	0～+5
	B	商业服务业设施用地	
	U	公用设施用地	
3	M	工业用地	-10～-5
	W	物流仓储用地	

（3）考虑到年径流总量控制目标的经济性、合理性，各宗用地年径流总量控制率最终取值不应高于85%，公园绿地（G1 类用地）、防护绿地（G2 类用地）和广场（G3 类用地）、停车场（S42 类用地）由于低影响开发建设条件较好，应按85%目标控制。

（4）城市道路的年径流总量控制目标，应根据道路红线内机动车道所占比例确定，坡度大于6%的城市道路可不作径流控制要求（表 4.6）。

表 4.6　基于城市道路控制率调整表

红线内机动车道宽度/城市道路红线宽度	年径流总量控制率调整/%
比例≤50%	不做调整
50%＜比例≤70%	-5～0
70%＜比例≤85%	-10～-5
比例＞85%	不做要求

常德市低影响开发建设的下沉式绿地率指导性要求如表 4.7 所示。

表 4.7　下沉式绿地率指导性要求

单位：%

序号	用地类型		建成区域	新建区域
1	R	居住用地	20	30
2	A	公共管理和公共设施用地	30	40
	B	商业服务业设施用地		
	M	工业用地		
	W	物流仓储用地		
	U	公用设施用地		
	G	绿地		
3	S	交通设施用地	40	50

透水铺装率指标：《关于做好城市排水防涝设施建设工作的通知》国办发〔2013〕23号要求新建区域≥40%；新建区域高于建成区域；透水铺装率按"城市道路、停车场、公园绿地＞商业服务业用地、公共管理与服务设施用地、公共设施用地、居住用地＞工业用地、物流仓储用地"的顺序递减。参考上述规则，提出常德市透水铺装率的指导性要求（表 4.8）。

表 4.8　透水铺装率指导性要求　　　　　　　　单位：%

序号	用地类型		建成区域	新建区域
1	R	居住用地	40	60
	A	公共管理和公共设施用地		
	B	商业服务业设施用地		
	U	公用设施用地		
2	M	工业用地	30	40
	W	物流仓储用地		
	S	交通设施用地（不含社会停车场用地）		
3	S	社会停车场用地	60	70
	G	绿地		

常德市低影响开发绿色屋顶率的指导性要求（表 4.9）。

表 4.9　绿色屋顶率指导性要求　　　　　　　　单位：%

序号	用地类型		建成区域	新建区域
1	R	居住用地	不做要求	30
2	A	公共管理和公共设施用地		50
	B	商业服务业设施用地		
3	M	工业用地*		不做要求
	W	物流仓储用地*		
	S	交通设施用地		
	U	公用设施用地		
	G	绿地		

*常德市工业厂房及仓库屋面以彩钢板为主，不具备进行屋面绿化的条件，故未对 M、W 类用地作绿色屋顶率要求。

3. 源头项目规划实施

　　常德市大部分海绵城市试点建设区域为建成区，为确保排水分区建设效果达到考核要求，同时保障经费可控，常德市海绵办根据柏子园和船码头排水分区的海绵城市建设工程总体方案设计，确定了主要的源头改造小区、道路等。对确定需要改造的小区，常德市海绵办委托有资质的单位进行小区内管网勘察，摸清小区内水电气管网底数，在此基础上开展小区海绵城市建设方案设计，方案设计过程中依据海绵城市专项规划初步确定项目的海绵城市设计目标，并结合项目具体情况（如绿地比例、铺装比例）合理调整建设项目海绵城市设计目标，依据排水防涝综合规划，确定小区雨水的排放口。方案设计完成后由规划局组织相关委办局和专家进行评审，评审通过后，进入初设和施工图阶段。初设由住建局组织各委办局和专家评审，评审通过后，进入施工图的编制。施工图编制完成后由图审机构进行审查，审查合格后施工图交底，交给建设施工方，全流程规划管控落实如图 4.5 所示。

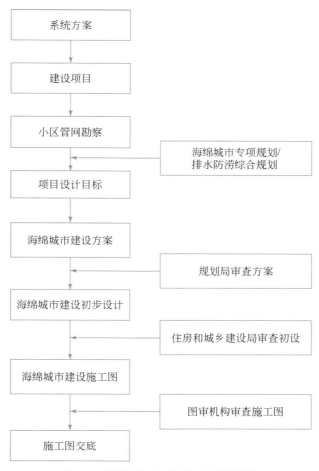

图 4.5　海绵城市建设项目实施流程图

以上为海绵城市建设系统方案、海绵城市专项规划、排水防涝规划、海绵城市建设项目及项目落地的关系传导图。依据海绵城市系统方案确定具体的源头建设项目，依据海绵城市专项规划、排水防涝规划确定海绵城市改造目标，设计单位再结合具体的情况进行方案、施工图设计。

在设计过程中，考虑到建设成本、本底情况，常德市将海绵城市小区改造分为三种类型，即示范型、标准型、简易型（表 4.10）。所谓示范型，主要是展示海绵城市理念，起到宣传教育的作用，该类型的小区包括学校、公园、部分有物业管理的小区、部分机关企事业单位院落，除保障海绵城市建设效果之外，还需要考虑宣传、展示的作用，造价相对较高，但可以通过相关的渠道进行补贴，该类小区如常德市文理学院、屈原公园等；第二类即标准型，该类型小区易于推行海绵城市建设，海绵城市建设条件较好，总体经费也有保证，该类小区以公建为主，包括各类机关事业单位院落，也包括一部分居民类型相对单一的小区，如公务员小区，还包括部分老旧小区，居民改造呼声较高；第三类即简易型，该类型小区主要为居住条件较好的小区，如 2000 年甚至是 2010 年以后新建的小区，该类型小区居民改造的意愿较小，绿化条件较好，改造方式上采用断接雨落管到绿地，有针对性的疏通雨污水管网，消除内涝积水问题。通过以上针对性的施策，推行小区海绵化改造。

表 4.10　海绵城市小区改造分类

改造类型	主要小区类型	改造目的	改造方法
示范型	学校/公园/老旧小区/公建	宣传、展示海绵城市建设，消纳周边雨水	雨水花园、植草沟、人工湿地、透水铺装等
标准型	公建/老旧小区/有物业管理小区	解决居民问题,实现海绵城市目标	调整道路竖向,下沉式绿地,雨落管断接,雨污分流改造
简易型	2000 年或 2010 年后新建小区	滞留雨水	雨落管断接到绿地,雨污分流

在海绵城市建设推进方面，常德市将柏子园、船码头排水分区项目打包为 2 个 PPP 项目包整体推进，PPP 采用 BOT+TOT 的方式，对于已建项目，采用 TOT 方式，对于未建项目，采用 BOT 方式。小区改造项目由市政公用局组织推进，道路公园项目由工程组负责组织推进，屋顶绿化项目由园林局（园林绿化组）负责组织推进。

4.2.2　小区改造

1. 标准小区改造——农发行海绵化改造工程

农发行为柏子园排水分区的典型小区，设计提出"源头截流"的技术路线（图 4.6），通过低影响开发雨水系统构建，改变传统雨水"快排"模式，将雨水径流在源头进行控制。技术路线如图 4.6 所示。

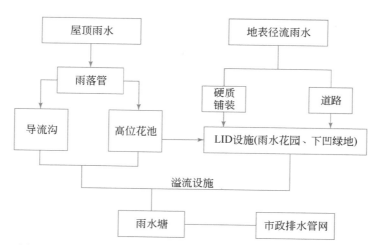

图 4.6　柏子园雨水机埠汇水片区建筑与小区海绵改造技术路线图

依据现状场地条件，因地制宜确定低影响开发设施类型、规模与位置（图 4.7）。1 号汇水分区内绿地面积小且植被覆盖率较高，如对绿地进行下凹处理，势必造成现状植被破坏，故设计采用生态调蓄池对该分区的雨水进行收集与利用；2 号汇水分区绿地面积大，绿地以草地为主，故设计采用雨水花园、下凹绿地等绿色基础设施滞蓄雨水，既能起到调蓄功能，又能丰富植物景观层次（图 4.8）。

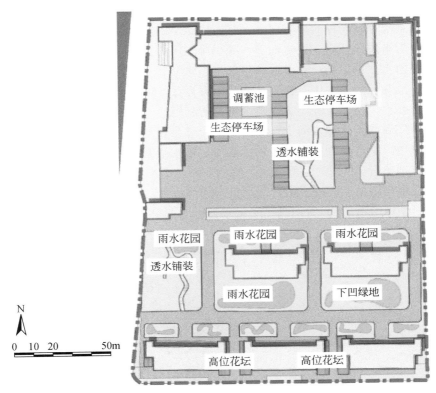

图 4.7 项目海绵设施平面布置图

图 4.8 项目海绵设施布置图（孙晨 摄）

2. 滨河小区改造——净化后直接进入河道

康桥蓝湾小区位于常德市武陵区，项目地块南临穿紫河，西临皂果路。小区总用地面积 55928m²，小区内有一类高层住宅 3 栋，一类高层公建 1 栋，二类高层住宅 2 栋，多层住宅 9 栋，多层公建 4 栋，小区于 2008 年建成并投入使用。小区内有部分雨污合流管网，雨水管局部有破损。针对上述问题采取以下措施减少污染。

（1）控制源头径流污染：严格实行雨污分流制，将小区内合流管网改为分流管网，修复小区内损坏的雨水管；沿小区道路绿化设置生态草沟，大面积绿化内设置下沉式绿地及雨水花园，收集部分地表径流，将雨水净化后排至小区雨水管网；在 S-1#楼平屋顶设置屋顶绿化，缓解雨水屋面径流、净化雨水、减少排水压力。

（2）设置雨水回用设施：在小区多层住宅雨水立管上设置雨水蓄水桶，收集屋面雨水用于小区路面清洗及浇洒绿化；在小区南大门旁设计 150m³ 雨水蓄水池一座，用于绿化浇洒、景观水池补水、路面清洗，实现雨水资源的利用。

（3）将净化后的雨水排入河道：小区南侧毗邻穿紫河，将南侧雨水干管采用顶管方式引至穿紫河岸边，小区南侧雨水先进入蓄水池，蓄水池蓄满后多余雨水排入河道，并在雨水管排出口堆砌卵石，利用河边原有水生植物形成一个小型生态滤池，防止雨水冲刷河岸，净化雨水后排至河道，从而减少市政雨水管网的排放量。

小区海绵城市改造后，一方面满足了雨水管理的要求，另一方面景观效果较好（图 4.9）。

图 4.9　康桥蓝湾海绵城市建设效果（唐双武 摄）

3. 大水面小区改造——发挥调蓄作用

常德市土壤下渗能力较低，在海绵城市改造中，尽量利用地面水体调蓄、净化雨水，以德景园项目为例，该项目为 2014 年新开发项目，小区内部有大型水系，小区本身绿化率较高，基本满足年径流总量控制率的要求。该小区海绵城市改造的主要目标是削减污染物的排放，保障内湖的水质。在设计中，除了源头的生态植草沟、雨水花园、生态停车场及砾石渗沟等措施外，在每个雨水管道末端进入湖体的位置增加了生态湿地，以保证所有的雨水都能经过净化后进入湖体（图 4.10）。

图 4.10　德景园小区海绵城市建设图（洪炜 摄）

4.2.3　道路改造

1. 道路改造技术选型

2013 年起常德市开展"三改四化"，2015 年海绵城市启动时，由于道路改造完成时间较短，道路路面条件较好，大面积道路改造会给市民造成不好的影响。且常德市中心城区所有的雨水系统末端都建设有生态滤池净化排水分区的初期雨水，因此道路改造总体数量较少，但特色比较鲜明，可以代表道路海绵化改造技术类型，能起到技术示范的作用。

新建道路如阳山大道等则通过两旁的低影响开发设施对雨水进行全收集全处理，通过用地的预留，协调好乔灌木用地要求、植草沟用地要求，在机动车道两侧的绿化带建设植草沟，收集和净化机动车道雨水；在非机动车道和人行道建设植草沟，收集和净化该部分雨水径流。新建道路海绵城市建设总体较为简单，其核心在于用地预留、雨水径流组织、协调好乔木灌木用地要求。

本次道路改造案例选取两个项目，两条道路均为中心城区已建项目。一个是柳叶大道改造项目，该项目的技术特点为收集和处理人行道的初期雨水，其他路面的雨水则由排水分区雨水管末端泵站生态滤池处理；另一个是紫菱路道路改造项目，该项目一方面利用植草沟、雨水花园收集处理人行道的初期雨水，另一方面，结合市政管网走向和城市建设用地，在公园内修建雨水净化生态滤池，收集净化机动车道雨水。

2. 柳叶大道海绵化改造——非机动车道雨水收集处理

常德市柏子园雨水机埠汇水片区内，市政道路绿化带植被层次丰富且长势良好，传统绿化带整体下凹的海绵改造方法将对已经生长数年甚至数十年的乔灌木造成破坏，不符合海绵城市生态理念。因此，本方案引入生态蓄水模块设施，探寻既对现状植被最小化破坏，又能达到源头削减目的的道路海绵化改造途径。

柳叶大道为城市主干道（Ⅰ级），四幅路。道路全长 1.35km，红线宽度为 50m，西起武陵大道，东至荷花路，是柏子园雨水机埠排水片区重要的东西向主干道。根据上位规划，该道路年径流总量控制率目标为 48%，对应的设计雨量为 8.5mm。

设计保留原有机动车道及人行道路面结构不变，在人行道与非机动车道之间的绿化带布置生态蓄水模块，通过对现状立道牙开口，将市政道路雨水径流引入 U 形雨水槽，U 形雨水槽内设级配碎石，对雨水进行净化后再排入生态蓄水模块，生态蓄水模块覆种植土，厚度为 30～50cm，滞水深度为 30cm，模块内种植灌木与地被，增强观赏性；种植土垫层设两布一膜进行防水处理，避免因湿陷性黏土造成安全隐患。超标雨水通过内设溢流井排放至市政管网（图 4.11）。

图 4.11　柏子园片区柳叶大道海绵设施实景图（孙晨 摄）

设计可根据现状因地制宜选择生态蓄水模块类型，选址应尽量减少破坏现状植物，一般情况下乔木 2m 范围内以及生长良好的灌木处应避免布置蓄水模块。

3. 紫菱路海绵化改造——分散集中相结合的处理模式

紫菱路道路海绵化改造具有明显的特色，即采用源头+末端的技术模式。该方式考虑到常德市水系较多，机动车道雨水径流通过市政管网收集后进入公园内新建的生态滤池处理，人行道的雨水则通过人行道绿化带内的植草沟净化处理。

紫菱路道路红线宽度 40m，其中机动车道 26m，两侧各 7m 的人行道（3.0m 铺装，4.0m 绿化，4m 的绿化带（2m×2））。但在实际的建设中，绿化也被改成了硬化铺装，绿化带难以对道路雨水进行收集处理，因此，结合城市用地，采用源头+末端的方式处理（图 4.12）。

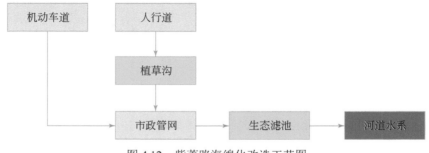

图 4.12　紫菱路海绵化改造工艺图

4.2.4　公园改造

1. 屈原公园——公园绿地收集处理道路雨水

屈原公园位于沅安路以北、芙蓉路以东、护城河以南的狭长区域，占地约 23hm²。公园紧邻沅江，地下水埋深大于 1m；公园周边有多个小区，人流量大。公园填沙而成，渗透性好，渗透系数大于 10^{-5}m/s。

位于屈原公园南侧的沅安路，面积约 6hm²，道路硬化度高，路面雨水径流通过沿线的 3 个排水口，排入护城河。

根据沅安路排水口的位置，将沅安路和九重天小区的雨水径流从三个位置输送到屈原公园的海绵设施中，分区收集和处理雨水（图 4.13）。

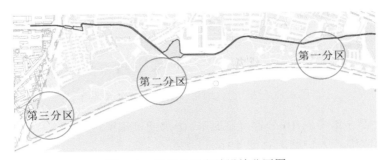

图 4.13　屈原公园海绵设施分区图

屈原公园土壤渗透性好，通过设置植草沟对园内的雨水流向进行引导并下渗，超过设计标准的雨水进入护城河和公园内部水体。

海绵设施共三分区进行布局，每个分区设计理念和布局较为类似，此处仅以第一分区为例进行阐述。海绵设施包括：生态滤池、水渠和下沉式绿地（图 4.14）。

图 4.14　第一分区海绵设施分布图

小雨（小于 5 年一遇 10 分钟降雨时），九重天小区和沅安路的初期雨水汇入生态滤池进行净化，净化后出水经滤池底面的渗管收集送到护城河（图 4.15）。

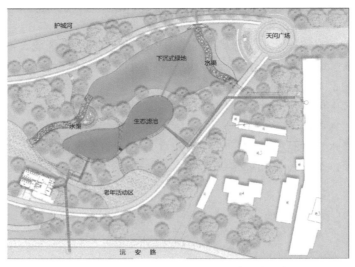

图 4.15　第一分区海绵设施小雨时雨水路径

大雨时（大于 5 年一遇 10 分钟降雨时），雨水通过水渠进入下沉式绿地。雨水尽可能下渗，超标准雨水溢流入护城河（图 4.16）。

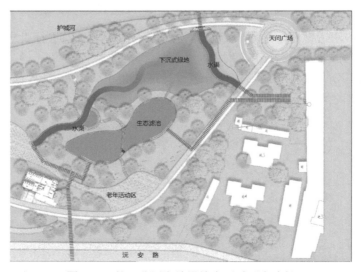

图 4.16　第一分区海绵设施大雨时雨水路径

2. 滨湖公园—公园水生态系统恢复

滨湖公园面积 27.27hm²，水域面积 15hm²，湖面被湖中岛和堤岸分割成四个湖区，各子湖之间通过桥孔相互连通。改造前公园存在四大问题。

（1）排水问题：公园内公厕污水经化粪池处理后排入滨湖公园水体；公园西南侧一栋老居民楼生活污水直接排入公园水体。

（2）面源污染问题：公园内水体无雨水收集管渠，湖水水面低于周边路面，初期雨水大部分汇流进入湖内。

（3）水生态问题：公园内水体缺乏大型水生植物；鱼群种类以人工养殖的草食性鱼类为主；硬质护坡等造成水生态系统不健全，水体自净能力差。

通过埋设支管，收集居民楼污水和公厕污水，完善污水收集管网，消除居民生活污水直排入湖。

建设自然生态驳岸和亲水型生态驳岸，并对硬质驳岸进行生态改造。建设下沉式绿地，削减地表径流中污染物，控制面源污染；利用水陆交错带水-土（沉积物）-植物系统的过滤、渗透、滞留、吸收等功能，通过生物带自然渗透，涵蓄雨水；结合景观设计、选用合适植被，美化环境（图 4.17）。

(a) 自然生态驳岸　　　　　　　　　　　　(b) 亲水型生态驳岸

图 4.17　生态岸线改造图（马泽民　摄）

1）水生植物种植

在湖泊靠近沿岸区域，常水位水深≥1.2m 水域分区块分品种混种沉水植物，种植比例为湖水面积 40%。

植物品种考虑冷暖季搭配，选择品种有暖季植物苦草、轮叶黑藻、马来眼子菜等，冷季植物常绿植物金鱼藻、狐尾藻等。苴草应在每年冬季采用石芽撒播方式种植；其他沉水植物种植时间选择在每年春季，采用成苗移栽方式种植（图 4.18）。

(a) 苦草　　　　　(b) 轮叶黑藻　　　　(c) 马来眼子菜　　　　(d) 金鱼藻　　　　(e) 狐尾藻

图 4.18　沉水植物种类（马泽民　摄）

在湖岸内未有挺水植物分布的浅水区（常水位水深≤0.6m）种植挺水植物，采用在岸边打松木桩、铺设种植土层、保证种植水深不大于0.4m的方式种植。挺水植物占岸线四分之一的长度，挺水植物种植品种主要为美人蕉、梭鱼草、鸢尾、香蒲、菖蒲、伞草（图4.19）。

(a) 美人蕉　　　　　　　　　　　　(b) 梭鱼草

(c) 鸢尾　　　　　　　　　　　　(d) 香蒲

(e) 菖蒲　　　　　　　　　　　　(f) 伞草

图4.19　挺水植物种类（李星　摄）

在沿岸水深0.8～2.5m的水域分区块、分品种点缀种植，约占区段总水面积的2%。种植品种有多种睡莲并搭配荇菜、芡实等少量浮叶植物（图4.20）。

(a) 芡实　　　　　　　　　　　　(b) 荇菜

(c) 红睡莲　　　　　　　　　　　　(d) 白睡莲

图 4.20　浮叶植物种类（马泽民 摄）

2）鱼类种群结构优化与调整

设计向湖泊中投放滤食性鱼类，主要为鲢鱼、鳙鱼，如表 4.11 所示。

表 4.11　初期鱼类放养品种和数量

放养品种	规格/（kg/尾）	投放比例/（尾/hm²）	工程量/kg
鲢鱼	0.03～0.06	6750	6032
鳙鱼	0.03～0.06	2250	2011
乌鳢	0.05～0.1	1125	1676

3）底栖动物结构优化与调整

设计向湖泊中投放的底栖动物，主要为当地湖螺、湖蚌，如表 4.12 所示。

表 4.12　底栖动物放养品种和数量

放养品种	投放比例/（kg/hm²）	工程量/kg
当地湖螺	600	8906
当地湖蚌	300	4453

4.2.5　绿色屋顶建设

1. 适应性及建设方式

2015 年年初常德市中心城区有绿色屋顶 11.2hm²，均为 2006 年后建成，约占常德市现状屋顶的 1.25%。绿色屋顶主要分布于江北城区，分布相对较为均匀，常德市具有较好的绿色屋顶建设现实基础。

常德市属于中亚热带湿润季风气候向北亚热带湿润季风气候过渡的地带。气候温暖，四季分明，热量丰富，雨量丰沛。常德市年平均气温 16.7℃，年降水量 1200～1900mm。常德市降水相对均匀，适合建设绿色屋顶，常德市具有较好的绿色屋顶建设气候基础。

数据显示，花园式屋顶绿化可截流 64.6% 的雨水，简易式屋顶绿化可截流 21.5% 雨水。此外，屋顶绿化抑制二次扬尘的功效也不容轻视，花园式屋顶绿化平均滞尘率为 31.13%，简式屋顶绿化平均滞尘率也达到 21.53%；绿色屋顶建设具有较好的海绵城市建设需求基础。

常德市制定了《常德海绵城市建设佛甲草应用屋顶绿化技术要求》，明确新建建筑绿化屋顶结构承载力设计应包括种植荷载。既有建筑屋顶改造成绿色屋顶时，荷载应在屋顶结构承载力允许范围内。荷载安全应符合《建筑结构荷载规范》（GB 50009—2012）的相关规定。根据评估常德市中心城区适合绿色屋顶建设的面积约为 20 万 m^2，因此，常德市具有较好绿色屋顶建设基础。常德市中心城区绿化屋顶分布如图 4.21 所示。

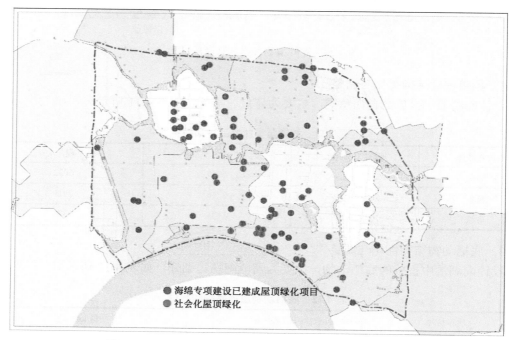

图 4.21   常德市海绵城市建设屋顶绿化已完成项目分布图

常德市的绿色屋顶分为三种形式，分别为花园式、标准式、托盘式等。三种形式的估价分别为：佛甲草毯 180 元/m^2，一体化草盘 230 元/m^2，精品花园均价 350 元/m^2。其中以佛甲草毯、一体化草盘应用最为广泛。

新型环保种植盘被录入全国《海绵城市建设先进适用技术与产品目录（第一批）》，经联合申报已获得国家实用新型专利证书，并得到了常德市园林局的肯定，作为全市屋顶绿化项目指定使用草盘大力推广。

2. 屋顶菜园建设

屋顶菜园因其紧密结合市民生活与海绵城市建设要求，其理念可以推广。常德的屋顶菜园分为三类：一是企事业单位平顶现浇屋顶菜园；二是市民无产权纠纷平顶现浇屋顶菜园；三是项目部租赁的平顶现浇屋顶菜园（蔬菜种植可进行售卖）。

屋顶菜园的建设流程为：小区宣传调查→市民自愿申请→楼顶平面或阳台形状绘制→屋顶菜园平面设计 CAD 效果图→市民校正与确认 CAD 效果图→楼面垃圾清理及渗漏检查→种植箱安装及摆放→种植箱覆土及平整→铺设箱体与箱体之间仿真草皮→屋顶菜园施

工与验收→首期种植规划实施→资料建档存档。

在海绵城市建设中，常德市推出了免费搭建屋顶生态农场的活动。免费建设屋顶生态农场的要求：①楼顶+空坪+种植土；②非楼顶+超大阳台+种植土。屋顶生态农场（百变种植箱）材料：食品级 PP 材料，保水蓄水设计，10 年使用寿命。蔬菜种植箱的模板如图 4.22 所示。

(a) 模板一

(b) 模板二

(c) 模板三

图 4.22　屋顶菜园模板图（德丽思　摄）

渗漏检查及确认是施工过程当中要引起高度重视的施工重点，可通过走访、查看、试水等方式进行检测；施工过程中，使用电梯可能引起扰民或安全隐患，一是加强安全教育；二是电梯运送物料必须两人操作；三是电梯运送物料尽量选择业主休息时间，并做到业主优先，不扰民。

种植箱安装过程中，底盘必须平整，卡扣、接杆、侧板必须做到紧实到位，无缝隙。因此，种植箱安装完成后，必须进行质检，才能覆土。标准种植箱 2.5m×1m=2.5m²，装纯田园土 350kg（已做过多次试验）。为更进一步减轻屋面荷载，采用锯末掺混的改性土壤，土与锯末（锯末密度为 0.4～0.6）的比例为 7∶3，每次种植土拌和，严格控制土与锯末的比例。

2017 年，完成 2 个试点项目——日报社和德馨花苑（图 4.23），共计约 600m² 的竣工验收。2018 年该项目已全面铺开，包括机关院落、居民小区等，截至 2018 年年底，共计实施约 1.2 万 m²。

图 4.23 屋顶菜园建成效果（德丽思 摄）

4.3 污水管网建设与改造

4.3.1 机埠泵站不明来水检测

1. 不明流量监测

2015 年船码头泵站建成后，发现①旱天船码头机埠 2 号池积水，积水量超过了设计标准。水较黑，且发臭，附近居民意见较大；②根据机埠工作人员反映，此现象不是短期的，预计来水量为 0.7m³/s 左右，超过设计能力 30%，每天近 6 万 m³；③该机埠设计前流量 0.3m³/s，每天 2.6 万 m³/s 左右，设计后送往市净化中心的流量是 0.5m³/s，每天 4 万 m³ 左右。为追溯机埠不明来水量，常德市开展了船码头机埠不明来水调查。

由于排水管网埋藏于地下，管网数量多、范围广，且管道内部水力和水质条件复杂，环境恶劣，通常监测排水管网的成本和实施风险较高，因此在选择监测点时不仅要考虑监测的目的，还须充分考虑实用性、代表性和可行性等要求，做到分散与集中相结合。本次通过遵循图 4.24 所示技术路线确定流量监测试点工作的监测井位置。

在进行现场勘查时，需对以下要点进行判断记录：

（1）周围环境状况：交通是否易达，是否有供电条件，是否有通信条件等；

（2）检查井状况，这主要为设备安装便利提供前提条件；

（3）管内水流状况：是否有湍流，淤泥程度是否严重，水面是否平稳等；

（4）管道自身情况：管径，埋深等数据，进行实测获得；

（5）异样现象记录：包括溢流、堵塞等状况的记载。

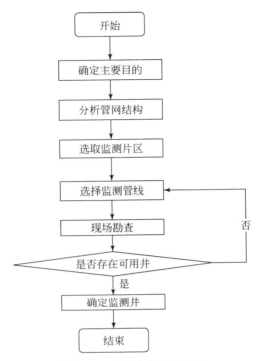

图 4.24　监测点筛选流程图

本次确定 3 个监测点，信息如表 4.13 所示。

表 4.13　监测点信息表

序号	监测点位置	详细位置	管径	管材
1	泵站 A 入水口干管	滨湖路与皂果路交会处	W3970mm×H1830mm	砼
2	出水口干管监测点	洞庭大道与皂果路交会处	直径 70mm	砼
3	滨湖路干管监测点	滨湖路与芙蓉路交会处	W3000mm×H2050mm	砼

以监测点 3 为例，说明现场信息记录要求如表 4.14 所示。

表 4.14　监测点信息记录

指标	记录	是否符合指标条件
通讯方面	√好　一般　时有时无　不好　完全无信号	√
交通方面	现场位于十字路口或者与十字路口相邻	√
	现场位于高速公路（速度>45km/h）或者公路密集地方	×
	现场在高峰期会发生交通拥堵	√
进入条件	现场位置存在进入障碍（地形崎岖、栅栏、深入其他建筑）	×
密闭空间	密封空间里没有阶梯	×
	密封空间深度超过 5m	√

续表

指标	记录	是否符合指标条件
密闭空间	密封空间有内部平台、堰，或是其他干扰或阻碍垂直检查的障碍物	√
	由于深度、流速、管径或者工业废水导致污水危害性很大	√
	水量过载或是雨后会导致过载	×
其他情况	水中淤泥及杂质严重	√
	靠近泵站或污水厂	√

本次试点使用 FlowSharkTriton 流量计。该流量计采用速度面积法，能够较为精确的得到瞬时流量、流速、液位以及累积流量。FlowSharkTriton 流量计采用峰值组合传感器，实际上是将 4 种传感器组合在一起。这 4 个传感器是：超声波深度传感器、压力深度传感器、温度传感器、峰值速度传感器。

FlowSharkTriton 流量计基本的检测原理是通过用多普勒法测量速度：压力传感器测量液位，用超声波深度传感器补偿液位，再用温度传感器测量温度修正液位（温度影响介质密度），从而获得更精准的液位和流速，在此基础上精确地计算出流量。

根据流速测量原理，传感器实际检测的速度是从传感器往里 3m 处的流速。这样即使传感器被安装在井口，检测的速度也是从井口往里面 3m 处的管道内部的污水流速，这要求管网顺直的长度在 3m 以上。

FlowSharkTriton 流量计的准确度在实验室能达到 2%以内。由于具体的现场使用环境千差万别，污水水质在不同地点甚至同一地点的不同时间段也可能有很大差别，所以现场没有实验室的准确度高，也没有一个固定的数值。经过大量实际现场使用，FlowSharkTriton 流量计的准确度能保证在 5%以内，多数情况下能到 3%以内。

在监测的过程中，由于总共只有 4 台设备，采取移动监测，每个监测点的时间约为 24 小时，以识别不明来水量，通过监测表明：

第一，污水泵未达到设计标准要求。调查之初，对入水口和出水口分别进行监测。第一天，总进水量在 5.4 万 m^3 左右，可监测的出水量只有 2.2 万 m^3。由于担心出水流量计可能存在问题，第二天，在出水口多加了一台流量计，从监测结果来看，两台流从计读数基本接近，约为 5 万 m^3 左右，之后的几天的连续监测，出水量都在 5 万 m^3 左右。监测的这几天，2 号池的积水都很少。该结果表明，污水泵的功率，因人员操作不到位或其他原因，疑似未达到设计要求。

第二，汇水区外来水较多。根据设计管网，船码头机埠排水分区北至滨湖路，南至人民路，东至朝阳路，西至芙蓉路。但是，汇水区外的芙蓉路以西北向南流入 0.2 万 m^3，西向东流入 0.8 万 m^3，洞庭大道西向东流入 0.35 万 m^3，竹叶路西往东流入 0.5 万 m^3，每天来水约 1.8 万 m^3，大大增加了船码头机埠污水泵的负担。

2. 管网检测对象

城市污水管网众多，一般分为市政主干管、市政支管、小区管网。常德市在雨水管末端排口建立机埠，旱天将雨水管混接的旱流污水排入市政污水干管，雨天将初期雨水收集后排入市政污水干管，将部分初期雨水调蓄后排入生态滤池，由于泵站机埠设计的核心在于水位控制，当水位发生异常时，泵站机埠系统运行不稳定，甚至出现系统崩溃问题。因此，必须对市政污水干管进行检查，控制调蓄池中的水位，确保泵站健康运行。

为保证污水能够顺利到达江北污水净化中心，需对以下机埠排污出水管道进行检测，并根据检测结果进行改造，改造后将减少雨水渗入量与污水流失量，可提高污水处理厂的进水 COD 浓度。具体需检测管道如图 4.25 所示。

(a) 夏家垱机埠至粟家垱机埠污水主干管

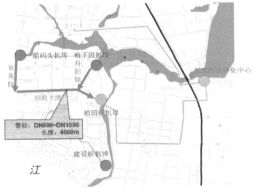

(b) 船码头机埠、柏子园机埠至柏园桥机埠污水主干管

(c) 柏园桥机埠–青年路–建设桥机埠污水主干管

(d) 青年路至江北污水净化中心污水主干管

(e) 杨武垱至江北污水净化中心污水主干管

图 4.25　污水主干管检测分布图

需对连接机埠的排污水管道进行清淤检测，检测完成后需根据检测结果进行改造。

3. 管网检测与评估

管网检测公司对常德市江北城区船码头机埠排水分区进行排水管网调查、窨井清捞和排水管道的清洗疏通、CCTV 检测，检测工程量如表 4.15 所示。

表 4.15 检测管道实际完成工作量统计表

管径/mm	DN200	DN400	DN500	DN600	DN700	DN800
清洗疏通、CCTV 检测/m	2	3261.1	10	239.5	207.8	619.8
管径/mm	DN 1000	DN 1100	DN 1200	3000×1800	3500×2100	总计
清洗疏通、CCTV 检测/m	199.5	200	150.5	659.5	732.7	6282.4

本次检测评估采用《上海市公共排水管道电视和声纳检测评估技术规程》标准，对检测的管网进行评估，结果如表 4.16 所示。

表 4.16 CCTV 检测管道缺陷汇总表

缺陷类别	不同级别管段个数			
	1 级（轻微）	2 级（中等）	3 级（严重）	4 级（重大）
PL（破裂）	0	21	10	2
BX（变形）	0	0	0	—
CW（错位）	0	22	2	0
TJ（脱节）	0	1	3	0
SL（渗漏）	0	3	3	0
FS（腐蚀）	0	0	0	—
JQ（胶圈脱落）	0	0	0	—
AJ（支管暗接）	0	3	0	0
QR（异物侵入）	0	3	1	—
CJ（沉积）	0	0	0	—
JG（结垢）	0	0	0	—
ZW（阻碍物）	0	0	0	—
SG（树根）	0	0	1	—
WS（洼水）	0	0	1	—
BT（坝头）	0	0	0	—
FZ（浮渣）	0	0	0	—

注：本次 CCTV 检测共 181 段管道。"管段个数"代表存在某一缺陷类别的管段数目。

部分管段 2 级以上结构性缺陷检测结果见表 4.17，具体的破损情况如表 4.18 所示。

表 4.17　部分管段结构性缺陷统计表

管段	管径/mm	长度/m	缺陷			备注
			类型	级别	位置/m	
CFRLY18—CFRLY17	400	29.2	破裂	2	4.0	
				3	8/13.8/14.7/26	

表 4.18　部分管段结构性缺陷分析表

缺陷管段指标		缺陷管段图像
管段编号	CFRLY18—CFRLY17	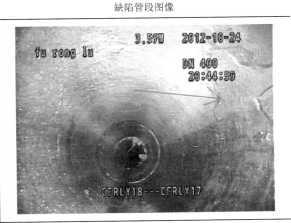
图片编号	01	
缺陷名称	PL	
等级	2	
距离/m	4.0	
时钟表示	03	

2 级（裂口）：
破裂处已形成明显间隙，但管道的形状未受影响且破裂处无脱落。

管段编号	CFRLY18—CFRLY17	
图片编号	02	
缺陷名称	PL	
等级	3	
距离/m	8.0	
时钟表示	1004	

3 级（破裂）：
管道材料破裂。

管段编号	CFRLY18—CFRLY17	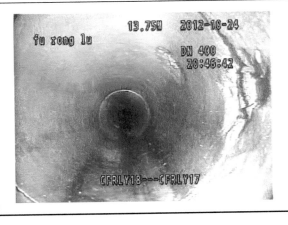
图片编号	03	
缺陷名称	PL	
等级	3	
距离/m	13.8	
时钟表示	03	

3 级（破裂）：
管道材料破裂。

续表

缺陷管段指标		缺陷管段图像
管段编号	CFRLY18—CFRLY17	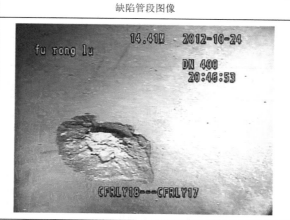
图片编号	04	
缺陷名称	PL	
等级	3	
距离/m	14.7	
时钟表示	02	
3 级（破裂）： 管道材料破裂。		
管段编号	CFRLY18—CFRLY17	
图片编号	05	
缺陷名称	PL	
等级	3	
距离/m	26.0	
时钟表示	12	
3 级（破裂）： 管道材料破裂。		

根据结构状况评估，修复指数不小于 7 的占 2.2%，修复指数为 4～7 的占 5.5%，管网修复指数小于 4 的占 92.3%（表 4.19），总体管道结构较好，但由于部分严重损坏的管道，导致污水管道总体功能降低。

表 4.19　CCTV 检测管段修复指数 RI 统计表

修复指数	管段数	占比/%
RI＜4	167	92.3
4≤RI＜7	10	5.5
RI≥7	4	2.2

根据修复指数，评价管网结构状况，确定管段修复方案（表 4.20）。

表 4.20　管道结构性状况评定和修复建议

修复指数	RI＜4	4≤RI＜7	RI≥7
等级	一级	二级	三级
结构状况总体评价	无或有少量管道损坏，结构状况总体较好	有较多管道损坏或个别处出现中等或严重的缺陷，结构状况总体一般	大部分管道已损坏或个别处出现重大缺陷
管段修复方案	不修复或局部修理	局部修理或缺陷管段整体修复	紧急修复或翻新

根据管道淤积状况评估，污水主干管养护指数均小于 4（表 4.21），城市管段总体淤积情况不算严重，可以结合淤积管段进行清淤维护。

表 4.21　CCTV 检测管段养护指数 MI 统计表

养护指数	管段数	占比/%
MI＜4	181	100
4≤MI＜7	0	0
MI≥7	0	0

根据管网养护指数，推荐管网养护建议，如表 4.22 所示。

表 4.22　管网养护建议

MI 范围	MI＜4	4≤MI＜7	MI≥7
等级	一级	二级	三级
功能状况总体评价等级	无或有少量管道局部超过允许淤积标准，功能状况总体较好	有较多管道超过允许淤积标准，功能状况总体较差	大部分管道超过允许淤积标准，功能状况总体较差
管道养护要求	不养护或超标管段养护	局部或全面养护	全面养护

注：以上建议为《上海市公共排水管道电视和声纳检测评估技术规程》中的标准。

4.3.2　污水管网系统改造与修复

1. 雨污混接点接顺

根据对管网检测情况，对主要混接点进行改造。对于混接点，主要接顺雨污管。以某一片区混接点改造为例：图 4.26 为 10 个混接点所在位置，可以看出混接点所有雨污水最终都流入滨湖路雨水箱涵，形成混接。通过将错接污水管接顺，消除主要的混接点（表 4.23）。

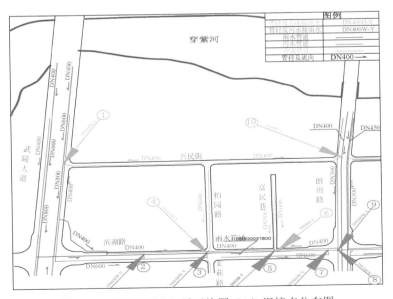

图 4.26　柏子园汇水区域区块图（A）混接点分布图

表 4.23 柏子园汇水区域区块 A 混接点说明

编号	混接点说明	改造方案
1	兴民街 DN400 合流主管接入武陵大道雨水主管	
2	滨湖路南侧 DN600 污水主管接入滨湖路雨水箱涵	
3	滨湖路、茉莉路口 DN800 污水主管接入雨水箱涵	
4	柏园路 DN600 合流主管接入滨湖路雨水箱涵	
5	富民巷西侧 DN500 合流主管接入滨湖路雨水箱涵	就近接入污水管网
6	富民巷东侧 DN600 合流主管接入滨湖路雨水箱涵	
7	滨湖路、朗州路口 DN600 污水主管接入滨湖路雨水箱涵	
8	郎州路、滨湖路口南侧 DN300 污水主管接入滨湖路雨水箱涵朗州路雨水主管	
9	郎州路、滨湖路口北侧 DN300 污水主管接入滨湖路雨水箱涵朗州路雨水主管	
10	兴民街 DN400 合流主管接入朗州路雨水主管	

2. 污水管网改造与修复

结合棚改路改，改造小街小巷 118 条，改造污水管网 9497.9m，改造合流制管网 22607.3m（表 4.24）。

表 4.24 小街小巷管网改造统计表

管径/mm	污水管/m	合流管/m
300	43.0	1499.4
400	1551.1	4215.2
500	5032.2	9378.2
600	1996.8	5747.4
800	874.8	1265.4
1000	—	501.7
合计	9497.9	22607.3

其他道路管网雨污分流改造结合道路改造实施。污水主干管的修复可采用人工开挖的方式进入，管径小的主干管可以采用非开挖方式施工。管道的改造与修复主要包括如下工作：

（1）管道做好封堵、排水等工作，必要时需设置临时排水措施，保证管道的正常排水；

（2）排水管道 CCTV 检测；确保修复前，管道内管壁清洗干净，无污泥覆盖；

（3）对于影响修复质量的管道状况，在进行修复前必须进行处理，使管道满足非开挖修复要求；

（4）对于采用局部修复的管道，必须保证其修复后管道缺陷点无渗漏、破裂等缺陷；

（5）对于采用 CIPP 修复的管道，必须保证其修复后管道内部光滑，无明显的褶皱和鼓包；

（6）对于采用 CIPP 修复的管道，必须保证其修复后材料力学性能满足排水管道的管道材料力学性能要求；

（7）修复后，必须及时拆除封堵、不得遗漏。

管网修复前后的结果如图 4.27 和图 4.28 所示。

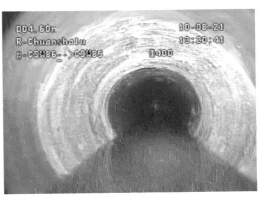

图 4.27　管道修复前　　　　　　　　　　图 4.28　管道修复后

3. 污水检查井及合流制小区溢流井改造

改造检查井 390 套（图 4.29 和图 4.30），结合管网的改造，修筑溢流井 270 座。

图 4.29　检查井修复前（林龙辉　摄）　　　图 4.30　检查井修复后（林龙辉　摄）

在小区合流制管道连接城区市政污水管的交接处设置截流井，可以完成晴天截流以污水为主的小区合流制排水进入城区污水管网，雨天则溢流进入城区雨水管网。

小区截流井的主要有 3 种：①截流槽式截流井；②溢流堰式截流井；③跳跃堰式截流井（较少应用，略）。

1）截流槽式截流井

A. 优点

设置截流槽式截流井无须改变下游管道，可由已有合流制管道上的检查井直接改造成，一般用于现状污水管道改造。

B. 缺点

（1）截流量难以精确控制，必须经过严格的设计计算来确保雨季大部分的雨水要溢流进入雨水管道。

（2）必须满足溢流排水管（新建雨水连接管）管内底标高大于溢流管排入水体的水位高，否则将引起雨水倒灌。

（3）溢流管（雨水管道）管内底标高要大于截流管管内底标高。

C. 适用范围

主要用于溢流管（雨水管）管底标高高于截流管（污水管）的情况。

2）溢流堰式截流井

A. 优点

（1）能够通过堰高的调整较好的控制雨天进入截流管（污水管）的流量。

（2）对溢流管（雨水管道）的标高适应范围比截流槽式截流井广。

B. 缺点

（1）必须满足溢流排水管（新建雨水连接管）管内底标高大于溢流管排入水体的水位高，否则将引起雨水倒灌。

（2）施工较截流槽式截流井复杂。

C. 适用范围

主要用于溢流管（雨水管）管底标高小于或等于截流管（污水管）的管底标高时。

4.4 雨水管网及泵站建设与改造

4.4.1 雨水箅子改造

试点范围内改造雨水口 385 套，其中针对积水点改造有青年路药监局门口、荷花路与常德大道交会处等 20 处，如图 4.31 所示。

4.4.2 内涝积水点管网改造

结合棚改路改，改造小街小巷 118 条，改造雨水管网 9372.7m，消除小区雨水管网空白区（表 4.25）。

图 4.31　光荣路与洞庭大道交会处雨水箅子改造（林龙辉　摄）

表 4.25　小街小巷雨水管网改造统计表

管径/mm	雨水管/m
300	83.9
400	1608.8
500	2006.7
600	2248.1
800	1344.0
1000	2081.2
合计	9372.7

以解决内涝积水点为导向，对市政雨水管网进行改造。以洞庭大道（武陵大道至朗州路路段）积水点改造为例，说明积水点管网整治与改造。

现状洞庭大道（武陵大道至朗州路路段）雨水管道 DN500-DN600 共计 1150.27m，污水管道 DN800-DN1200 共计 1179.43m，雨污水检查井 66 座，市政管网为雨污分流管网。

针对该区域积水问题，首先委托市政公司采用 CCTV 检测技术对该路段管道进行彻底的体检，检查管道出现的问题（图 4.32～图 4.35），而且对该区域的整个管道进行系统清淤疏通，从而提高整个排水系统应对极端天气的能力。

加大雨季巡查力度。在极端天气中，对重点区域安排专人蹲点巡查，并安排安全护栏、警示标志等内涝物资。

为加大排水能力，对洞庭大道与武陵大道交叉口埋设了 DN1500 雨水管，并打通了洞庭大道与武陵大道的排水管径卡点，确保上游雨水顺利下排。

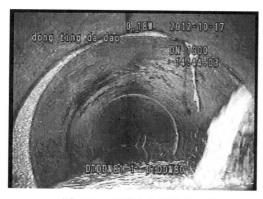

图 4.32 管道内大量渗水喷射

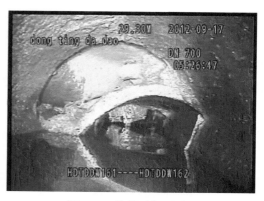

图 4.33 管道破损严重

图 4.34 管道内大量建筑垃圾

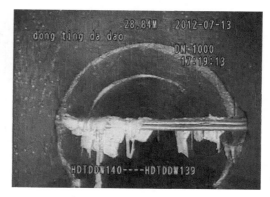

图 4.35 管道内异物穿入

4.4.3 分流制泵站及调蓄池改造

生态滤池作为初期雨水或者合流制溢流污水的处理设施，年负荷率是非常重要的设计参数。过高的处理量将导致生态滤池的效率下降和寿命降低，这个指标在德国一般为60m/a。在常德项目中，考虑本地的年平均气温比德国高 5～10 度，生物活性高，处理效果有明显的改善，基于在越南项目经验，在常德的蓄水型生态滤池设计中，采用了最大累积进水高度设计为 100m/a 的年负荷率。

在配置后续生态滤池的情况下，调蓄池的池体容积有限，水力停留时间比较短，其关键功能为去除部分大颗粒悬浮物，保护后续生态滤池不被堵塞，一般能去除约 15%的污染物，污染物主要由生态滤池去除（80%）。

按照《常德市海绵城市建设系统方案》，采用源头+过程+生态滤池控制初期雨水的技术方案，源头大于 7mm，削减初期雨水污染负荷的 45%；根据常德的实践经验，初期雨水集中式处理规模为 7mm。穿紫河流域生态滤池可处理初期雨水污染负荷（COD）为 8232kg/场次，占初期雨水污染的 63.2%。合计通过源头低影响开发（7mm）+生态滤池（7mm）可以消除初期雨水污染。

在此基础上，对城市污水管网进行修复，对合流制小区进行溢流井改造。要求污水混接入雨水管网的污染负荷削减 50%以上。同时通过管网调蓄池调蓄，确保年径流总量控制率达到 78%，降低溢流频次。

通过沉淀池、调蓄池和蓄水型生态滤池对混流雨污水进行沉淀、调蓄和净化，为穿紫河提供清洁水源。通过增加调蓄池的调蓄容积，提高对雨污水的调蓄能力。以船码头机埠及生态滤池为例，介绍其主要组成部分。该工程主要包括以下几个组成部分。

（1）封闭式沉淀池（1a 池+1b 池）：7000m³。

1a 池+1b 池：长 67m，宽 58m，最大高度 6m；冲刷廊道 12 条；封闭式沉淀池内设 12 面百叶潜水挡墙。

采用德国门式反冲洗设备，封闭式沉淀池均设置于停车场下，防止臭气外泄。

（2）开放式调蓄池（2 号池）：1.3 万 m³。

（3）污水泵站：满足现状污水流量，非降雨期来水量为 0.5m³/s，远期随着污水管错接雨水管的情况改善，来水量将减少，预期未来非降雨期来水量为 0.3m³/s。

（4）雨水泵站：总排水能力 12.6m³/s。

沉淀池进水口设计 COD 浓度为 77～88mg/L；污水泵站进水口设计 COD 浓度为 154～198mg/L，旱季流量约为 0.5m³/s。

非降雨期、小雨/中雨期、暴雨期和降雨结束后，沉淀池、调蓄池、雨污泵站和蓄水型生态滤池相应的运行工况如下。

非降雨期：来自污水干渠的污水通过污水泵站泵入污水处理厂，1 号池提供 2mm 的调蓄空间以调蓄不明来水（图 4.36）。

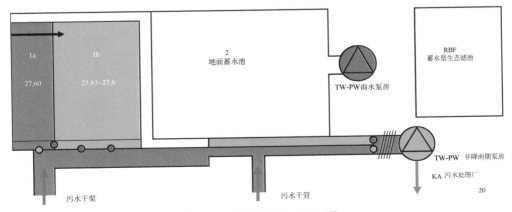

图 4.36　非降雨期来水工况图

小雨/中雨期：1 号池提供 2mm 调蓄空间，2 号池提供 5mm 调蓄空间。此时污水泵站不运行，混流雨污水通过雨水泵站从 2 号池排入蓄水型生态滤池（3mm 调蓄空间）（图 4.37）。

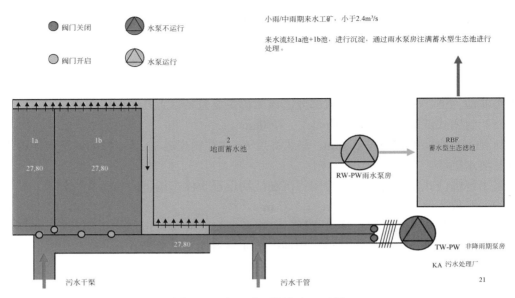

图 4.37   小雨/中雨期来水工况图

大雨期：即超过 10mm 的雨水量时，来水量大于 2.4m³/s 时，雨水经 1 号池、2 号池通过雨水泵站排入水体（图 4.38）。

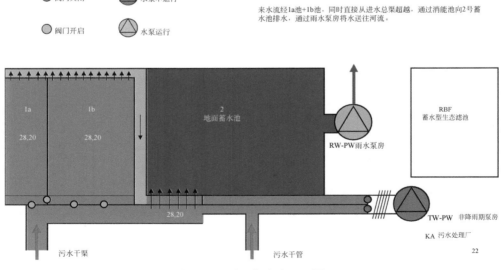

图 4.38   暴雨期来水工况图

降雨结束反冲洗：开启反冲洗门，通过水将 1 号池底部的沉积物冲入污水管网，并送入污水处理厂（图 4.39）。

下游污水管道直径为 600mm，传输约为能力 0.25m³/s 左右。1 号池冲洗时，排空时间约为 2 小时，并定期冲洗，系统运行良好。

2 号调蓄池建设成混凝土盖板的调蓄池，并在上面建设雨水花园。调蓄池设计高水位

28.5m，溢流水位 29.7m，池底 26.8m。

降雨结束反冲洗工矿

在冲洗过程中来水在管网及配水槽内停留冲洗用水送往污水处理厂。

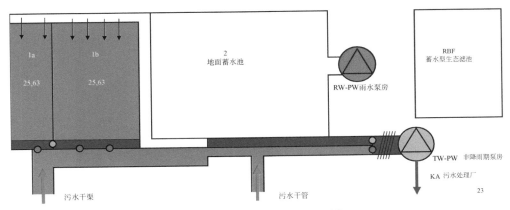

图 4.39　降雨结束后冲洗工况图

　　蓄水型生态滤池：占地面积 8400m²，蓄水容积 8400m³，项目中使用中砂作为滤料，鉴于滤料级配资源选择有限，滤料的选择应根据天然砂场供应砂的情况来进行现场检测与确定。在设计和施工良好，且前置沉淀池运行良好的情况下，滤料可长期使用，无须更新。在满水的情况下，生态滤池的水力停留时间为 24 小时。

4.4.4　合流制排水泵站系统改造

　　为保障合流制雨水系统平均溢流浓度小于 30mg/L（COD），其核心在于合理的选取截流倍数和其辅助设施，如溢流池。国内关于合流制的截流倍数和溢流池的规模有比较大的争议，或者不同的观念。在部分城市甚至提出了 5 倍的截流倍数，来解决对河道或者湖泊的污染问题。过高的截流倍数将导致排水管网建设造价过高和污水厂来水量过大，从而导致污水厂的流量变幅大，稳定运行困难。选择适度的截流倍数很关键。

　　在常德的项目中，采用两种方案，即合流制雨水溢流池后面配有蓄水型生态滤池的情况下采用 1 倍的截流倍数，即 2 倍的污水流量加不明来水流量作为进入污水处理厂的限制流量。而在合流制雨水溢流池后面没有蓄水型生态滤池的情况下采用 2 倍的截流倍数，即 3 倍的污水流量加不明来水流量作为进入污水处理厂的限制流量。

　　经过数学模型的方案比选论证，这个方案是性价比最理想的。雨水溢流池的体积取决于土地空间，以及其他因素，可以为 1.5～5mm。可以尽可能将溢流水就地净化后作为补充水源给河道，减轻污水厂和截污干管的压力。

　　在系统设计中，对合流制的超越溢流还需要设计细格栅，如 5mm 的格栅间距，来截流溢流的污染物。由于合流制排水分区老城区居多，老城区改造难度大，源头小区改造以削减污染物、削减水量为主，一般为控制水量为 4mm。通过该技术组合，保障溢流污染物平均浓度小于 30mg/L。

以护城河老西门泵站为例，说明合流制泵站的改造（图 4.40）。首先在护城河两岸建设两条截污干管，截流倍数取 3。将合流雨污水导入污水调蓄池，通过泵站输送到沅安路污水压力干管。将接入护城河的合流制管网封堵。

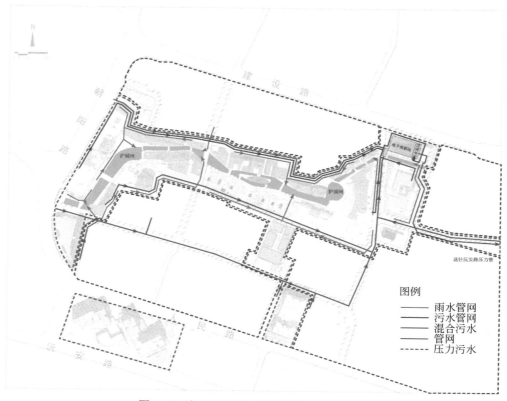

图 4.40 老西门棚改区截污管网改造平面图

污水截流调蓄池与泵站的建设：在项目区域的东北角设置 2000m³ 的截流调蓄池与泵站。合流制雨污水分为 3 种运行工况，工艺流程如图 4.41 所示。

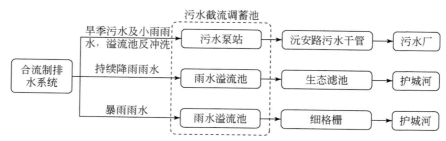

图 4.41 污水截流调蓄池、雨水溢流池、泵站与生态滤池的工艺流程示意图

以老西门污水截流调蓄池为例说明运行过程（图 4.42）。不下雨时，污水排入沅安路污水压力管；下雨时，合流雨污水流量超过潜污泵输送能力 277L/s 时（即 3 倍污水截流倍

数和一倍不明来水量），流槽内水位上升：当水位达到 **29.70m** 时，通过百叶潜水格栅进入调蓄池；当雨水溢流池水位超过 **30.80m** 时，经过沉淀的雨水通过 **DN800** 管道向护城河溢流；当流槽内水位上升到 **31.00m** 时，通过流槽旁 3 个设有细格栅的溢流孔向护城河溢流出水；降雨结束后，通过潜污泵排空。冲洗室内的水冲刷调蓄池内沉积物然后流入到泵站，经潜污泵加压后排至污水压力干管。

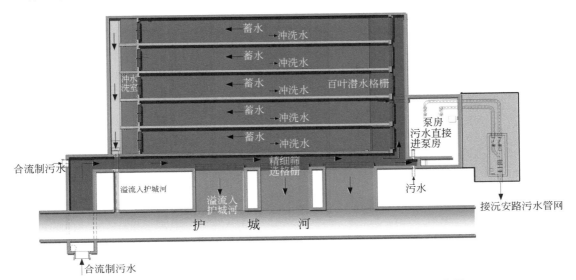

图 4.42　第二段老西门污水截流调蓄池、雨水溢流池与泵站示意图

4.5　河道水系建设

4.5.1　规划指引

1. 规划研究

《水城常德——常德市江北区水敏感城市发展和可持续性水资源利用总体规划》提出三条蓝绿环，第一条即护城河环带，第二条为穿紫河环带，第三条为景观环带。

第一条蓝绿环沿护城河建立。护城河具有极高的文化历史意义，属于常德地方特色，现状基本消失在地表以下。将来应尽量恢复成开发的水域。

第二条蓝绿环以穿紫河为主，现状穿紫河已经淤积，应将穿紫河各段重新连通，自由流动。两岸都是公园和城市代表性建筑，这条河将成为未来常德城的绿色中心。通过改进和完善邻近区域的排水系统，如引进雨水蓄留措施和建立净化滤池，改善穿紫河水质。

第三条蓝绿环围绕城市，形成保护圈，是城市与周围的自然环境的过渡带，可以用作蓄水、休闲或旅游区。第三条环内的水域都相互连通。环区内的水域承担着将山区留来的洪水，绕城市外围排走的重要作用。

在水质净化方面，《水城常德——常德市江北区水敏感城市发展和可持续性水资源利用总体规划》提出通过建造人工湿地来改善水质。渐河水质主要受农业排放以及灌溪地区的生活、工业污水的影响。农业面源污染难以通过污水处理厂处理，因此需要修建人工湿地。人工湿地的作用在于净化从渐河补充护城河、穿紫河的水质。在没有水质检测参数的情况下，根据水力停留时间（24小时），水体补水能力（2.1m³/s），确定水深为1m的湿地面积为18hm²。

在岸线建设方面，《水城常德——常德市江北区水敏感城市发展和可持续性水资源利用总体规划》提出，在改造河道截面上，设计出供多余洪水通过的洪泛区，增加水体自净能力，此外，尽量采用自然的河岸（主要是通过种植芦苇和其他水生植物），改善水域结构，提供更多的栖息地，从而增加动物的种类和多样性，这样也有益于改善水质。

2. 专项规划指引

《常德市中心城区及周边区域水系专项规划》提出实现从物质空间到文化内涵及水系精神内核的升华，"水安、水净、水流、水游、水亲、水城"是重要的途径。作为"水亲、水城"的重要基础和前提，该规划从防洪排涝保证、水质的净化和保证、水系的贯通和串联、水游工程实现等方面入手，以保证常德水城建设的特色性、可行性及可持续性，实现城市与水和谐共生共荣的协调发展。

在水体流动方面，该规划通过75%保证率下典型年的日雨量分析，在夏季，雨水资源丰富，通过江北城区及北部新城本身的汇水、渐河上游的汇水来保障城区的需水量，如果部分月份无法得到保障时，可通过渐河及花山河湿地的蓄水功能，在月份间进行协调来实

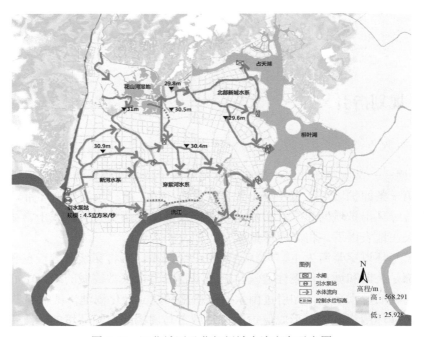

图4.43　江北城区及北部新城水流方向示意图

现平衡；在枯水期，采用沅江水以及黄石水库的引水来保障城区的需水量，通过双水源保障内河生态需水（图 4.43）。

考虑到湿地的水系组织在高程上的协调关系，该规划将穿紫河水系的常水位调整为 30.4m，新河水系的常水位为 30.9m，北部新城水系的常水位为 29.6m。

在水质保障方面，该规划分析了合流制片区、污水处理厂尾水对穿紫河水质的影响，结果表明，发生 1 年一遇的降雨，溢流发生在累积雨量达到 9mm 时，随着时间的推移，溢流量的增大，三闾港的水质呈现出逐渐恶化的趋势，基本上已从IV类水变成了劣V类的水体。当重现期越大时，其溢流的时间将提前，溢流量增大，污染物的量亦随之增大，对于三闾港水质的影响也愈大（图 4.44）。

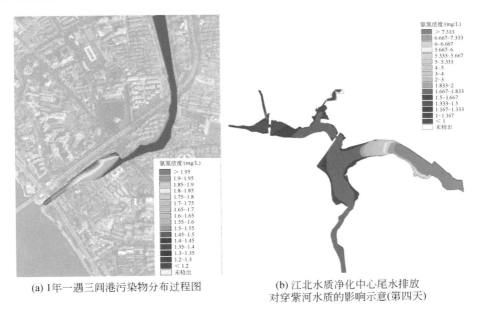

(a) 1年一遇三闾港污染物分布过程图

(b) 江北水质净化中心尾水排放
对穿紫河水质的影响示意(第四天)

图 4.44 溢流、污水厂尾水对穿紫河水质的影响图

水游设计是该规划的一个特色，规划提出通过"依水联珠"的手法，充分将常德的水文化、饮食文化、德文化、桃源文化、楚文化等融入"水游"中。水陆联动，依托两岸陆地的旅游资源，依托沿河景观带和沿湖景观圈，为常德"水游"的发展提供广阔的空间和深厚的基础。同时，继承利用人类的水工智慧，充分实现常德通航的要求，打造充满人文气息和活力的"水城"。

4.5.2 水系格局构建

构建常德市内环、外环水系，内环水系以穿紫河、新河、护城河为主，该部分水系以城市景观河流功能为主；外环水系为渐河、花山河、柳叶湖、马家吉河构成，该水系主要功能为排除城市外围客水，保护城市水安全，内环水系和外环水系通过花山闸和柳叶闸两个关键的闸口联系，进行水量交换（图 4.45 和图 4.46）。

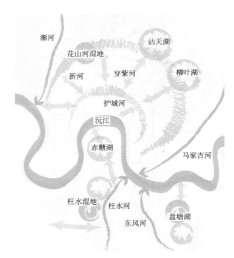

图 4.45　水系规划图　　　　　图 4.46　水系空间布局规划图

常德市在海绵城市建设中，尊重现状水系大肌理，让自然与城市共荣相生，以防洪排涝（水安）、水环境（水流、水净）为要求、以实现水亲、水游和彰显水城特色为目的，构建水系空间格局。

（1）防洪骨架：以沅江、渐河、马家吉河、东风河及枉水河构成常德主要的防洪排涝骨架，保障区域和区内水安全；

（2）景观节点：以柳叶湖、沾天湖、赤塘湖、三汊湖、盘塘湖作为重要景观节点，打造各具风情的湖泊及滨湖风光；

（3）生态净化中心和景观节点：以三片集中的湿地包括花山河湿地、枉水湿地及盘塘湖湿地作为生态净化中心和景观节点。

（4）内部水网：根据现状水系、基于地形地势、结合规划的水源方向，为形成水体的自然流动连通现状水系，增强城市排涝能力，激活水系活力。

依据水系空间布局，开展水系整治，包括新河水系整治工程，穿紫河水系整治工程，花山河湿地水系整治工程，花山闸建设工程，柳叶湖闸建设工程。通过以上工程建设，落实水系空间格局。

4.5.3　水系岸线重构

三面光的河岸设计成绿色河岸，并设置前置的浅水区，河床结构不发生变化。在部分淤积严重区域，如泵站前的区域由于淤泥的堆积而使得河床高程高于其他区域，区域内进行彻底清淤，河床高程最高为 28.00m（即清淤量约 8000m³），同时保障较好的水质。

根据水位、流速、用地情况的变化，合理确定护岸边坡形式，绝大部分河岸采用绿色河岸，坡度从 1∶2 到 1∶5 不等。如姻缘河流速最高可达 0.7m/s 甚至更高。可采用坡度为 1∶3 护坡，同时采用芦苇垫及芦苇辊可提高其安全性，并（在狭窄区域）将抛石与护坡基础连接在一起。垂直的河岸可以通过前置的浮游岛进行绿化布置，以增加其生态功能。

常德市穿紫河常水位为（30.60m）、洪水位（31.60m），冬季最低水位为29.60m。这就使得低水位、常水位及洪水位之间产生最多 2.0m 的泛洪区，但这些区域在旱季后应会被一年生植物自发的覆盖。水位为 30.30～30.90m 的浅水区生长多种水生植物和芦苇带（图 4.47）。

河流走向由现有的岸线控制，大部分区域都将保留现状或是稍作移动，使其过水断面有所扩大。只有在某些特殊节点会因设置河岸步道、停船点或特定的景点而改变河流走向。

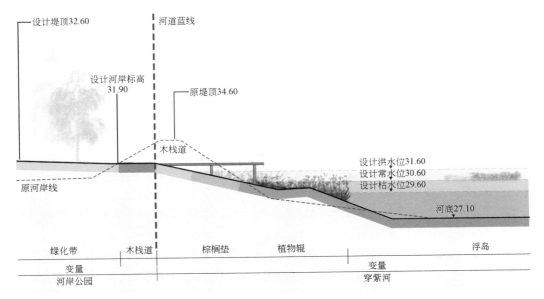

图 4.47　穿紫河河道水系断面（单位：m）

护城河受地质条件影响，河底高程基本采用原来高程，河道断面设计如图 4.48 所示。

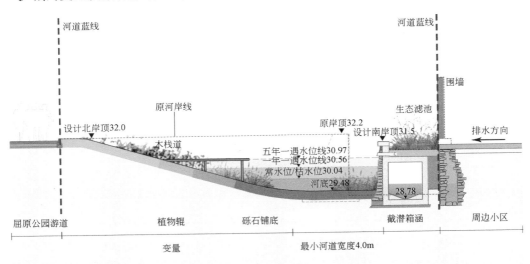

图 4.48　护城河河道水系断面（单位：m）

4.5.4 水生态修复

挺水植物种植：在河岸未有挺水植物的浅水区（常水位水深小于 0.6m），种植挺水植物，起到美化护岸的作用，同时改善并公园水体生态和净水水质。采用在岸边打松木桩、铺设种植土层，保证种植水生不大于 0.4m。挺水植物主要有美人蕉、芦苇、鸢尾、再力花、香蒲、花叶芦竹等。

沉水植物：根据种植条件适宜、种苗易得、养护管理方便、景观效果好并与周边环境相适宜的原则，本方案主要选择的沉水植物品种包括苦草（*Vallisneria natans*（Lour.）Hara）、菹草（*Potamogeton crispus* L.）、马来眼子菜（*Potamogeton wrightii Morong*）、穗状狐尾藻（*Myriophyllum spicatum* L.）、穿叶眼子菜（*Potamogeton perfoliatus* L. L）、篦齿眼子菜（*Stuckenia pectinata*（Linnaeus）Borner）、微齿眼子菜（*Potamogeton maackianus* A. Bennett）、金鱼藻（*Ceratophyllum demersum* L.）、大茨藻（*Najas marina* L.）、黑藻（*Hydrilla verticillata*）。沉水植物应种植在水深小于 2.5m 的区域。

浮叶植物：沿岸水深 0.8～2.5m 水域分区块分品种点缀种植，种植品种有蓝睡莲、红睡莲、白睡莲、黄睡莲等睡莲品种。

鱼类放养：目前穿紫河水生动物种群结构相对单一，不利于水体生态系统的稳定，因此，须对水生动物种群结构进行优化调整，放养滤食性鱼类、肉食性鱼类及投放底栖动物。在湖泊的生态修复过程中，充分考虑鱼类群落结构的合理性，通过放养滤食性鱼类对湖泊群落结构进行调控，确定各放养鱼类的密度和比例，以优化湖泊生态系统，增加水体自净能力，改善水质。

穿紫河中存在着近年渔业养殖遗留的鱼类，特别是草食性鱼的存在对水生植被的恢复是极其不利的，因此，须在水生植物种植前对草食性鱼类进行清除，并在水生植物种植区域外设置拦鱼网。

在完成水生植物种植后，根据穿紫河水体生态环境状况，择机放养鲢鱼、鳙鱼、乌鳢、鲌等鱼类（表 4.26）。

表 4.26　鱼类搭配比例

放养品种	规格/（克/尾）	投放比例/（尾/亩）
鲢鱼	30～60	60
鳙鱼	30～60	15
乌鳢	30～60	2
鲌	30～60	3

底栖动物是水生生态系统的重要组成部分，在水生生态系统中占有十分重要的地位，在湖泊生产力、水生态系统及底栖系统耦合、水体能量通量以及水体食物网中均起重要作用。滤食性底栖动物对水体中的净化作用更为重要，特别是在封闭和半封闭的水体中更是如此，底栖动物搭配比例如表 4.27 所示。

表 4.27　底栖动物搭配比例

放养品种	规格	投放比例/（kg/亩）
螺	当地湖螺	20
蚌	当地湖蚌	20

4.5.5　城郊河污染与内涝防治

城郊接合部原有沟渠在历史上兼有农田灌溉功能，现状多担负排水功能。同时农村的面源污染，农田施肥的影响，导致沟渠轻度污染，同时与地下水有紧密的互动关系。不完善的垃圾管理和不完整的农村污水收集系统使得沟渠的水质进一步恶化。大量的硬质护坡使得沟渠失去了生态的净化功能。

常德的新河就是其中的一个典型，位于常德海绵城市试点建设区域的西侧，担负着常德西部片区的防洪排涝功能，现状为水面 20 多米宽的一条人工混凝土护坡的渠道。在这次的海绵城市建设中，在新河南，其上游设计了水平式生态湿地系统，通过沉淀区域和水生植物，实现非降雨期的河流的净化。同时计划建设 3 个调蓄湖泊和限流设施，将城郊洪水控制在进入城区之前，保证进入城市水系的流量尽可能均匀，同时保障水质。

已经实施的新河南段把原有的渠道扩大成水域面积 40m 左右的河道，河堤外移，两厢扩大了洪水的消落带，总宽度达到 160m，极大地改善了过水断面和洪水调蓄空间。取消硬质岸线，代以生态岸坡、水生植物，提供了生态的栖息地。

完善流域内的垃圾收集系统，将分散居民污水接入城市污水管网。为保持新河水质，该项目利用原有的灌溉系统，从西面的河洑山，引渐河水补给新河。同时建设沅江引水工程，为新河补水。

第 5 章

海绵城市监管平台建设

5.1 海绵城市考核评估要求

5.1.1 试点之初考核要求

2015 年 7 月，住房城乡建设部办公厅关于印发《海绵城市建设绩效评价与考核办法（试行）》的通知第二条明确"按照住房城乡建设部《海绵城市建设技术指南》要求开展海绵城市建设的城市，应依据该办法对建设效果进行绩效评价与考核"。第四条明确"海绵城市建设绩效评价与考核……采取实地考察、查阅资料及监测数据分析相结合的方式"。第五条则明确了考评的内容"海绵城市建设绩效评价与考核指标分为水生态、水环境、水资源、水安全、制度建设及执行情况、显示度六个方面"。

《海绵城市建设绩效评价与考核指标（试行）》（表 5.1）明确了海绵城市考核指标：共 6 类，18 项指标。6 类可以归纳为两大类：即建设效果指标、制度机制指标。海绵城市建设效果类指标 11 项，全部为定量指标；制度机制类指标 7 项，全部为定性指标；定量指标中又以水生态指标最多，4 项（表 5.2）。

该考核办法导向明确，即通过考核，推动海绵城市建设以效果和解决问题为导向，推进工程建设；引导建立推进海绵城市建设的体制机制，保障海绵城市理念的制度化，将海绵城市理念作为城市发展和建设方式转型的重要手段。

表 5.1 海绵城市建设绩效评价与考核指标（试行）

类别	项	指标	要求	方法	性质
一、水生态	1	年径流总量控制率	当地降雨形成的径流总量，达到《海绵城市建设技术指南》规定的年径流总量控制要求。在低于年径流总量控制率所对应的雨量时，海绵城市建设区域不得出现雨水外排现象	根据实际情况，在地块雨水排放口、关键管网节点安装观测计量装置及雨量监测装置，连续（不少于一年、监测频率不低于 15 分钟/次）进行监测；结合气象部门提供的降雨数据、相关设计图纸、现场勘测情况、设施规模及衔接关系等等进行分析，必要时通过模型模拟分析计算	定量（约束性）
	2	生态岸线恢复	在不影响防洪安全的前提下，对城市河湖水系岸线、加装盖板的天然河渠等进行生态修复，达到蓝线控制要求，恢复其生态功能	查看相关设计图纸、规划，现场检查等	定量（约束性）

续表

类别	项	指标	要求	方法	性质
一、水生态	3	地下水位	年均地下水潜水位保持稳定，或下降趋势得到明显遏制，平均降幅低于历史同期。 年均雨量超过 1000mm 的地区不评价此项指标	查看地下水潜水水位监测数据	定量（约束性，分类指导）
	4	城市热岛效应	热岛效应强度得到缓解。海绵城市建设区域夏季（按 6~9 月）日均气温不高于同期其他区域的日均气温，或与同区域历史同期（扣除自然气温变化影响）相比呈现下降趋势	查阅气象资料，可通过红外遥感监测评价	定量（鼓励性）
二、水环境	5	水环境质量	不得出现黑臭现象。海绵城市建设区域内的河湖水系水质不低于《地表水环境质量标准》Ⅳ 类标准，且优于海绵城市建设前的水质。当城市内河水系存在上游来水时，下游断面主要指标不得低于来水指标	委托具有计量认证资质的检测机构开展水质检测	定量（约束性）
			地下水监测点位水质不低于《地下水质量标准》Ⅲ 类标准，或不劣于海绵城市建设前	委托具有计量认证资质的检测机构开展水质检测	定量（鼓励性）
	6	城市面源污染控制	雨水径流污染、合流制管渠溢流污染得到有效控制。①雨水管网不得有污水直接排入水体；②非降雨时段，合流制管渠不得有污水直排水体；③雨水直排或合流制管渠溢流进入城市内河水系的，应采取生态治理后入河，确保海绵城市建设区域内的河湖水系水质不低于地表Ⅳ类	查看管网排放口，辅助以必要的流量监测手段，并委托具有计量认证资质的检测机构开展水质检测	定量（约束性）
三、水资源	7	污水再生利用率	人均水资源量低于 500m³ 和城区内水体水环境质量低于Ⅳ类标准的城市，污水再生利用率不低于 20%。再生水包括污水经处理后，通过管道及输配设施、水车等输送用于市政杂用、工业农业、园林绿地灌溉等用水，以及经过人工湿地、生态处理等方式，主要指标达到或优于地表Ⅳ类要求的污水厂尾水	统计污水处理厂（再生水厂、中水站等）的污水再生利用量和污水处理量	定量（约束性，分类指导）
	8	雨水资源利用率	雨水收集并用于道路浇洒、园林绿地灌溉、市政杂用、工农业生产、冷却等的雨水总量（按年计算，不包括汇入景观、水体的雨量和自然渗透的雨量），与年均雨量（折算成毫米数）的比值；或雨水利用量替代的自来水比例等。达到各地根据实际确定的目标	查看相应计量装置、计量统计数据和计算报告等。	定量（约束性，分类指导）
	9	管网漏损控制	供水管网漏损率不高于 12%	查看相关统计数据	定量（鼓励性）
四、水安全	10	城市暴雨内涝灾害防治	历史积水点彻底消除或明显减少，或者在同等降雨条件下积水程度显著减轻。城市内涝得到有效防范，达到《室外排水设计规范》规定的标准	查看降雨记录、监测记录等，必要时通过模型辅助判断	定量（约束性）

续表

类别	项	指标	要求	方法	性质
四、水安全	11	饮用水安全	饮用水水源地水质达到国家标准要求：以地表水为水源的，一级保护区水质达到《地表水环境质量标准》Ⅱ类标准和饮用水源补充、特定项目的要求，二级保护区水质达到《地表水环境质量标准》Ⅲ类标准和饮用水源补充、特定项目的要求。以地下水为水源的，水质达到《地下水质量标准》Ⅲ类标准的要求。自来水厂出厂水、管网水和龙头水达到《生活饮用水卫生标准》的要求	查看水源地水质检测报告和自来水厂出厂水、管网水、龙头水水质检测报告。检测报告须由有资质的检测单位出具	定量（鼓励性）
五、制度建设及执行情况	12	规划建设管控制度	建立海绵城市建设的规划（土地出让、两证一书）、建设（施工图审查、竣工验收等）方面的管理制度和机制	查看出台的城市控详规、相关法规、政策文件等	定性（约束性）
	13	蓝线、绿线划定与保护	在城市规划中划定蓝线、绿线并制定相应管理规定	查看当地相关城市规划及出台的法规、政策文件	定性（约束性）
	14	技术规范与标准建设	制定较为健全、规范的技术文件，能够保障当地海绵城市建设的顺利实施	查看地方出台的海绵城市工程技术、设计施工相关标准、技术规范、图集、导则、指南等	定性（约束性）
	15	投融资机制建设	制定海绵城市建设投融资、PPP管理方面的制度机制	查看出台的政策文件等	定性（约束性）
	16	绩效考核与奖励机制	1.对于吸引社会资本参与的海绵城市建设项目，须建立按效果付费的绩效考评机制，与海绵城市建设成效相关的奖励机制等 2.对于政府投资建设、运行、维护的海绵城市建设项目，须建立与海绵城市建设成效相关的责任落实与考核机制等	查看出台的政策文件等	定性（约束性）
	17	产业化	制定促进相关企业发展的优惠政策等	查看出台的政策文件、研发与产业基地建设等情况	定性（鼓励性）
六、显示度	18	连片示范效应	60%以上的海绵城市建设区域达到海绵城市建设要求，形成整体效应	查看规划设计文件、相关工程的竣工验收资料。现场查看	定性（约束性）

表5.2　海绵城市建设指标统计表

指标类	建设效果					制度机制
	水生态	水环境	水资源	水安全	显示度	制度建设及执行
指标数量	4	2	3	2	1	6
指标名称	（1）年径流总量控制率 （2）生态岸线恢复 （3）地下水位 （4）城市热岛效应	（1）水环境质量 （2）城市面源污染控制	（1）污水再生利用率 （2）雨水资源利用率 （3）管网漏损控制	（1）城市暴雨内涝灾害防治 （2）饮用水安全	连片示范效应	（1）规划建设管控制度 （2）蓝线、绿线划定与保护 （3）技术规范与标准建设 （4）投融资机制建设 （5）绩效考核与奖励机制 （6）产业化

1.水生态指标监测要求简析

水生态指标共 4 项，"年径流总量控制率"是海绵城市监测的难点与重点。根据《海绵城市建设绩效评价与考核指标（试行）》年径流总量控制率可采用实地监测、资料查阅、模型模拟三种方式进行评估。

1）实地监测

（1）在两个层面进行：一是地块雨水排放口；二是关键管网节点。

（2）监测指标为连续降雨和流量。

（3）采用在线连续监测方式，连续（不少于一年、监测频率不低于 15 分钟/次）进行监测。

（4）计算：根据全年排出的流量及相应时段的降水量，计算地块、关键管网节点控制排水区域的年径流总量控制率。

2）资料查阅：容积法

（1）气象局提供降水资料，统计设计项目年径流总量控制率对应的降水量；

（2）根据设计的海绵设施及其衔接关系，采用容积法计算控制量；

（3）对比设计目标与容积法计算的控制量之间的符合关系，判断是否达标；

3）模型法：辅助方法

模型法的核心是相关参数的获取，2015 年由于中国的海绵设施参数基本缺乏，故该文件对该方法没有展开。所以仅仅提出模型作为辅助支持工具，在必要时通过模型模拟分析计算。

年径流总量控制率指标评估的三种方法，第一种最直接，通过监测降雨径流关系，统计监测对象年径流总量控制率，但由于监测环境的影响，存在仪器选型、养护安装难度大的问题，甚至出现雨水径流读数错误的现象。资料查阅的方法较为简单，根据项目设计文件，现场复核设施建设及设施衔接关系，计算项目的年径流总量控制率；模型法则要求建设海绵城市模型，对排水分区项目较为合适，但存在建模难度大的问题（表 5.3）。

表 5.3　年径流总量控制率指标评估方法对比表

指标	实地监测法	资料查阅法	模型法
要求	连续 1 年不低于 15 分钟频次监测地块、关键管网节点的降雨和径流	查阅设计文件、现场复核设施建设及衔接关系	建立海绵城市模型
优点	根据监测数据统计监测对象的年径流总量控制率	可以快速根据设计文件、现场勘查情况，计算出项目的年径流总量控制率	一旦建立模型，在动态更新的基础上，可以对模型模拟区域快速的判断，给决策提供支持
缺点	地下管网环境复杂，设备运行不稳定，设备需专人运行维护，成本高	对片区/排水分区项目，需要统计片区内所有项目的海绵设施，工作量大	缺乏参数支持，模型建立需专业人士
适用范围	宜选取少数几个排水分区进行监测	对单个项目适用	对于单个项目建模地形图难以满足，建议以片区项目为主
组合建议	①选取单个项目进行实地监测，确定海绵设施相关参数；②选取 2～3 个排水分区进行监测；③建立海绵城市模型，以项目、排水分区层面的监测数据为依据，校正和验证模型		

生态岸线恢复、地下水位、城市热岛效应等其他指标的监测则相对简单和明确，如地下水位的监测可以根据《地下水环境监测技术规范》的要求，建设地下水监测井，点位宜分布于海绵设施附近，以监测潜水为主；城市热岛效应，则可以通过遥感卫片（像素分辨率为 10m 左右）等对地面温度进行遥感反演。

由于河岸具有防洪、安全防护的功能，生态岸线恢复指标往往理解有偏差。根据作者在地方调研，常常被问及如下问题：河道建设到什么标准才算达到海绵城市的要求，由大理石铺砌的护岸算不算生态岸线，是不是必须是土坡入水河道岸线才是生态岸线？要回答这个问题，首先回顾《海绵城市建设绩效评价与考核指标（试行）》关于生态岸线恢复的要求①不影响防洪安全；②对城市河湖水系岸线、加装盖板的天然河渠进行生态修复；③达到蓝线控制要求；④恢复其生态功能。这就要求在河道岸线建设时需要在防洪安全的基础上兼顾生态用地，以恢复其生态功能。前面 3 条好理解，但第 4 条，理解起来有一定难度。

生态岸线目前并没有严格的定义，但可以从其构成环境、主要功能两方面加以定义：生态岸线是干湿交替、水缓水急、水深水浅的重要缓冲过渡地带，具有保护堤岸防洪安全、水土保持、滞洪补枯、减缓近岸流速、消浪、维持生物多样性、净化水体、保护亲水安全、自然景观等综合功能。江河湖泊有丰水期和枯水期，以及洪水期、汛期等，自然岸线成为极端天气的重要缓冲地带。水体和陆地的接壤地带，生物多样性有着丰富性和特殊性，比如鱼类产卵，鸟类筑巢，是水生生物蛤蜊、螃蟹、虾等的主要栖息地，利于维持生物多样性。例如小沟小溪经硬化后，水体自净能力丧失，生物栖息地被破坏，鱼虾绝迹，水质清澈美丽的河流变成了臭水沟。因此生态岸线功能简单说就是要求河水能与地下水进行水体交换，能为水生动物提供生境。

因此根据《海绵城市建设绩效评价与考核指标（试行）》，生态岸线恢复应符合城市防洪规划、城市蓝线规划、海绵城市专项规划的要求；一是要满足城市防洪功能，河道达到城市防洪规划确定的防洪标准；二是城市蓝线划定的区域必须是水系，而不能是暗涵；三是城市河道不能是三面光的河道，河道的岸线形式应满足海绵城市专项规划确定的城市河道岸线形式。举个例子，常德市老西门段护城河，在 20 世纪 80 年代为封闭暗渠（图 5.1），根据蓝线规划，该段护城河蓝线类型为河道蓝线，根据《常德市海绵城市专项规划（2015—2030）》，该段护城河为人工强化型生态岸线。在项目实施过程中，护城

图 5.1　护城河改造前（尹言诚　摄）

图 5.2　护城河改造后（戴晓军　摄）

河的改造符合上位规划要求，采用大块石垒砌，改造后形成了直立的河道，消除了三面光现象，地表水通过净化后进入河道，护城河的水与地下水可以交换，达到了恢复生态功能的要求（图 5.2）。该段护城河就是由暗渠转变为生态岸线的典型案例。

2.水环境指标监测要求简析

水环境类指标包括 2 项，分别为水环境质量指标和城市面源污染控制指标。水环境质量又可分为地表水环境质量和地下水环境质量。地下水环境质量的监测可以与地下水水位的监测结合起来，具体参考《地下水环境监测技术规范》（HJ-T164—2019）。

黑臭水体应该依据《城市黑臭水体整治工作指南》进行监测。原则上可沿黑臭水体每 200～600m 间距设置检测点，但每个水体的检测点不少于 3 个。取样点一般设置于水面下 0.5m 处，水深不足 0.5m 时，应设置在水深的 1/2 处。在黑臭水体识别阶段，原则上间隔 1～7 日检测一次，至少检测 3 次以上；在黑臭水体建设效果评估阶段，每 1～2 周取样 1 次，连续测定 6 个月，取多个监测点各指标的平均值作为评估依据。

城市内部河湖水系的监测则相对复杂，需要梳理现有监测断面，充分利用现有监测数据。①在梳理现有国控、省控、市控环境监测断面的基础上，合理布设海绵城市河湖水系水环境监测断面；②海绵城市建设试点区河湖水系出入境断面应布设水环境监测断面。

对城市面源污染控制，该指标要求：①旱流污水不入河，②溢流污染或是初期雨水污染应通过生态治理后排入河道，且要求保障受纳水体水质目标（不低于地表水环境质量Ⅳ类）。这就要求监测①管网排水口水质；②末端集中式生态处理设施出水水质。

结合黑臭水体监测、河道水系水环境质量监测、城市面源污染控制监测，确定海绵城市水环境监测断面要求，如图 5.3 所示。

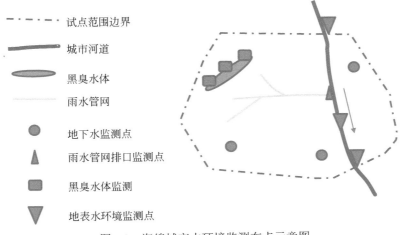

　　　− · − · −　试点范围边界

　　　━━━　城市河道

　　　⬭　黑臭水体

　　　───　雨水管网

　　　●　地下水监测点

　　　▲　雨水管网排口监测点

　　　▬　黑臭水体监测

　　　▼　地表水环境监测点

图 5.3　海绵城市水环境监测布点示意图

在监测方式上，管网排口以现场踏勘为主，辅以必要的在线流量计、液位计，监测旱天是否有流量，其他监测断面委托有资质的机构开展水质监测（表 5.4）。

表 5.4　水环境监测方式表

	断面布设	监测方式	检测频率
黑臭水体监测	每 200～600m 间距设置检测点，但每个水体的检测点不少于 3 个	委托有资质的单位检测	识别阶段，原则上间隔 1～7 日检测一次，至少检测 3 次以上；效果评估期，每 1～2 周取样 1 次，连续测定 6 个月
河道水系监测	试点范围出入境断面，河道水系断面	委托有资质的单位检测	同地表水环境质量监测频率
管网排口监测	管网排口、末端集中式生态处理设施排口	现场踏勘，在线液位计监测，在线水质监测	在线液位计连续监测（间隔 5 分钟），在线水质连续监测（间隔 1 小时）

3.水资源、水安全监测要求简析

水资源相关监测指标 3 项（污水再生利用率、雨水资源利用率、管网漏损控制），其监测方法比较成熟，主要以水厂计量、相关台账统计为主。但需要说明的是，海绵城市建设区和污水分区、供水厂供水范围往往不一致，在统计污水再生利用率、管网漏损控制的统计范围时尽量与海绵城市建设分区接近。

水安全指标中饮用水安全监测也比较成熟，在《生活饮用水卫生标准》（GB5749—2006）的指引下，各地开展水源、出厂水的水质监测，海绵城市监测不需要重新建立一套饮用水的监测体系，应协调饮用水安全行业监管部门提供相关监测数据。

城市暴雨内涝灾害防治指标是海绵城市监测的难点之一，海绵城市建设效果要求达到：历史积水点彻底消除或明显减少，或者在同等降雨条件下积水程度显著减轻；城市内涝得到有效防范，达到《室外排水设计规范》规定的标准。在具体的监测中，需要开展以下几方面的工作：①建设雨量计，监测分钟级的降雨历程；②识别内涝积水点，以内涝积水点为主监测对象；③构建内涝积水点的监测方法，可以采用液位计监测液位；可以采用摄像机对内涝积水过程进行拍摄；也可以采用标尺人工监测的方式监测；还可以采用模型进行模拟。

制度建设及实施在其他章节中论述，本节不讨论。

5.1.2　试点终期考核要求

1.目的与意义

2017 年 11 月，住建部城建司发布了《关于做好第一批国家海绵城市建设试点终期考核验收自评估的通知》，明确为准确考核国家海绵城市建设试点的工作成效，总结可复制可推广的海绵城市建设经验，住建部城建司依据已批复的各试点城市的实施计划，制定《国家海绵城市建设试点绩效考核指标》《国家海绵城市建设试点绩效考核指标评分细则》、《海绵城市建设典型设施设计参数与监测效果要求》《试点城市模型应用要求》。《关于做好第一批海绵城市建设试点终期考核验收自评估的通知》明确相关文件的作用：

一、试点城市依据《国家海绵城市建设试点绩效考核指标》和《国家海绵城市建设试点绩效考核指标评分细则》的要求，开展自评估并撰写自评估报告。

二、参照《海绵城市建设典型设施设计参数与检测效果要求》，对海绵城市有代表性的设施运行效果进行监测，整理汇总主要设计参数和监测数据，作为自评估报告的附件。

三、参照《试点城市模型应用要求》，选取适宜的模型对试点区域实现"小雨不积水、大雨不内涝"目标和有关指标进行评估，并将相关的模型建立和应用报告、运行维护中的模型运用方案、示范片区效果评估的基础支撑材料等作为自评估报告的附件。

在监测方面，《关于做好第一批海绵城市建设试点终期考核验收自评估的通知》及相关附件最大的特征是强调海绵设施的监测、强调模型的建立，发布《海绵城市建设典型设施设计参数与监测效果要求》、《试点城市模型应用要求》等两个文件，推进海绵城市源头设施的监测、模型的建设等。

在《国家海绵城市建设试点绩效考核指标》中，明确提出要"建立基于模型方法和监测数据的信息化平台，用于指导规划建设、运行维护、指挥调度等"。至此，通过该份文件，确立了监测网络、模型系统、信息化平台三者之间的关系，为海绵城市信息化平台建设奠定了政策基础。

该文件为 2017 年 11 月发布，按照国家海绵城市建设试点要求，第一批国家海绵城市建设试点已临近尾声，这一批文件其目的在于试点总结，但事实上，国家第一批海绵城市试点城市于 2019 年 3 月份才完成现场考评，各试点城市依据该文件，又进行了查漏补缺，尤其是监测部分，着重源头设施的监测，重视模型及参数的应用，并依据参数和模型，建立了海绵城市监管平台。

2.试点绩效考核指标要求

《国家海绵城市建设试点绩效考核指标》（简称《试点考核指标》）共有 17 项指标，是《海绵城市建设绩效评价与考核指标（试行）》（简称《试行指标》）的延续与深化，两个文件的指标对比如表 5.5 所示。

表 5.5　海绵城市考核指标对比表

指标项		《试点考核指标》要求	与《试行指标》的关系
试点面积	试点区达标	1.汇水分区、排水分区、项目片区（服务区）划分科学、清晰 2.系统方案体现目标导向和问题导向，按照源头减排、过程控制、系统治理思路编写 3.试点区面积全达标 4.未编制规划、未明确20%面积、未制定系统性方案（否决项）	与《试行指标》连片示范效应指标对应，《试点考核指标》强调依据规划、系统方案，从汇水分区、排水分区的层面，按照三段论推进海绵城市建设、考核海绵城市建设效果
水生态指标	年径流总量控制率	1.经模型评估，当地降雨形成的径流总量控制率达标 2.建筑雨落管断接，小区雨水溢流排放到市政管网	《试点考核指标》不再强调单次降雨的考核，在《试行指标》的基础上采用模型评估年径流总量控制率指标 《试点考核指标》强调建筑小区的源头减排
	水体岸线生态修复	在不影响防洪安全的前提下，对城市河湖水系岸线、加装盖板的天然河渠等进行生态修复，达到蓝线控制要求，恢复其生态功能	无变化
	地下水埋深变化	年均地下水潜水位保持稳定，或下降趋势得到明显遏制，平均降幅低于历史同期（年均降水量超过的1000mm地区不评价此项指标）	无变化

续表

指标项		《试点考核指标》要求	与《试行指标》的关系
水生态指标	天然水域面积	试点区域内的河湖、湿地、塘洼面积不减少	《试点考核指标》新增此项
	其他	热岛效应指标	《试点考核指标》删除此项
水环境指标	地表水体水质达标率	1. 不得出现黑臭现象 2. 海绵城市建设区域内的河湖水系水质不低于《地表水环境质量标准》IV类标准，且优于海绵城市建设前的水质。当城市内河水系存在上游来水时，下游断面主要指标不得低于来水指标	《试点考核指标》删除地下水水环境质量指标
	初期雨污染控制	1. 雨水径流污染底数清楚 2. 经模型评估，雨水径流污染、合流制管渠溢流污染得到有效控制 ①雨水管网不得有污水直接排入水体；②非降雨时段，合流制管渠不得有污水直排水体；③雨水直排或合流制管渠溢流进入城市内河水系的，应采取生态治理后入河，确保海绵城市建设区域内的河湖水系水质不低于地表IV类	《试点考核指标》增加了雨水径流污染底数清楚，采用模型评估等内容。《试点考核指标》明确要求需要监测雨水径流污染底数，需要采用模型评估初期雨水污染
水资源指标	雨水资源利用率	雨水收集并用于道路浇洒、园林绿地灌溉、市政杂用、工农业生产、冷却、景观、河道补水等的量达到要求；雨水回用水质达标	《试点考核指标》增加了景观、河道补水作为雨水回用对象；《试点考核指标》明确雨水回用水质要求
	污水资源利用率	达到批复指标要求，主要用于河道补水、景观、工业、市政杂用等	《试点考核指标》明确考核依据为三部委批复的试点目标，明确河道补水可作为污水资源利用率统计项
	其他	管网漏算控制	《试点考核指标》删除此项
水安全指标	内涝防治标准	1. 使用模型评估 2. 易涝点消除，排水防涝能力达到国家标准要求	《试点考核指标》明确采用模型评估
	防洪标准	城市河道防洪达到国家标准要求	《试点考核指标》新增此项
	防洪堤标准达标率	城市防洪堤达到国家标准要求	《试点考核指标》新增此项
	其他	饮用水安全	《试点考核指标》删除此项
机制建设	规划建设管控制度	1. 管控制度和机制健全，海绵城市建设要求纳入规划建设"两证一书""施工图审查""竣工验收"管控 2. 管控制度在全市范围内落实	基本相同
	技术规范与标准建设	1. 建立本地区的工程规划、设计、施工的标准规范、标准图集等；逐一明确本地的海绵城市典型设施的设计方法和参数、植物选型导则 2. 建立适宜本地的模型方法和参数 3. 建立基于模型方法和监测数据的信息化平台，用于指导规划建设、运行维护、指挥调度等	1《试点考核指标》强调要明确本地海绵城市典型设施的设计方法和参数、植物选型导则等 《试点考核指标》新增2，3，明确要建立海绵城市模型、明确相关参数、建立信息化平台
	投融资机制建设	1. 制定海绵城市建设投融资、PPP管理方面的制度机制 2. 打包科学、边界清晰、权责明确 3. 合同管理、绩效考核、按效付费 4. 遴选社会资本方法科学 5. 采用EPC，或技术力量难以满足运维要求的EPC+O等模式的，本项不得分	2/3/4/5条为《试点考核指标》新增，引导以PPP方式推进海绵城市建设、运维

续表

指标项		《试点考核指标》要求	与《试行指标》的关系
机制建设	绩效考核与奖励机制	1. 建立与海绵城市建设成效相关的责任落实与考核机制等，将海绵城市建设变为政府的自觉行为；形成海绵城市建设的法规、制度等，并落实到全市范围 2. PPP 实行绩效考核，部门、方法、程序清楚	1 为《试点考核指标》新增内容，强调城市政府在责任落实、考核方面的责任
	产业发展优惠政策	制定促进相关企业发展的优惠政策等；鼓励创新，形成制度且有成效；优惠政策措施得到落实	《试点考核指标》强化了政策落实的内容

以上为《海绵城市建设绩效评价与考核指标（试行）》与《国家海绵城市建设试点绩效考核指标》的对比表，指标类无变化，为 6 类，指标数由 18 项减少到 17 项。在指标内容上，更加聚焦排水方面，去掉了供水相关内容，强化了防洪、坑塘水体保护等内容；在监测方面，注重技术参数的获取；在技术手段上，注重模型的运用；投融资方面，更加注重引导资金全流程参与建设、运维；在管理体制方面，更加注重引导政府通过责任落实和考核机制，将海绵城市建设转变为自觉行为。

3.设施检测效果要求

《海绵城市建设典型设施设计参数与检测效果要求》要求"请试点城市对使用的生物滞留设施、植草沟、CSO 调蓄池、干塘、湿塘、人工湿地、渗渠（管）、渗井、透水铺装、绿屋顶的设计参数、监测数据及运行效果进行总结汇总"。以生物滞留设施为例，阐述监测要求。

代表性的生物滞留设施的典型构造和监测点位示意如图 5.4 所示，需要分别在入水口、排水管底部出流口和出水口处设置监测点位，进行流量测量，并对水质进行检测，包括常规指标（总悬浮物、化学需氧量、总氮、总磷、氨氮）等。

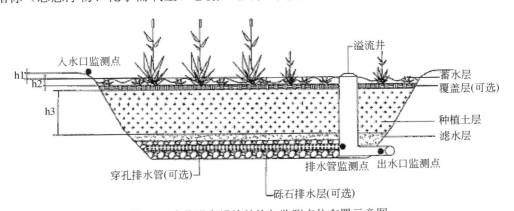

图 5.4　生物滞留设施结构与监测点位布置示意图

注：图示为代表性的生物滞留设施典型构造示意图，在实际工作中各地可在满足功能的前提下，根据当地具体情况具体设计，如有结构性的变化，也请说明

进行水量和水质监测时，设施需保证进出水的集中，最好是保证具有唯一进水口和出水口，以使监测点位最少。如果无法保证唯一进出水口，那么每个进出水口都需进行监测。

1）流量监测

流量可采用 V 形堰或流速-面积法进行测量。流速-面积法可用多普勒流量仪，或传统的流速、面积分别测量的方法计算得到；V 形堰可直接根据堰上水头，通过公式对流量进行计算。

（1）流速监测

可在设施进水口、出水口或者溢流口处放置流速仪进行测量。可采用流速面积法测量流量。流速可采用声学多普勒原理的流速仪或转子式流速仪测量水位监测。

（2）水位监测

水位监测方法为在设施进水口、出水口或者溢流口处利用声呐探测仪或安装 V 形堰等进行水位的测量。水位应进行连续监测，降雨期间监测数据的时间间隔应不超过 5 分钟，降雨停止后监测数据的时间间隔应不超过 30 分钟，监测历时应从降雨事件发生时开始，至设施内积水消退结束。V 形堰的堰上水头可由水尺或压力传感器获得。

2）水质监测

水质监测根据污染物类型的不同，可分为在线监测和采样检测。SS 建议采用在线监测，其他指标建议采样检测。

（1）在线监测

在设施进水口、出水口或者溢流口安装在线监测设备，进行连续监测，数据采集频率不大于 5 分钟。

（2）采样检测

主要包括化学需氧量、总磷、总氮、氨氮等常规水质指标。在设施进水口、出水口或者溢流口监测点处进行监测，每年应至少监测 3 场 60 分钟以上的降雨（小雨、中雨、大雨）的水质过程监测数据。每场降雨每个监测点前两个小时采集的水样不应小于 8 个。自监测点产（出）流开始监测，建议于第 0 分钟、5 分钟、10 分钟、15 分钟、30 分钟、60 分钟、90 分钟、120 分钟进行采样。如果某次降雨历时较长，则对于降雨历时超过 120 分钟的部分，降雨历时每增加 120 分钟增加采样一次，不足 120 分钟在降雨结束前增加一次采样；如果某次降雨历时小于 120 分钟，可根据实际情况酌情减少采样数量，但每场雨的水样数量不少于 8 个（主要为前期的径流水样），直至降雨产流结束。采样时记录采样时刻。根据相关采样规范进行科学采样。

测流井中，可以通过 V 形堰对流量进行测量。可以通过取样桶或自动采样器进行采样。V 形堰（也称三角堰）的建造需要保证有一段顺直段，尽量保持该段平整。顺直段的长度根据水流流速适当确定以保证水流稳定。三角堰进行测量计算，通过测量 V 形堰的水位来计算流量。

4.模型应用要求

《试点城市模型应用要求》海绵城市试点城市必须利用模型在以下两方面开展工作：

（1）模型必须在海绵城市专项规划编制、系统化方案设计等过程中进行方案比选。在规划编制中要选择适宜水质、水量模拟模型开展建设试点区域地表径流及管网排水能力现状分析，包括内涝风险模拟、管网现状能力评估、泵站及调蓄等设施规模优化等；在系统化方案设计中要对设施种类选择、设施参数确定、不同设施布设情景模拟及方案比选等，不同整治方案对城市内涝防治、河湖水体水环境改善效果的模拟和比选。

（2）模型必须能够支持设施运维和评估。在设施的运行维护阶段，需在实际监测数据采集和对参数不断率定验证的基础上，根据现场实际水质、水量监测结果，对海绵设施的运行状态、区域地表径流、排水管网及城市河湖水体状况进行评价，指导海绵城市设施的日常运行、检修和维护；在效果评估阶段，要选择适宜模型进行模拟评估，主要包括城市内涝防治达标情况、合流制溢流频次、年径流总量控制率等重要指标的达标情况等，其他指标应结合监测进行评估。

提交模型文件应包含城市地表径流模型基础数据及率定、城市河湖水体模型基础数据及率定。

5.1.3　试点之后评估标准

根据住房和城乡建设部《关于开展<海绵城市建设评价标准>研究编制工作的函》（建标标函〔2016〕12 号）的要求，标准编制组经广泛调查研究，认真总结实践经验，参考有关国际标准和国外先进标准，并在广泛征求意见的基础上，编制了该标准。该标准的主要内容包括总则、术语和符号、基本规定、评价内容、评价方法等 5 个方面。该标准自 2019 年 8 月 1 日起实施，实施期在第一批海绵城市建设试点结束之后，第二批海绵城市建设试点结束之前。

与《海绵城市建设绩效评价与考核办法（试行）》、第一批海绵城市建设试点终期考核验收要求相对比，《海绵城市建设评价标准》注重评价建设效果，体制机制保障等内容不在标准中出现，参数的获取也不在标准中出现。在评价内容上，不再强调水生态、水环境、水资源、水安全四大维度，而是从三段论出发，即源头、过程、系统等。当然共同点是海绵城市建设效果评价均是以排水分区为重要的评价单元。因该文件发布于常德海绵城市建设试点结束之后，故不再重点分析。

5.2　常德海绵城市监测网络建设

5.2.1　监测技术路线

1.监测总体方案

2016 年中国城市规划设计研究院编制了《常德市海绵监测信息平台建设方案》，确定常德市海绵城市监测网络构建目标。

（1）分解指标：分解细化海绵城市建设绩效评价与考核办法中相关指标，基于监测数据客观评估海绵城市在"水生态、水环境、水资源、水安全"等方面的定量化改善效果；

（2）构建网络：构建雨量、液位、流量、悬浮物等于一体的监测网络，为海绵城市建设效果的定量化绩效评价与考核提供长期监测数据和计算依据；

（3）收集数据：为海绵城市信息化管理平台的开发提供数据支撑，实现监测数据集成显示、考核指标动态评估、现场运行情况采集等功能，LID 参数率定，支持海绵城市的考核评估；

（4）长期监测：通过长期有效的过程监测，实现海绵城市建设全生命周期管理，依据背景监测、过程监测、运行监测过程中数据的动态变化，为设施建设、运行、考核提供依据。

该方案的内容包括海绵城市监测方案、海绵城市信息系统构建方案等，是一个综合的方案。以该文件为基础，结合监测内容，各监测实施方编制了专项的监测方案。如针对水量水质监测编制了《常德市海绵水量水质监测软件平台建设方案》，针对热岛效应监测编制了《常德市海绵城市建设热岛效应监测项目》，针对内涝积水监测编制了《常德市海绵城市内涝点监测方案》，在海绵城市监测初期，形成了较为完善的海绵城市监测网络系统。

2017 年 11 月份，国家发布《关于做好第一批海绵城市建设试点终期考核验收自评估的通知》等文件，常德市依据国家考核的要求，同时结合在监测过程中发现的问题，编制了《常德海绵城市水量水质监测网络监测优化方案》，强化了对 LID 设施的监测，优化了部分由于监测环境调查不到位导致监测失效的监测点，并依据此文件完善了海绵城市模型、海绵城市监管平台的研发。

内涝积水点的监测充分考虑城市内涝巡查，确立了以人工为主，液位、模型为辅的方法，常德市海绵城市监测网络体系构建如图 5.5 所示。

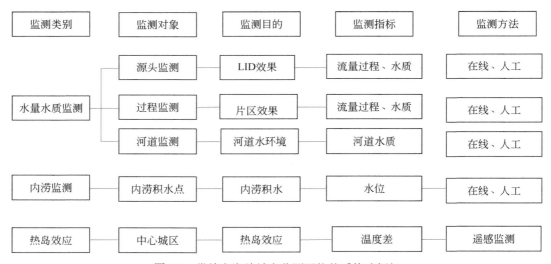

图 5.5   常德市海绵城市监测网络体系构建框架

2.实施技术路线

监测实施技术路线一般可分为选择监测区/段、选择监测点和设备安装三个阶段，其具体步骤如图 5.6 所示。首先确定监测目标，根据排水管网分布、城市内河水系、海绵城市建设项目分布和土地利用情况，分析各要素间关联特点，并合理的选择监测区/段，初步制定监测点方案；然后结合现场勘查，进一步确定满足监测设备安装要求的监测点；接着在选定的监测点安装液位、流量、水质等监测设备，并对监测设备取得的数据进行分析判别，从而进一步确认监测点选取的合理性，并进行监测指标、监测频率、监测时间，甚至监测点位的调整，最终形成科学合理的监测实施，进行长时间的数据监测。

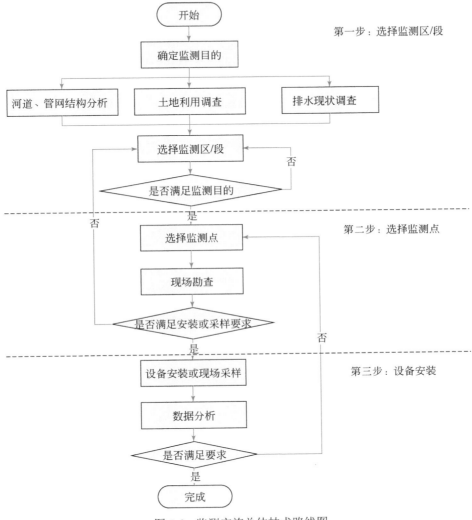

图 5.6　监测实施总体技术路线图

5.2.2　水量水质监测要求

1. 常德市排水系统特征

由于地形平坦，常德市中心城区采用二级抽排的排水体系，即各市政管网排水口建设排水泵站，通过雨水泵站将雨水强排穿紫河、护城河、新河等城市内河水体，再在城市内河建设排涝泵站，将涝水排放至沅江、柳叶湖、马家喆河的城市外环水系。由于雨污水混流，雨水泵站与污水泵站合建，排水分区末端泵站的工作模式为：在非降雨期，污水泵站将污水送往污水厂；在降雨初期，经过调蓄池调蓄后，泵站将初期雨水送往调蓄型生态滤池，处理后排入穿紫河；在降雨中后期或暴雨情况下，超出泵站的调蓄水位时，通过雨水泵将超量雨水直排至河道。

常德江北城区现状排水系统以分流制为主，老城区为合流制，部分老旧小区为合流制。通过对现状小区摸查发现，常德市中心城区小区在雨污分流方面并不彻底，以护城河流域的自来水公司小区为例，小区原设计雨水通过小区中间雨水管汇集排放，污水由小区两侧污水盖板明沟收集到市政污水管网，小区中间的雨水管道，往北管沟接人民西路市政管网，往南管沟直排护城河（图 5.7）。

实际调查发现，由于管沟堵塞，排水不畅，合流污水直排污染水体，汛期时出水闸门关闭，雨污水无法排出，形成积水（图 5.8）。排水系统的特征对海绵城市监测有着较大的影响，海绵城市监测需要以排水系统特征为基础，建立与排水系统特征相适应的，覆盖源头、过程、末端的海绵城市监测系统。

图 5.7　自来水小区规划管网

图 5.8　自来水小区现状管网

2. 监测点设施布设要求

按照考核指标要求，应在源头设施、排水管网、排水分区排口、受纳水体等选择监测点，安装在线雨量计、一体化三角堰、在线液位计、在线流量计、在线 SS 检测仪等水量、水质自动监测设备，构建海绵城市自动监测网络。

1）源头设施

在 LID 设施出水口安装一体化三角堰，监测流量过程，在小区出水口安装流量、SS 监测设施。

2）市政排水管道

在内涝积水点进行巡视，安装水位标尺，监测内涝积水情况。

3）泵站调蓄池/排水分区

在末端调蓄池进水口之前布设流量、在线 SS 监测设备，监测排水分区进泵站的水量、水质；在调蓄池溢流口安装流量、在线 SS 监测设备，监测排水分区海绵城市建设效果；在生态滤池出水口安装水质自动检测站，监测生态滤池运行效果。

4）河道水系

在河道关键断面进行水质在线监测，并辅以合理的人工水质采样化验，作为海绵城市水环境质量考核的依据。

3. 人工采样与水质检测要求

1）背景值监测

对典型下垫面地块进行人工水质采样与水质检测，作为下垫面面源污染背景值，为城市面源污染削减率的计算提供依据。典型下垫面类型包括：①低层屋面；②高层屋面；③道路主干道；④道路次干道；⑤广场；⑥停车场；⑦绿地。

采样与检测时间：对 7 类典型下垫面开展为期 1 年的背景检测，进行 6 场降雨的水质采样与检测（大、中、小降雨各 2 场），共进行 6×7=42 场次降雨的采样，每场降雨采集 6 个水样。

检测指标：水质检测指标包括 pH 值、化学需氧量、悬浮物、氨氮、总氮、总磷等。

2）LID 设施监测

委托相关有资质单位在常德海绵城市试点区域内的 LID 设施进行降雨水质采样与水质指标检测。

采样与检测时间：每年至少进行 6 场降雨的水质化验（大、中、小降雨各 2 场），每场降雨采集 6 个水样，2 年。

检测指标：水质化验分析指标包括 pH 值、化学需氧量、悬浮物、氨氮、总氮、总磷等。

5.2.3　水量水质监测布局

1. 雨量监测布局

在常德市海绵试点区域内分片区布设在线雨量计，共布设 5 台，分别为船码头、柏子园、楠竹山、丁玲公园、屈原公园五处，平均每个控制约 7～8km^2。

2. 源头小区监测布局

选取建设局、气象局、环卫处、农发行、东水岸、荷塘月色等小区进行监测，其中建设局、气象局、环卫处、农发行、东水岸、荷塘月色小区在小区出口安装在线流量计、SS 计，气象局、荷塘月色小区 LID 设施安装一体化三角堰，监测 LID 设施的流量、SS，并在 LID 设施前进行人工水质取样，检测，主要包括 pH 值、化学需氧量、悬浮物、氨氮、总氮、总磷指标。

3. 泵站排口监测布局

泵站入口监测：在泵站入口安装流量计和 SS 仪，结合泵站运行工况，可测算出排入生态滤池水量和排入河道水量；目前已建设的监测网络工程中，已在粟家垱、楠竹山、刘家桥、聚宝、建设桥、柏子园、杨武垱、余家垱的市政管网进泵站的入口处安装在线流量和 SS 监测设备。

泵站雨水排口监测：住建局污管办建设的常德市城市水体在线监管系统已在粟家垱、楠竹山、杨武垱、余家垱、邵家垱、尼姑桥泵站的雨水直排河道的排口安装在线水质监测站，监测指标包括：氧化还原电位、溶解氧、化学需氧量、氨氮，可通过此次监测优化工作进行数据集成。在船码头、邵家垱、建设桥泵站的雨水直排河道的排口安装在线流量和 SS 监测设备；夏家垱、尼姑桥因现场环境或工程建设原因暂未安装在线监测设备。

为监测生态滤池运行效果，需在生态滤池排口监测水质。考虑到常德已在船码头、夏家垱、柏子园的生态滤池外排河道的排出口安装在线水质监测站，监测指标包括：pH 值、悬浮物、溶解氧、化学需氧量、总氮、总磷、氨氮，本次选取代表性的泵站：船码头、柏子园、粟家垱、余家垱、杨武档、楠竹山生态滤池排水出口增加 SS 仪（因泵站出水口为生态滤池出口，出口较多，无法进行流量监测，所以只能监测 SS）。

4. 河道水系监测点布设

河道关键断面的水质检测作为水环境质量指标考核的依据，每个河道监测断面布设 pH 值、溶解氧、悬浮物、化学需氧量或高锰酸盐指数、氨氮、总氮、总磷自动分析仪各 1 台，共 3 套，分别为新河下游、穿紫河下游（三闾桥）、穿紫河中游。这些水质在线监测站可与城市水文监测点合建，海绵城市验收后可以作为城市水文水质监测的补充。

5.2.4 水量水质监测设备选型

1. 一体化三角堰

本实用新型一体化三角堰，包括堰体和盖体，其中：堰体沿长度方向的两端面分别设有进液口和出液口，进液口设有滤网；堰体的底部从进液口至出液口依次插设收集盒、滤板、阻流板和三角堰挡板，其中收集盒位于进液口的内侧，且收集盒的顶部低于进液口所在平面，以接收外部垃圾和杂物；滤板的顶部与堰体的顶部平齐；阻流板的顶部形成锯齿状，三角堰板的顶部形成直角三角形槽；盖体铰接在堰体上，并可盖住堰体。本实用新型滤保证监测水质不受垃圾杂物和变质干扰；收集盒便于维护清理，保证堰体内清洁干净；阻流板减少内部水流速度，监测数据精准；盖板盖住堰体，使上方垃圾杂物无法掉入，也可避免孩童不慎跌入。阻流板和三角堰板与堰体底部交接处设置防水塞，便于清理堰体余水。

2. TDF 声学多普勒点流速仪

TDF 声学多普勒点流速仪采用超声多普勒原理测量河渠平均流速，同时采用静压法测量水深，根据河渠截面自动计算出河渠流量。超声波多普勒测量技术，精确测量特征流速；具有历史数据自动保存功能，可存储、查询 10 年的历史数据信息，性能指标如表 5.6 所示。

表 5.6　TDF 声学多普勒点流速仪性能指标

流速	水位	温度	可靠性	工作环境	输出	供电
量程：0.01～5m/s 准确度：读数的 2%±1cm/s 分辨率：0.001m/s	量程：0～10m 准确度：±0.5% FS 分辨率：0.001m	传感器：0℃～60℃ 变送器：-10℃～55℃；相对湿度：≤95%	可靠性：MTBF≥25000h	水深：最浅不小于 0.05m 测点与换能器距离：5～20cm	数字接口：RS485/MODBUS 协议	直流供电：直流 12V，允许波动±15%

3. IDT 一体化浊度分析仪：

IDT 一体化浊度分析仪通过光源发射出的红外光在传输过程中经过被测物时会发生吸收、反射和散射。在一定范围内散射光光强和浊度/悬浮物浓度成正比关系，TSS 正是基于这一基本原理分别在 135°和 90°方向设置了两组散射光接收器，通过分析这两组接收光的强度从而得出浊度值或悬浮物浓度值。

IDT 一体化浊度分析仪数字化传感器，具有较强的抗干扰能力和稳定性，传感器电缆长度可达数百米；采用标准 RS485/MODBUS 协议，接口便于和数据采集终端通信；多光束测量技术能在较大量程范围内进行沾污补偿；能自动实现量程转换。具体性能指标如下：

1）测量性能

量程：0～4000NTU，0～1000mg/L；

分辨率：0.01NTU；0.01mg/L；

精确度：读数的±2%，10NTU 以内时误差不大于 1NTU；

重复性：小于读数±2%；

24 小时漂移：±5%；

标定：出厂标定，一年无须校准，可现场标定；

可靠性：MTBF≥1440h；

环境温度：-5～60℃。

2）输出

数字接口：RS485/MODBUS 协议。

3）供电

直流供电：直流 12V，允许波动±15%。

5.2.5　水量水质监测设备安装

1. 排水管网内安装流量计/液位计

在管道内，如果没有沉积物，把传感器安装在管道底部的正中央；如果有沉积物，清理沉积物。为了防止水流冲击变动传感器的安装位置，将传感器固定在支架上，传感器要装在靠近窨井的里面,这样既便于安装,又利于维修和更换(图5.9)。

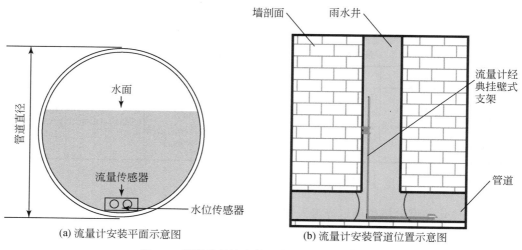

(a) 流量计安装平面示意图   (b) 流量计安装管道位置示意图

图5.9 管道流量计安装示意图(袁芳 绘制)

2. 排水沟渠安装流量计

在渠道内,如果没有沉积物,传感器安装在渠道底部的正中央。如果有沉积物,把传感器安装在沉积物的旁边。为了防止水流冲击改变传感器的安装位置,传感器安装在支架上,专门用来固定在渠道上,这样要维修或者移动传感器会更加方便(图5.10)。

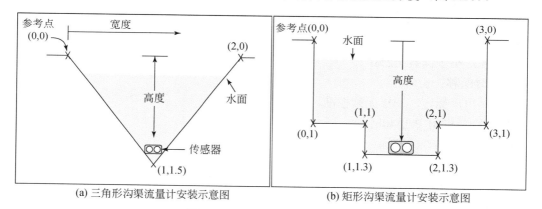

(a) 三角形沟渠流量计安装示意图   (b) 矩形沟渠流量计安装示意图

图5.10 明渠流量计安装示意图

3. 浊度计安装方案

在池顶壁适当位置固定支架托(图5.11)。安装好的支架放入支架托中,并用锁紧螺钉紧固。注意:在连接传感器与安装管时,请旋转安装管而不要旋转传感器,否则传感器的电缆有可能被损坏。

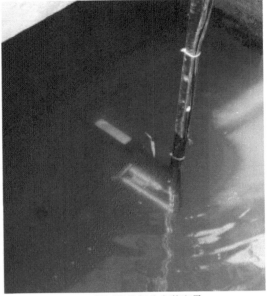

（a）SS检测设施固定实景　　　　　　　　　　　（b）SS检测设施探头安装实景

图 5.11　SS 检测设施安装实景图（付金龙　摄）

5.2.6　内涝积水监测方案

通过人工巡查监测，拍摄内涝监测点图片信息，监测内涝积水。拍摄图片信息时，时可利用参照物或直尺辅助拍摄，以达到对雨天积水点的情况进行采集、记录。以 2017 年 6 月份的一次降水为例，说明内涝积水监测及记录情况（表 5.7，图 5.12）。

表 5.7　内涝监测信息表

序号	涝点位置	监测时间	降雨开始时间	降雨结束时间	雨量/mm	积水深度/cm	积水面积	积水时间/min
1	武陵大道（国际大酒店至火车站路段）	（2017 年 6 月 24～25 日）	0：00	06：00	110	无	无	无
2	朗州路铁路桥下路段	（2017 年 6 月 24～25 日）	0：00	06：00	110	18cm	11m×37m	300
3	朗州路与紫菱路交叉路口	（2017 年 6 月 24～25 日）	0：00	06：00	110	无	无	无
4	七里桥老街、四组	（2017 年 6 月 24～25 日）	0：00	06：00	110	无	无	无
5	柳叶大道铁路桥下	（2017 年 6 月 24～25 日）	0：00	06：00	110	无	无	无
6	洞庭大道（武陵大道至朗州路路段）	（2017 年 6 月 24～25 日）	0：00	06：00	110	无	无	无
7	惠民新村	（2017 年 6 月 24～25 日）	0：00	06：00	110	无	无	无

续表

序号	涝点位置	监测时间	降雨开始时间	降雨结束时间	雨量/mm	积水深度/cm	积水面积	积水时间/min
8	三闾路大碗菜酒家前	（2017年6月24～25日）	0：00	06：00	110	无	无	无
9	常德大道（龙港路至火车站路段）	（2017年6月24～25日）	0：00	06：00	110	7	4m×7m	90
10	皂果路（新河路至常德大道路段）	（2017年6月24～25日）	0：00	06：00	110	无	无	无
11	滨湖路（芙蓉路至龙港路路段）	（2017年6月24～25日）	0：00	06：00	110	4	4m×6.8m	无
12	长庚路南段	（2017年6月24～25日）	0：00	06：00	110	6	2.6m×6m	50
13	育才路（朝阳路至皂果路路段）	（2017年6月24～25日）	0：00	06：00	110	无	无	无
14	高车路（柳叶大道至滨湖路路段）	（2017年6月24～25日）	0：00	06：00	110	无	无	无
15	汽车总站前	（2017年6月24～25日）	0：00	06：00	110	无	无	无
16	桃源路北路（紫菱路至洞庭大道路段）	（2017年6月24～25日）	0：00	06：00	110	12	6m×18m	90

图5.12 朗州北路铁路桥内涝点巡视监测（林龙辉 摄）

5.2.7　热岛效应监测方案

1. 数据

数据源主要为 landsat8 的多光谱数据和热红外数据。选择 landsat8 数据主要有两方面的原因：一方面，到 2017 年初在轨运行的陆地卫星中只有 landsat8 数据是方便获取的；另一方面，常德市区的面积比较小，因此对遥感影像的空间分辨率有了很大的要求，而 landsat8 的多光谱波段的空间分辨率为 30m，热红外波段的空间分辨率为 100m，足以用来研究常德市的热岛效应。

每年的 6～9 月份热岛效应最显著，所以在选择影像时，主要选择了 6～9 月成像时间的影像。而 6～9 月正是南方多云多雨的季节，另外 landsat8 的时间周期是 16 天，以上因素对影像数据的数量和质量都有很大的影响。根据下载的影像，去掉云含量较高的影像，同时为了研究不同年份同一时期的地表温度的变化，必须选择成像时间相同月份的影像，根据以上要求最后选择了 2013 年 7 月 22 日、2016 年 7 月 30 日以及 2017 年 7 月 17 日的影像数据。

2. 2013～2017 年 7 月地表温度的反演

地表温度的反演需应用热红外通道，主要采用单波段算法、劈窗算法和多波段算法，但是考虑到劈窗算法对 landsat8 地表温度反演算法不理想而且 TIRS11 波段的定标参数也不理想，因此对武陵区地表温度反演时采用单波段算法的大气校正法反演 TIRS10 波段求算研究区地表温度。

大气校正法也称为辐射传输方程法，是一种基于大气辐射传输模型的传统算法。它的基本原理就是将大气对地表辐射的影响从卫星传感器观测到的地物辐射中减去，从而得到地物真实的热辐射强度，最后将热辐射强度进一步转化为地表温度。最后，反演的结果如图 5.13 所示。

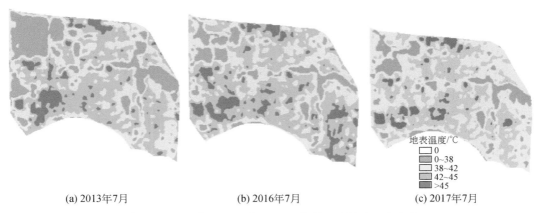

地表温度/℃
- 0
- 0~38
- 38~42
- 42~45
- >45

(a) 2013年7月　　　　　　(b) 2016年7月　　　　　　(c) 2017年7月

图 5.13　2013 年、2016 年、2017 年的 7 月地表温度变化

通过对地表温度的反演，可以看出高温区主要分布在商业发达、人口密集的各类住宅

区、工商业聚集区，在图中为红色和橙色不规则的区域，这些具有代表性的聚集区就是城市热岛效应的重要贡献因素（表 5.8）。

表 5.8   不同地表类型的温度变化   单位：℃

日期	地表温度				
	水体	道路	建筑物	植被	裸地
2013 年 7 月 22 日	35.41	41.74	42.45	37.73	41.26
2016 年 7 月 30 日	39.45	42.18	42.66	39.30	42.78
2017 年 7 月 17 日	36.91	41.05	42.27	39.16	41.08

建筑用地的平均温度很高，主要是因为城区建筑高大密集，不利于空气流通，同时砖瓦水泥等建筑材料的热容量和热惯量小，但热传导率和热扩散率大，在接收太阳的辐射后很快向周围的大气中扩散，导致周围温度比有植被覆盖的地区要高。分析认为城区内部地表中，有水体和植被的覆盖的地表相对比较湿润、蒸散作用较强，因而相对温度上升较慢，而裸地的温度高则由于本身的特点，温度特别容易上升。水体由于热容量大，热传导率小，温度上升得特别缓慢，因而温度总是最低。植被和水体的平均温度是所有覆盖类型当中温度最低的类别，这说明植被、水体能影响城市热岛的温度变化。

5.3   海绵城市评估模型构建

5.3.1   模型选型及模型特性简介

常德市海绵城市建设模型采用"贵仁模型体系"（GuiRen modeling system，GRMS）。GRMS 是一个国内自主研发拥有核心自主知识产权的多功能组合型模型体系，其包含产汇流产汇污模型、河网水动力水质模型、管网水动力水质模型和二维地面洪水演进模型等多个独立模型模块（图 5.14），可根据项目实际应用自由组合使用，其核心为中科院地理科学与资源研究所刘昌明院士团队研发的 HIMS（Hydro-Informatic_Modelling_System）模型。水文模型模块的研发借鉴了当前较为认可的产汇流计算模式；汇流方面在借鉴当前较为常用的 SWMM 中的非线性水库法，同时提出基于反距离插值法的多节点分配模式，即对于模型每个最小计算单元可将其产流量根据高程关系分配给周围可以承接来水的多个节点和其他计算单元，改进了传统 SWMM 中地块计算单元只能将径流分配给唯一的节点或者地块的不足；水动力模型中由溢流产生的地表漫流主要采用守恒形式的二维浅水方程进行二维水动力漫流，较为精确地考虑了地表水流运动时的质量守恒与动量守恒；管网模型沿用了较为经典的 SWMM 管道模型，基于 OpenMP 加速技术模块对其内部进行完善；水质模型方面，GRMS 产污模拟采用 SWMM 中依托产流的"累积～冲刷"模型进行计算；汇污计算方面提供基于管网汇流的完全混合模型、基于河道一维动力汇流的对流扩散加一级动力反应的水质模型（一维水质模型）和基于坡面二维动力汇流的对流扩散加一级动力反应的水质模型（二维水质模型）三类模型。耦合计算模式，GRMS 结合国内外先进的耦合技术，解决了传统模型耦合中的存在的"异构"和"异步"的难题，在模型耦合计算过程中根据各模型自身的特点将地下管网模型、二维水动力模型有机的整合，实时、稳定、精确的模拟水流状态，实现了汇流模型的垂向耦合。

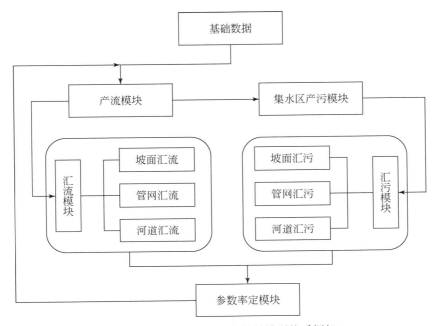

图 5.14　常德市海绵城市数学模型体系框架

　　城市中一场降雨的实际产汇流过程经常是由上述管网汇流、坡面汇流、地表漫流过程组成的，甚至三类汇流过程还会互相影响，为此开发了耦合模块，将三类汇流模型互相耦合起来，用以模拟一场降雨的实际过程。不同模型之间的耦合的两大难点：一是"异构"，二是"异步"。"异构"是指不同的模型会采用不同类型的数值算法、不同的机器语言，致使数据结构有着本质的区别，很难在不同的模型之间进行通信；不同模型的特殊性，使得它们需要采用不同的数值算法，而不同的算法在时间、空间上的步长甚至会相差很多，即使是同一类的数值算法，是显式格式还是隐式格式对步长的选取也有巨大的影响，这也就是"异步"问题。"异构""异步"这两个难点导致地下管网模型、地表二维水动力模型、河道一维水动力模型之间很难有机的整合在一起，实时地、稳定地、精确地模拟水流状态。GRMS 结合国内外先进的耦合技术，根据自身水动力模型的特点，实现了三类汇流模型的水平与垂向耦合。

　　垂向耦合一般可以分为三类：管网排水能力不足时，水流溢出进入地表流动，即从一维流向二维；管网排水能力有空余时，水流从地表流入地下管网；临界状态，即管网和地表没有水量交换。垂向耦合的原理是在降雨产流之后，水直接先流入管网，在管网中进行水动力模拟仿真，结束后，将得到的发生溢流的铰点的溢流量的时间序列以点源的形式加载到地表二维水动力模型中，进行地表漫流的模拟仿真（图 5.15 和图 5.16），从而为城市内涝风险评估提供数据支撑。

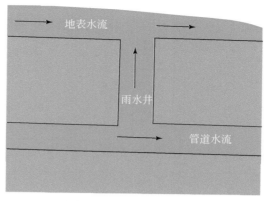

图 5.15　铰点溢流示意图

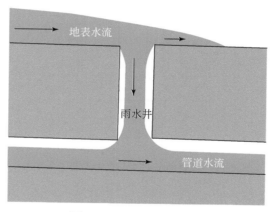

图 5.16　铰点回流示意图

模型概化是将模型计算所需相关资料进行模型数字化的过程，是整个建模工作的重要组成部分。在模型的概化过程中既要求减少模型的工作量，同时，又要求不降低模型的准确性。因此，针对常德市海绵城市建设试点区域实际特点在建模过程中模型的概化主要包括下垫面概化、源头设施概化、管网概化及末端调蓄设施概化四个部分。

5.3.2　常德海绵城市模型建设

1. 下垫面、源头设施及管网概化

试点区下垫面概化的主要工作是划定模拟单元。在常德海绵模型下垫面概化过程中，考虑了道路路网和排水分区，以此确定下垫面模拟单元。由于试点区涉及 17 个排水分区，为保证模拟的完整性，实际模拟区域覆盖 17 个完整的排水分区，模拟范围大于实际海绵建设试点区。

为了避免实际建设项目数量较多和设施建模所需参数较多等因素导致模型计算速度和精度降低以及模型搭建过程中需要较大的工作量等情况，在试点区片区尺度模型概化中选择使用蓄水池对源头调蓄能力进行概化，具体处理方式是根据源头项目实际建设情况和建设类别进行分析，确定建设项目实际调蓄能力，运用模型中蓄水池与其他常用部件进行相应的组合达到对源头海绵设施进行准确合理概化的目的；对于项目尺度模型，由于区域面积较小，精细化程度要求较高，对于源头设施的处理直接运用模型的低影响开发模块。

管网概化是利用区域已有的排水管道数据信息，利用 GRMS 数字化插件，概化管网模型输入文件。通过收集排水管网相关资料信息结合现场实地勘察对变管径节点、流向改变节点、支管起始和汇入处节点进行保留，对于其余节点则结合划分的排水分区和管径长度进行简化，个别细小支管可直接删除，必要情况下也可保留或增加节点。从而在保证最大程度反映现实情况的前提下有效简化现有体系。常德市试点区排水管网概化情况如图 5.17 所示，有部分管网超出试点区范围，在模拟计算过程中为保持模拟的完整性也进行了相应的概化建模。

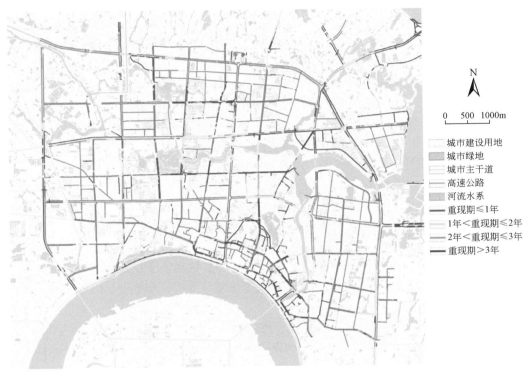

图 5.17 试点区雨水管网系统概化及评估

2. 机埠生态滤池概化

末端调蓄设施（机埠生态滤池）是常德市海绵建设的特色，其精确的概化是模型模拟的关键。以楠竹山机埠生态滤池为例详细说明常德市试点区末端调蓄设施的概化。

在非降雨期，楠竹山排水分区城市管道不明来水通过高专路下箱涵、西南角 DN1800 进水管和西北角 DN1200 进水管以及东南角 DN600 截污管进入污水泵站提升进入城市管网，然后送至江北净化中心处理；在降雨初期雨水经高专路下涵箱简单的沉淀后，通过初期雨水溢流堰进入调蓄池，在通过生态滤池进水潜水泵提升进入雨水调蓄池顶部的生态滤池进行处理，然后排入三闾港。降雨中后期的雨水直接提升排入三闾港。根据末端调蓄设施的实际调蓄规则在建模时对其进行相应的概化如图 5.18 所示。

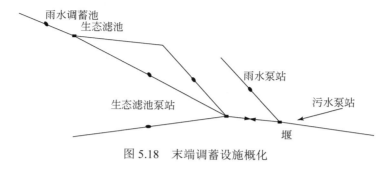

图 5.18　末端调蓄设施概化

模型概化末端泵站开闭规则为：在非降雨期，城市管网混合水体经截污管通过污水泵站提升到污水净化中心；在降雨前 5～15 分钟产生的初期雨水进入调蓄池，当蓄水池的水位上升至 28.30m 时，生态滤池进水潜水泵起泵，将初期雨水提升进入生态滤池，经过生态滤池处理之后排入三闾港，生态滤池潜水泵开启 0.67 小时生态滤池充满水后停泵；在降雨中后期，蓄水池水位上升至 28.70m 时开启雨水泵站中的两台 200kW 轴流泵，水位上升至 28.90m 时增开一台 200kW 轴流泵。为保证城市安全当蓄水池水位上升至 29.20m 时，雨水泵站所有水泵及生态泵池进水提升泵全部开启。雨水泵泵坑内水位下降至电机保护水位 27.70m 时，都必须停泵。

5.3.3　评估模型关键参数及率定

贵仁海绵城市模型的参数主要为产流过程参数、汇流过程参数和水质过程参数三类。产流模块率定的参数包括地表注蓄量、入渗模型参数和低影响开发设施参数，其中入渗模型采用 Modified-Horton 渗透模型。汇流模块率定的参数包括曼宁粗糙率。水质模块率定的参数包括污染物（以 SS 为特征污染物）累积模型参数、冲刷模型参数、降雨浓度、污染物衰减常数等其他污染物参数。

模型参数的率定采用人工试错法，反复调整参数取值直至模拟结果与实测结果相接近，进而完成模型参数的率定。模型率定常用的误差指标有 Nash-Sutcliffe 效率系数（纳什效率系数）和相关参数两种，本方案采用纳什效率系数作为贵仁海绵城市模型参数率定的评价指标。

纳什效率系数的计算公式如下：

$$E_{\text{NS}} = 1 - \frac{\sum_{t=1}^{T}(Q_0(t) - Q_{\text{m}}(t))^2}{\sum_{t=1}^{T}(Q_0(t) - \overline{Q_0})^2} \tag{5.1}$$

式中，$Q_0(t)$ 为在 t 时刻实测值；$Q_{\text{m}}(t)$ 为在 t 时刻模拟值；Q_0 为实测值的平均值；T 为时间序列长度。

其中 E_{NS} 的取值范围：$-\infty < E_{\text{NS}} < 1$，$E_{\text{NS}}$ 值越接近于 1，曲线吻合程度越高。

1. 水文水力参数

此次研究的产流过程采用 Horton 渗透模型，通过 GRMS 模型参数选取参考和文献报道的经验值以及研究区域地表特征来确定经验参数的取值范围，本次模型需要率定的水文水力参数采用的初始值如表 5.9 所示。

表 5.9　水文水力模型主要参数初始值

类别	参数名称	物理意义	取值范围	初始值
曼宁粗糙率参数	N-imperv	汇水区不透水区曼宁粗糙率	0.011~0.033	0.013
	N-perv	汇水区透水区曼宁粗糙率	0.05~0.8	0.24
	Con-Roughness	管（渠）道曼宁粗糙率	0.011~0.025	0.013（管道） 0.020（明渠）
洼地蓄水量参数	Des-imperv	汇水区不透水区洼地蓄积量/mm	0.2~10	1.5
	Des-perv	汇水区透水区洼地蓄积量/mm	2~10	5
	%Zero-Imperv	汇水区无洼地不透水区比例/%	5~85	25
渗透参数	Max.Infil.Rate	Horton 最大渗透系数/（mm/h）	25~80	76.2
	Min.Infil.Rate	Horton 最小渗透系数/（mm/h）	0~10	1.8
	Decay constant	Horton 渗透衰减系数/（mm/h）	2~7	4.14
	Drying Time	排干时间/h	1~7	7

2. 水质模型参数

GRMS 模型通过污染物的累积和冲刷这两个过程来模拟非点源污染的产生。本次模型选用饱和累积函数和指数冲刷函数来模拟污染物（SS）的产生和传输过程。研究区域的下垫面类型可分为：屋面、道路、绿地。每种类型包含 2 个累积参数（最大累积量 Max.Buildup 和累积速率常数 Sat.Constant）和 2 个冲刷参数（冲刷系数 Coefficient 和冲刷指数 Exponent），道路还包括 1 个道路清扫参数。根据相关文献确定 SS 累积和冲刷的初始值，具体如表 5.10 所示。

表 5.10　SS 累积和冲刷模型主要参数初始值

下垫面类型	最大累积量/（kg/hm²）	累积速率常数/d	冲刷系数	冲刷指数	街道清扫
屋顶	140	10	0.007	1.8	
道路	270	10	0.008	1.8	0.5
绿地	60	10	0.004	1.2	

3. 海绵设施参数

海绵设施相关设计参数，包括类型，面积，表层厚度、土壤层厚度、碎石层厚度、出口等相关信息，可以根据收集到的设计资料输入到模型中。而表层糙率、渗透系数、排水流量系数等需要根据实测资料进行率定。根据常德市海绵城市设计图集、项目设计资料，结合监测数据，模型模拟结果给出了典型海绵设施的主要参数取值范围（表 5.11～表 5.15）：

表 5.11　典型生物滞留池的主要参数取值范围

参数	范围
最大安全超高/mm	150～300
土壤层厚度/mm	600～1200
土壤层特性导水系数/（mm/h）	35
孔隙率	0.4～0.6
田间持水量	0.10～0.25
凋萎点	0.04～0.15
饱和导水率/（mm/h）	35～140
储水层厚度/mm	150～900

表 5.12　典型绿色屋顶主要参数取值范围

参数	范围
最大安全超高/mm	0～175
土壤层厚度/mm	50～600
土壤层特性导水系数/（mm/h）	
孔隙率	0.4～0.6
田间持水量	0.3～0.5
凋萎点	0.05～0.2
饱和导水率/（mm/h）	1000～3600
排水层厚度/mm	12～50

表 5.13　典型渗沟主要参数取值范围

参数	范围
最大安全超高/mm	0～300
储水层厚度/mm	900～3500
土壤层特性导水系数/（mm/h）	35
储水层孔隙率	0.2～0.4

表 5.14　典型透水铺装主要参数取值范围

参数		范围
表层洼蓄存储量/mm		0～2.5
铺装厚度/mm		75～200
透水沥青/透水混凝土	孔隙率	0.15～0.25
	渗透系数/(mm/h)	700～4000
透水砖	孔隙率	0.1～0.4
	渗透系数/(mm/h)	125～3500
砂滤层	厚度/mm	200～300
	孔隙率	0.25～0.35
	田间持水量	0.15～0.25
	凋萎点	0.04～0.10
	饱和导水率/(mm/h)	125～750
	储水层厚度/mm	150～900

表 5.15　典型植草沟主要参数取值范围

参数	范围
最大深度/m	0.15～1.2
底部宽度/m	0.6～1.6
表面坡度/%	0.5～3.0
边坡坡度（水平:垂直）	2.5:1～4:1
表面糙度	0.03～0.2

5.3.4　模型率定及验证

1. 模型率定

选择环卫处小区两次降雨事件对模型进行参数率定。两次降雨事件分别为：2018年 5 月 6 日 8 点 56 分至 12 点 15 分的 12mm 降雨、2018 年 7 月 2 日 23 点整至翌日 8点整的 33mm 的降雨。以降雨过程数据和相应监测点位的监测数据为输入，运用模型对两场降雨进行模拟计算，并通过对比实测数据与模型模拟结果调整模型相关参数进行模型参数率定，经过调参之后模拟结果如图 5.19 和图 5.20 所示。

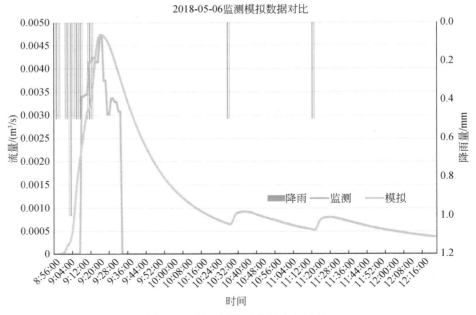

图 5.19 第一场降雨参数率定结果

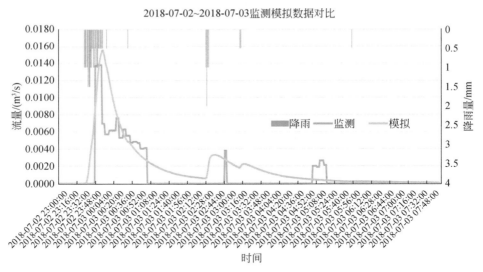

图 5.20 第二场降雨参数率定结果

通过对比模拟和监测的流量过程线以及降雨过程线，可以看出实测和模拟流量过程线趋势基本相同。第一场降雨在 9:12 和 9:36 时出现猛涨猛跌的情况以及 9:36 之后出现有降雨无出流的情况，对比降雨情况分析及现场调查之后认为是由于仪器监测过程中报错和丢数导致的，模型模拟结果流量过程线变化趋势与降雨趋势对应，错峰时间与监测结果基本吻合。分析第二场降雨的模拟结果、监测数据和降雨过程的变化趋势其存在问题与第一场降雨类似，但就整体趋势而言模拟结果基本与监测数据一致。对两场降雨的监测结果的丢值和异常值进行处理之后对比模拟结果进行曲线吻合度分析，其 Nash-Sutcliffe

效率系数（纳什效率系数）分别为：0.60 和 0.63，因此可初步认定该模型参数设定比较可靠，满足参数率定要求（最低 NSE≥0.5）。

2. 模型验证

根据模型参数率定获取的模型本地化参数，运用 2018-05-26 降雨及流量数据对模型参数率定结果进行模型参数验证，模拟结果如图 5.21 所示。

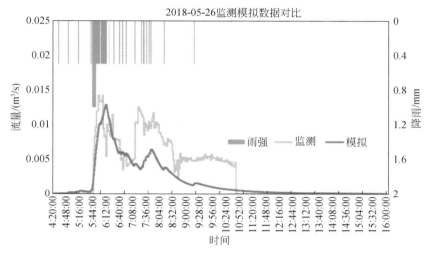

图 5.21　模型验证结果

通过对模拟结果、监测数据及降雨数据进行分析可以看出，模拟结果和监测数据在降雨的第一个峰值时流量过程线吻合度较高，在后期持续的降雨过程中监测数据再次出现一个较大的峰值，并且在之后的降雨减小并停止时仍有较大的流量数据，分析原因可能是由于监测仪器受现场情况影响导致，并非实际流量变化情况。对比模拟结果与降雨趋势基本符合理论推导。对监测数据的异常值进行处理，计算模拟结果流量曲线和监测流量曲线的纳什系数为 0.65 表明模型参数选取基本满足要求，符合本地化特征。

考虑实际目前为止监测的有效数据较少，经过反复的模型参数率定及验证等到最终参数取值结果如表 5.16 所示。

表 5.16　参数率定结果

参数		用地类型		
		绿地	道路	管道
曼宁粗糙率		0.1～0.4	0.014～0.020	0.011～0.014
洼地蓄水量参数/mm		2～5	1～3	—
土壤渗透系数/（mm/h）	最大渗透系数	40～80		
	最小渗透系数	3～35		

5.4 海绵城市监管平台构建

5.4.1 平台建设思路

围绕海绵城市建设绩效考核和长效运营监管的核心目标，系统梳理平台建设内容。海绵城市监管平台内容包括：在线自动监测网络建设、人工取样化验、多业务信息集成（气象、水系、供排水、管网、地理信息等），制度及文档管理，海绵典型项目展示，海绵设施运维管控，建设绩效评价与考核的各类指标的数字化、智能化的收集与分析。为实现监管平台，需要建设支撑软硬件环境——在线监测仪表安装与数据传输，水量、水质分析数学模型、GIS 支撑平台、信息集成与交换平台、工作流引擎平台、文档管理平台、服务器及网络资源支撑需求等（图 5.22）。将上述建设内容进行细化和技术实现，从而完成平台建设。

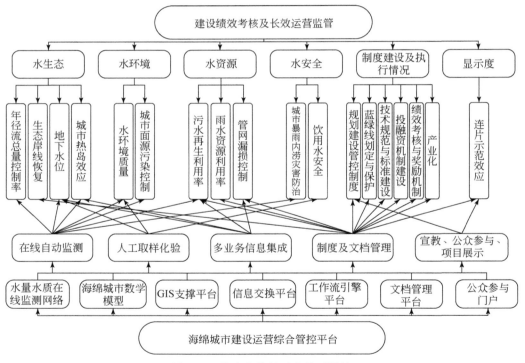

图 5.22 信息化管控平台体系结构

平台利用在线监测信息系统多方位记录海绵城市建设相关设施建设运行情况，为考核与评估提供依据；通过平台建设，集中反映海绵城市建设、运营和管理的全过程信息，全面提升海绵城市的运营管理水平、规划决策水平和建设维护水平；注重海绵城市监测预警体系完善。建立完善的洪涝监测预警体系，使海绵城市在更大的自然灾害面前损失最小。

海绵城市信息化管控平台作为海绵城市目标、建设、考核的可视化窗口，提供了整个海绵城市的地块规划图、项目考核图、监测信息图、考核指标图。政府管理部门可查看海绵城市的建设过程数据与实施效果,包括年径流总量控制率、设计雨量、模型模拟效果(年径流总量控制率、溢流频次、内涝效果)。该平台将多重信息集中成一体,简便化操作和可视化查看功能为政府管理部门的管理工作提供便捷、高效的服务。

通过海绵城市总览功能,实现对海绵城市试点区域分布、考核指标完成情况、海绵建设和改造工程情况、在线监测点分布等情况的直观展现。为管理人员掌握了解海绵城市整体情况,业务管理人员了解各类业务情况提供整体展现。

5.4.2　平台架构历程

依据《海绵城市建设绩效评价与考核办法(试行)》,常德市于 2016 年委托中国城市规划设计研究院编制了《常德市海绵城市示范区监测管理平台建设及服务项目》,之后编制了《常德市海绵水量水质监测软件平台建设方案》、《常德市海绵城市热岛效应监测方案》,以此为基础开展了常德市海绵城市水量水质监测、热岛效应的监测。

2017 年 5 月,《关于做好第一批海绵城市建设试点终期考核验收自评估的通知》出台之前,常德市海绵办组织召开海绵城市监测咨询会议,会议邀请了中国城市规划设计研究院等相关专家,专家指出,监测及模型是海绵城市建设试点验收重点内容之一,监测要在现有监测网络的基础上强化源头设施监测,建立设施参数;在此基础上建立模型,模拟海绵城市建设效果;并以监测数据和模型为基础,建立海绵城市监管平台的建设。会后,常德市海绵办组织编制了《常德海绵城市水量水质监测网络优化方案》,该方案重点加强了对海绵设施的监测。

常德市海绵城市监管平台启动工作较早,2016 年 9 月,中国城市规划设计研究院进驻现场开启现场技术咨询时,为推进工作,搭建了海绵城市管理平台,该平台为常德市海绵城市监管平台的雏形。中国城市规划设计研究院 2017 年编制了《常德市排水防涝综合规划》,规划中委托浙江贵仁信息科技股份有限公司开发海绵城市模型。中国城市规划设计研究院和浙江贵仁信息科技股份有限公司完成了海绵城市模型、监管平台的雏形。

2017 年 11 月,《关于做好第一批海绵城市建设试点终期考核验收自评估的通知》下发之后,常德市海绵办在现有海绵城市模型、监管平台的基础上,组织启动海绵城市模型的研发及监管平台的建设,最终形成常德的海绵城市监管系统,该监测系统与现有污水管理系统相嵌套(图 5.23)。

图 5.23　海绵城市监测网络、模型、平台的演变图

常德市海绵城市示范区水量水质监测网络中监测仪表分布在试点区的范围内,通过选用低功耗的数据远传测控终端(RTU),采集部署在各监测点现场的仪表数据,通过内置的无线通信模块,将数据实时发送给服务器,实现数据采集与远程传输(图 5.24)。平台接收数据,模型提取相关数据进行计算,计算结果反馈于监管平台,为决策提供数据支撑。

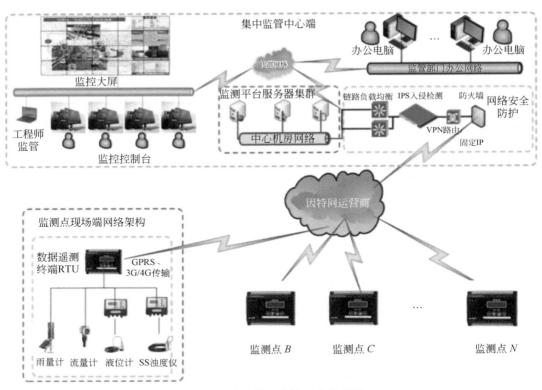

图 5.24　海绵城市监管平台关系图

5.4.3　平台基础展示

通过总览界面了解海绵城市示范区分布、排水分区划分，海绵建设进度等情况（图 5.25 和图 5.26）。

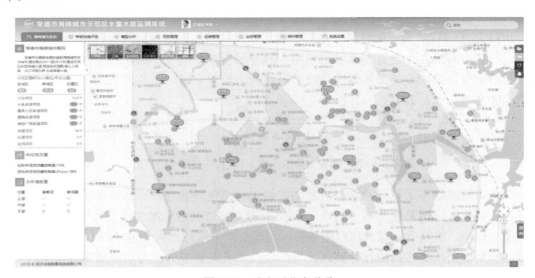

图 5.25　试点区分布总览

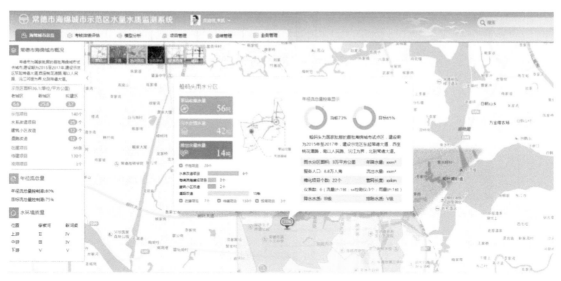

图 5.26　子汇水分区信息展示

在线监测数据展示：通过在地图上操作查看相应雨水分区或仪表安装地块的在线监测数据（图 5.27）。

图 5.27　监测点信息展示

管网数据展示：通过切换管网数据显示图层，可查看示范区域内的管网及配套设施分布及运行工况等情况（图 5.28）。

图 5.28　管网数据展示

5.4.4　绩效指标评估

根据住建部颁布执行的《海绵城市建设绩效评价与考核办法》（2015 年），综合运用在线监测数据、填报数据、系统集成数据，逐项细化分解考核指标，建立考核评估指标体系，支持海绵城市建设效果 6 个方面、18 项指标的全方位、可视化、精细化评估，实现海绵建设效果各项指标的逐级追溯、实时更新，并通过多种展示方式综合展示、对比分析考核评估指标。

（1）水生态指标展示：通过对水生态涉及的年径流总量控制、天然河渠生态修复、城市热岛效应等方面的指标数据的集中展示，展现水生态评估指标的完成情况（图 5.29 和图 5.30）。

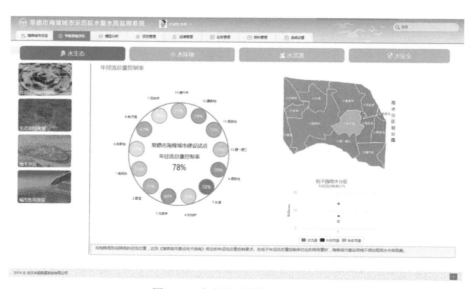

图 5.29　年径流总量控制率展示

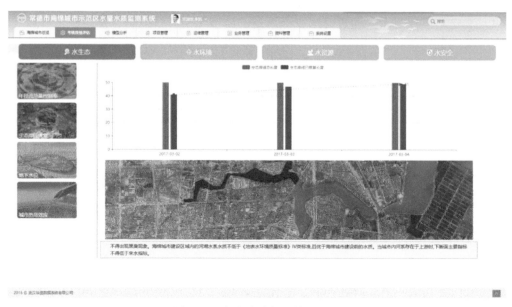

图 5.30 生态岸线恢复情况展示

（2）水环境指标展示：通过对建成区域河湖水系水质、断面水质、城市面源污染监测等指标数据的采集和分析，集中展示水环境评估指标的完成情况（图 5.31）。

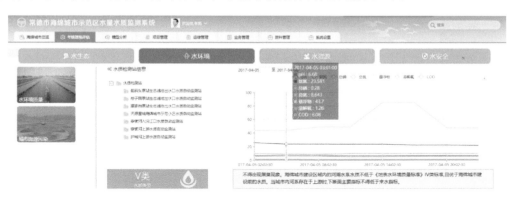

图 5.31 水环境指标展示

（3）水资源指标展示：通过对建成区域的污水处理再生利用、雨洪利用、供水管网漏损率等方面的指标数据采集和分析及前后数据对比，集中展现水资源评估指标的完成情况（图 5.32）。

（4）水安全指标展示：通过对水安全涉及的城市防涝有效控制、暴雨积水前后对比、饮用水水源地保护、制水厂出水水质、管网末梢水水质等方面的指标数据的采集和分析展示，展现水安全评估指标的完成情况（图5.33）。

图 5.32　水资源指标展示

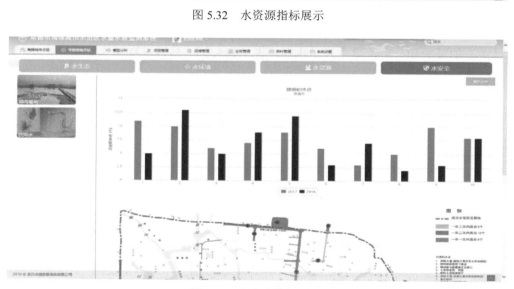

图 5.33　水安全指标展示

5.4.5　模型模拟分析

通过下垫面概化、管网模型概化，并结合参数率定，建立常德市海绵城市建设模型，基于模型，对海绵城市试点区年径流总量控制率、管网溢流污染控制和内涝防治效果进行评估，核算试点区的年径流总量控制率、管网溢流污染控制和内涝防治效果（图5.34和图5.35）。

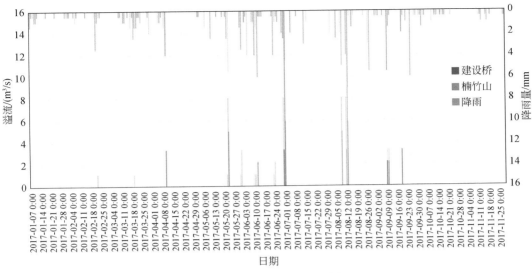

图 5.34　管网溢流污染控制

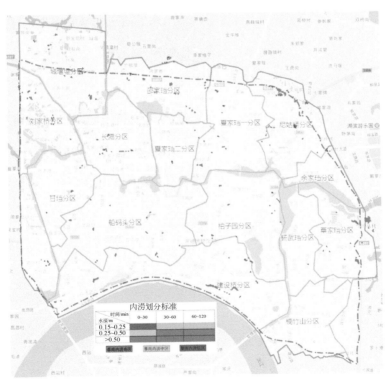

图 5.35　内涝防治效果

5.4.6　项目管理

项目管理功能：提供海绵城市建设项目属性信息、空间地图、设施建设信息的查看和编辑功能（图 5.36 和图 5.37）。管理部门可实现项目分级管理及查询，对项目进行全过程的信息汇总与跟踪，查询项目的全要素信息，包括各设施类型、描述信息、工程进度、完成度、与项目相关的历次会议记录及相关文档等内容，并对项目实施的整体情况和实施人员的工作情况进行有效管理，进而为海绵城市设施的运行维护与优化改造提供依据。

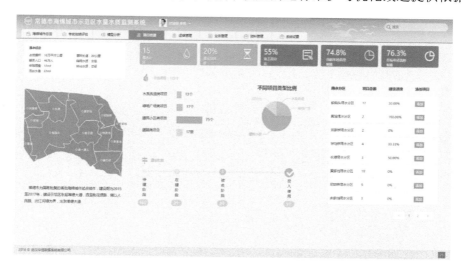

图 5.36　海绵项目建设总览展现

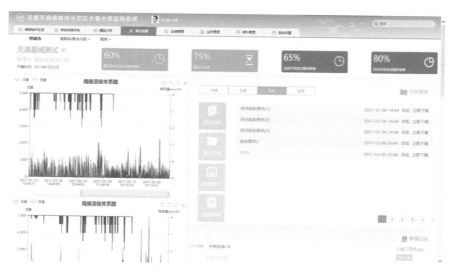

图 5.37　海绵典型项目管理

5.4.7　运维管理

通过运维管理功能对分布在试点范围内的在线监测仪表、在线监测网络、其他监测设备、海绵设施、监测网络信息化平台等的日常操作使用与维护工作进行信息化管理，分析海绵设施、监测设备的运行工况，做好日常维护保养工作，提高运维管理工作效率，实现对监测设备、海绵设施的长效运维管理（图 5.38～图 5.40）。

图 5.38　运维工单管理

图 5.39　运维工作查看

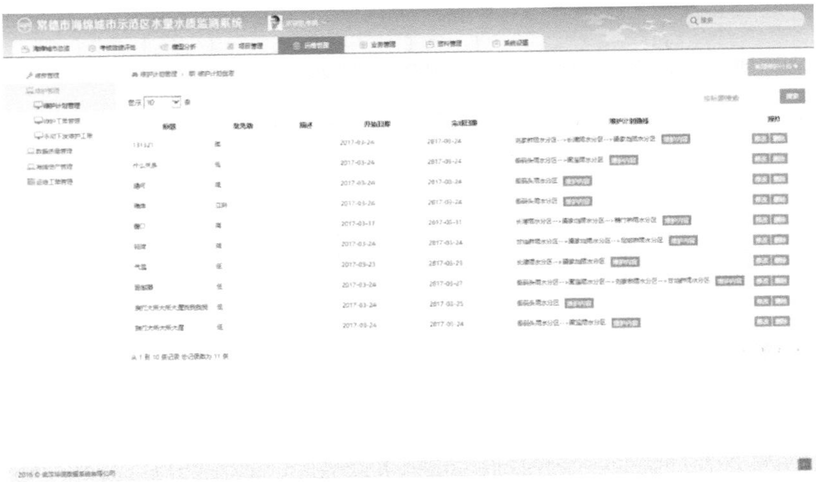

图 5.40　维护计划与实施结果反馈

5.4.8　业务管理

海绵城市信息化管控平台在日常的运营监管过程中涉及大量的专业业务管理工作，这些工作是海绵城市建设成效分析的基础，也是海绵城市长效运营监管业务处理的必需内容（图5.41～图5.43）。

图 5.41　化验数据管理

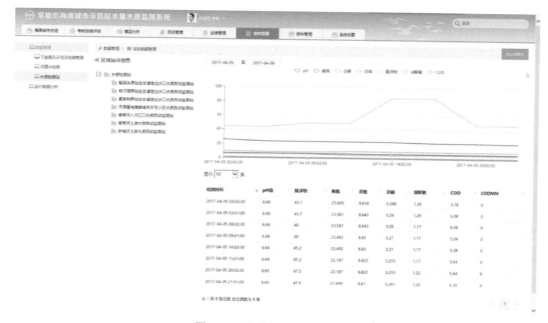

图 5.42　水质监测站数据管理

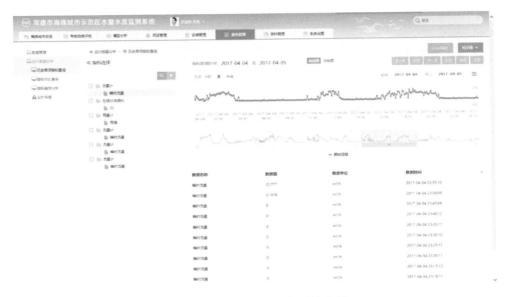

图 5.43　历史数据查询与对比分析

5.4.9　制度建设管理

将建立的海绵城市规划建设管控制度、蓝线绿线划定与保护、技术规范与标准建设、投融资机制建设、绩效考核与奖励机制、产业化等方面的管理制度实现数字化、规范化的管理。各类制度和政策文件在平台中实现规范的分类管理、快速准确查找、在线查阅和展现，提高制度文件的管理效率（图 5.44）。

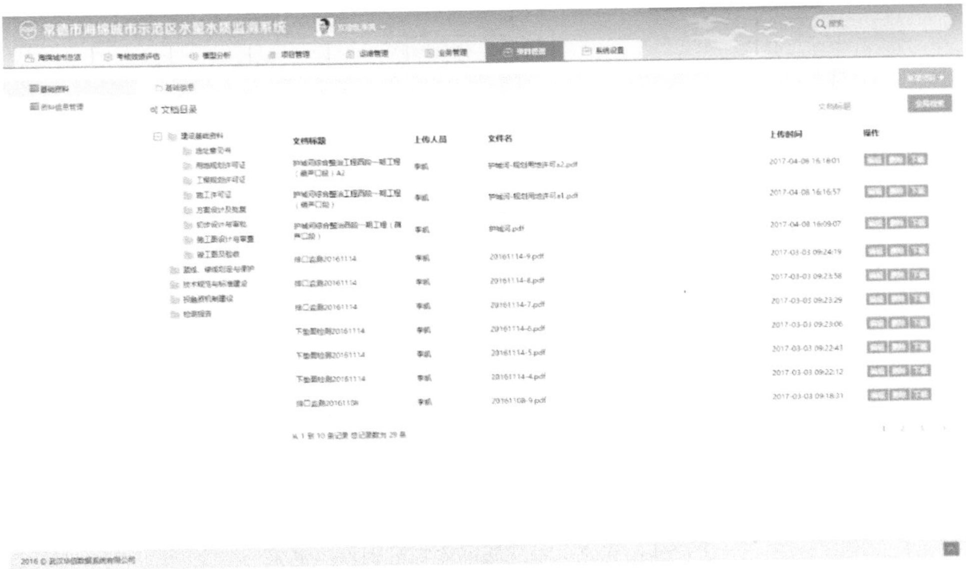

图 5.44　制度建设实施的查询

第 6 章

海绵城市体制机制保障

6.1　体制机制建设概览

6.1.1　总体框架

试点建立海绵城市推进体制机制海绵城市试点建设的核心内容之一，常德市从 4 个方面推进海绵城市建设体制机制，即管理协调机制建设、规划建设管控制度建设、财政管控制度建设、技术标准体系建设（图 6.1）。

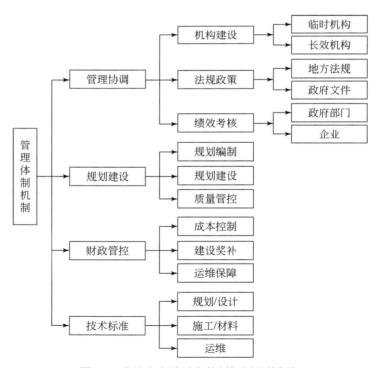

图 6.1　常德市海绵城市体制机制总体框架

管理协调机制建设解决谁来长期推进海绵城市建设，规划建设管控制度解决规划、建设如何管控海绵城市建设，财政管控则是从建设改造成本、建设奖补、运维资金保障等方面确保财政保障合理、到位，技术标准则规定了海绵城市建设规划设计、施工、建设、运维的技术要求，保障海绵城市建设有技术可遵循。

6.1.2　立法及政策规章总览

常德市在海绵城市建设试点过程中，建立了比较完整的法规、政策、规章体系，保障海绵城市建设的实施，常德市出台保障海绵城市建设的地方法规 1 部、政策制度 4 部，部门规章 20 部，涉及海绵城市规划编制与实施、海绵城市建设推进、规划建设管控及工程质量监管、资金管理、设施运行维护等方面，分别由常德市人民政府、常德市规划局（规划局）、常德市住房和城乡建设局（住建局）、常德市建设工程质量安全监督管理处（质安处）和海绵办等部门发布（表 6.1）。

表 6.1　常德市海绵城市建设法律政策规章统计表

序号	文件名称	发布机构及文号	类别	发布时间	备注
1	常德市人民政府关于印发《常德市规划管理技术规定》的通知	常德市人民政府，常发〔2018〕3 号	规划	2018 年 6 月	新增海绵章节
2	常德市规划局关于印发《常德市海绵城市建设项目规划管理规定》（试行）的通知	规划局，常规发〔2017〕3 号	规划	2017 年 3 月	
3	常德市住房和城乡建设局关于印发《常德市海绵城市建设（雨水处理与利用）技术导则》的通知	住建局，常建通〔2018〕63 号	设计	2018 年 5 月	2015 年 6 月发布《常德市海绵城市建设技术导则》修订版
4	常德市住房和城乡建设局关于印发《常德市海绵城市建设设计技术标准图集（修订）》及《常德市海绵城市建设植物选型配置技术导则》的通知	住建局，常建通〔2018〕60 号	设计	2018 年 5 月	2015 年发布试行版，2018 年 5 月修订
5	海绵城市建设工程质量检验技术要求（试行）	住建局	建设	2015 年 11 月	
6	常德市住房和城乡建设局关于印发《常德市海绵城市建设效果评估验收办法》（试行）的通知	住建局	建设	2018 年 5 月	
7	常德市住房和城乡建设局关于印发《加强海绵城市建设常见技术问题防治的指导意见》的通知	住建局，常建通〔2018〕23 号	建设	2018 年 2 月	
8	常德市住房和城乡建设局关于印发《常德市海绵城市建设施工指南（修订）》的通知	住建局，常建通〔2018〕62 号	建设	2018 年 5 月	
9	常德市海绵城市建设项目验收标准（试行）	质安处	建设	2016 年 3 月	
10	常德市海绵城市建设技术措施实用手册	海绵办	建设	2015 年 6 月	
11	常德市建设工程质量安全监督管理处文件《关于规范海绵城市建设项目监督管理的通知》	质安处，常质安监字〔2018〕14 号	建设	2018 年 2 月	
12	常德市建设工程质量安全监督管理处文件《关于市质安处和省检中心联合督办城市提质项目工程质量问题的通知》	质安处，常质安监字〔2017〕6 号	建设	2017 年 2 月	
13	关于规范常德海绵城市项目专项验收工作的通知	质安处	建设	2017 年 1 月	
14	常德市住房和城乡建设局关于印发《常德市海绵城市建设项目建设管理办法》的通知	住建局，常建通〔2017〕59 号	建设	2017 年 3 月	
15	常德市住房和城乡建设局关于印发《常德市海绵城市设计施工图审查办法》的通知	住建局，常建通〔2017〕58 号	建设	2017 年 3 月	

序号	文件名称	发布机构及文号	类别	发布时间	备注
16	关于下发《常德市海绵城市建设工程项目变更管理规定（试行）》的通知	海绵办，常海建通〔2015〕8 号	建设	2015 年 12 月	
17	关于下发《常德市城区黑臭水体专项整治工作方案》的通知	海绵办，常海建通〔2015〕7 号	建设	2015 年 11 月	
18	常德市海绵城市建设领导小组办公室关于加快推进海绵型院落建设的通知	海绵办，常海建通〔2016〕1 号	建设	2016 年 3 月	
19	常德市海绵城市建设领导小组办公室关于城区黑臭水体整治实施意见	海绵办，常海建通〔2016〕2 号	建设	2016 年 4 月	
20	海绵城市建设建筑材料技术标准	住建局，常建通〔2018〕61 号	材料	2018 年 5 月	
21	常德市住房和城乡建设局关于印发《常德市海绵城市建设技术导则（PVC-U 及 PE 渗透排水用实壁管）（修订）》的通知	住建局，常建通〔2018〕64 号	材料	2018 年 5 月	2017 年 11 月发布试行版，2018 年 5 月修订
22	常德市海绵城市建设领导小组办公室关于印发《常德海绵城市建设佛甲草应用屋顶绿化技术要求（试行）》的通知	海绵办	材料	2018 年 5 月	
23	海绵产品图集		材料		
24	常德市海绵设施运行维护指南	海绵办，常海建通〔2017〕1 号	维护	2017 年 3 月	
25	常德市住房和城乡建设局关于印发《常德市海绵设施运行维护手册》的通知	住建局，常建通〔2018〕56 号	维护	2018 年 5 月	

6.2　管理机制体制建设

6.2.1　协调管理机制

根据《常德市人民政府办公室关于成立常德市海绵城市建设领导小组的通知》（常政办函〔2015〕38 号），常德市成立海绵城市建设推进工作领导小组，由市委书记任顾问，副书记、市长任组长，市人大、政协、政府等领导成员为副组长，市发展和改革委员会、住房和城乡建设局、规划局、财政局、水利局、环保局、国土资源局、气象局、水文局、房管局、市政公用事业局、园林局等相关职能部门，常德市城市建设投资集团有限公司、常德市经济建设投资集团有限公司、武陵区政府、鼎城区政府、柳叶湖度假区、常德经开区等主要领导为成员的海绵城市建设领导小组。

《中共常德市委办公室　常德市人民政府办公室　关于加快推进海绵城市建设的实施意见》（常办发〔2016〕13 号）原则明确了各委办局海绵相关的职能，并明确海绵办统筹协调、项目推进等日常工作。

根据《常德市人民政府办公室关于成立常德市海绵城市建设领导小组的通知》（常政办

函〔2015〕38 号），海绵城市建设领导小组办公室设在市住建局，由住建局局长任办公室主任。

根据《常德市海绵城市建设领导小组办公室关于调整机构运行方案的通知》，海绵办为市政府临时机构，其主要职责为全面统筹全市海绵城市建设各项工作。制定海绵城市试点城市建设"三年"行动实施方案并督促各责任主体落实。海绵办内设 9 个工作组，分别为：综合组、规划设计组、工程组、黑臭水体整治水生植物组、小区院落改造组、园林绿化组、资金及 PPP 模式推进组、资料宣传组、技术服务组。海绵办内设 9 个小组，其中综合组、工程组、资料宣传组、技术服务组 4 个小组为领导小组办公室常设组室，负责处理日常事务。其他 5 个小组组长由各委办局的主要领导兼任，并由相关委办局承担相应的职能。以规划设计组为例，组长为规划局副局长，其主要职能包括：

（1）负责制定本市海绵城市建设管理技术导则；制定常德市海绵城市建设规划；

（2）负责在控规地块中落实海绵城市建设指标；

（3）负责在规划设计要点中提出海绵城市建设要求，参与海绵城市建设规划设计方案的讨论；落实本市各类工程的海绵城市建设设计工作；

（4）负责对市城区（一城四区）已建工程、在建工程、拟建工程的海绵城市规划进行审查；负责对在建工程项目进行海绵设计修改；负责研究制定各类已建工程海绵城市改造的设计方案；

（5）参与扩初设计中海绵城市建设相关指标把关；参与施工图审查，确保海绵城市建设设计落实到位；

（6）参与海绵城市水生植物规划设计；负责审查各类项目海绵建设中的水生植物设计方案；

（7）负责培训设计、施工及监理人员；

（8）协调专家在常德的海绵城市设计工作。

海绵办实行每日一巡查、每周一调度，副市长每月一调度，市纪委及组织部全程督导的工作方式。

2019 年 6 月 24 日，在常德市新一轮的机构改革中，常德市组建"常德市海绵城市建设服务中心"，该中心为常德市住房和城乡建设局下属事业单位。

常德市海绵城市建设服务中心将侧重进行海绵城市建设项目规划、设计、建设、运营、维护管理等公益性服务，指导、监督、考核全市海绵城市设施维护，加强城市水务数字化管理，引导市民积极参与海绵城市建设，将政府强化推进转为社会自觉行为等。

6.2.2　法规政策保障

河湖水环境保护与治理是常德市海绵城市建设的重要的目标之一，为保护城市河湖环境，常德市制定并发布了《常德市城市河湖环境保护条例》。《常德市城市河湖环境保护条例》共六章三十三条，明确了海绵城市专项规划的制定及实施、监督及蓝线管理。《常德市城市河湖环境保护条例》第十条规定住房和城乡建设局组织编制海绵城市专项规划，第十一条就海绵城市专项规划听取专家及公众意见做了明确；第十二条要求城市蓝线、城市河湖污染防治规划、水资源综合利用规划、海绵城市建设专项规划、城市排水和污水处理规划应相互协调一致；第十九条规定规划部门审查批准城市建设项目时应当符合城市蓝线、水资源综合利用规划、城市河湖污染防治规划、海绵城市专项规划、城市排水和污水处理规划；第二十一条则规定市、区人民政府（管理委员会）应当组织相关部门，种植或者放养净化水体的生物，清除有害水生生物及其残体，清淤疏浚，构建人工湿地、雨水花园、生态驳岸、调蓄池，增强地表涵水功能，优化水生态系统。

《常德市城市河湖环境保护条例》从规划的编制、审批、实施、规划监督等方面明确了海绵城市建设：第十条明确了海绵城市专项规划组织编制主体，第十一、第十二条则从规划的科学性、规划的协调性做了明确，以确保规划能实施；第十九条明确了规划的实施纳入规划部门对项目的审查过程中；第二十一条明确海绵城市建设的具体内容，如雨水花园、生态驳岸等（图6.2）。

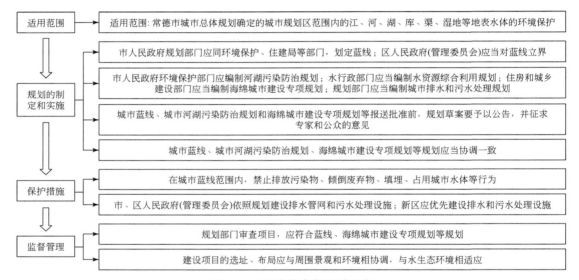

图6.2 河湖保护条例相关要求

湖南省发布了《湖南省人民政府办公厅关于推进海绵城市建设的实施意见（湘政办发〔2016〕20号）》，明确了湖南省海绵城市建设目标、规划管控、建设管控、责任主体、资金保障等要求，具体如图6.3所示。

《中共常德市委办公室常德市人民政府办公室关于加快推进海绵城市建设的实施意见》（常办发〔2016〕13号）明确了常德市海绵城市建设的目标、责任主体、规划建设管控制度、资金来源安排等（图6.4）。

6.2.3 绩效考核机制

海绵城市建设绩效考核可分为对政府的考核和对企业的考核，常德市出台《常德市海绵城市建设绩效评价考核办法》（常政办函〔2018〕14号），明确对本市县级以上城市开展海绵城市建设效果绩效评价与考核适用该办法，建设考核内容如图6.5所示。

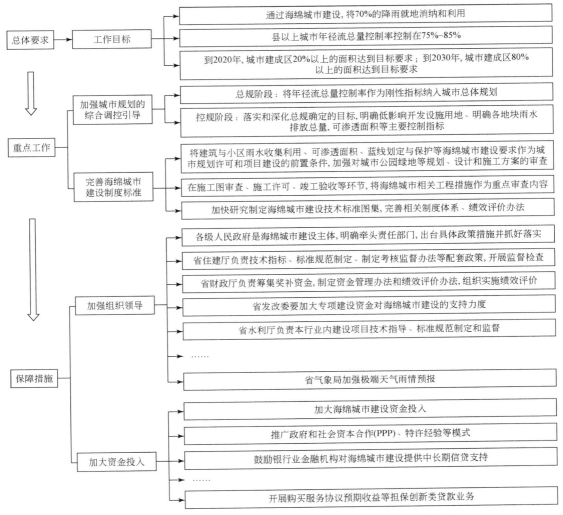

图 6.3　湖南省人民政府办公厅关于推进海绵城市建设的实施意见

　　为推动海绵城市建设试点顺利进行，常德市海绵办邀请纪委、组织部参与海绵城市督查监督。制定了《关于邀请市纪委巡视员参与城镇带动和海绵城市建设监督核查的请示》，邀请市纪委巡视员参与城镇带动和海绵城市建设监督核查（参照"三改四化"模式），主要监督核查项目建设是否符合要求；项目资金使用是否符合规定；是否存在弄虚作假骗取海绵补助资金的现象；项目进度是否按照时间节点推进；项目实施是否达到预期目的等工作。为激励相关人员工作积极性，市海绵办出台了《关于邀请市委组织部观察员参与城镇带动和海绵城市建设工作人员考察的请示》，邀请市委组织部观察员参与城镇带动和海绵城市建设工作人员考察（参照"三改四化"模式）。在海绵城市建设工作中表现突出的，优先给予提拔或重用；对于阻碍海绵城市建设或工作表现不力、不尽职履责的，取消全年评优评先资格，并通报批评，严格追究造成不良影响或后果的责任。

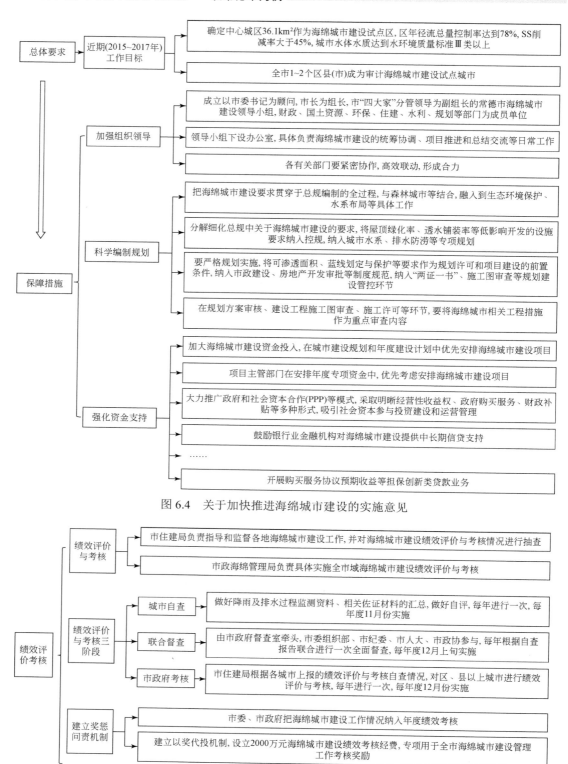

图 6.4　关于加快推进海绵城市建设的实施意见

图 6.5　绩效评价考核

为规范对 PPP 公司的考核，常德市海绵城市建设领导小组办公室印发了《海绵城市 SPV 公司考核细则》，明确海绵城市建设及验收、运营、移交三阶段的考核目标、考核依据、考核部门等。以水环境质量为例：

（1）考核目标：是否出现黑臭现象；海绵城市建设区域内的河湖水系水质是否不低于《地表水环境质量标准》IV 类标准，且优于海绵城市建设前的水质；当城市内河水系存在上游来水时，下游断面主要指标是否不低于来水指标；地下水监测点位水质是否不低于《地下水质量标准》III 类标准，或不劣于海绵城市建设前。

（2）考核依据：《海绵城市建设技术指南》、设计文件、《地表水环境质量标准》IV 类标准、《地下水质量标准》III 类标准。

（3）考核部门：常德市水利局、常德市环保局。

考核结果与运营付费挂钩，如根据 PPP 合同规定：从运营期开始，在每个运营年年末根据绩效考核结果向项目公司支付可行性缺口补助。该项目市财政支付的缺口补助纳入财政预算。

政府实际支付可行性缺口补助金额（绩效考核后）=可用性付费×70%+（可用性付费×30%+运营维护费）×考核系数−经营性收入−政府方当年分成的经营收入。

6.3　规划建设管控制度

6.3.1　规划编制体系

1.《常德市海绵城市专项规划（2015—2030）》

1）规划范围与期限

《常德市海绵城市专项规划（2015—2030）》的规划范围为：《湖南省常德市城市总体规划（2009—2030）》确定的中心城区，即北至太阳山、南至规划石长铁路外绕线，东西分别至二广高速及常张高速沿线地区，总用地面积约 612.53km^2。

该规划分为以下三个层次。

中心城区：612.53km^2，主要从区域层面系统构建常德市海绵城市。

常德市江北城区、鼎城区、德山经济技术开发区的全部建设用地：160km^2，构建低影响开发措施，同时考虑与周边的衔接。

海绵城市建设示范区：36.1km^2，落实海绵城市建设试点要求，保障海绵城市建设达到国家相关要求。

本次规划基准年为 2014 年，规划期限为 2015～2030 年，近期和常德市海绵城市建设试点期限一致，为 2015～2017 年；远期为 2018～2030 年。

2）规划目标

落实"节水优先、空间均衡、系统治理、两手发力"的治水理念，提出符合常德市自然环境特征和城市发展实际的海绵城市建设框架，从区域层面识别山水林田湖等海绵城市要素，维系区域良好生态格局；中心城区，因地制宜组合渗、蓄、滞、净、用、排等多种技术措施，控制径流总量，提高城市排涝标准，减少面源污染，改善城市水环境，因地制宜地提高雨水资源化利用效率，强化新老城区融合和均衡发展，创新海绵城市开发建设模式。

　　3）规划策略

　　A. 水系构建，生态维护

　　a. 目的与意义

　　海绵城市建设首先是要保护原有生态系统，最大限度的保护原有的河流、湖泊、湿地、坑塘、沟渠等水生态敏感区，留有能够涵养水源并应对较大强度降水的林地、草地、湖泊、湿地，维持城市开发前的自然水文特征。其次是生态恢复与修复。对传统粗放式城市建设模式下，已经受到破坏的水体和其他自然环境，运用生态的手段进行恢复和修复，并维持一定的生态空间。维系城市所依存的山水林田湖生态要素，从区域层面保障城市良好的海绵城市环境。

　　b. 实施途径

　　城市水系构建：以水系构建为核心，以城市防洪排涝安全为目标，构建城市大排水通道，恢复城市水系空间。

　　城市山水林田湖生态格局构建：以城市山水格局为依据，识别城市水敏感性高的生态要素，构建常德市城市山水林田湖生态系统，提出城市生态要素的保护要求与保护措施。

　　B. 绿色灰色，协同共生

　　a. 目的与意义

　　海绵城市建设的四重目标即水资源、水环境、水生态、水安全，必须发挥绿色基础设施和灰色基础设施共同作用，二者缺一不可。完善的灰色基础设施可消除城市点源污染，但城市污染的面源污染问题，由于其分散性，必须发挥绿色基础设施的作用。

　　常德市地处冲积平原，城市排水以泵站抽排为主，同时由于城市雨污混接的问题，常德市在雨水口建设了一批生态滤池，生态滤池在水环境改善、黑臭水体治理方面有重要的作用。常德市海绵城市建设必须发挥源头分散式绿色基础设施、管网排口集中式生态滤池、城市管网的协同作用，确保海绵城市建设目标可达。

　　b. 实施途径

　　要发挥源头分散式雨水调蓄、下沉式绿地、雨水花园等削减城市面源、雨水径流，在此基础上，再依托污水管网的建设，将旱季混流污水调蓄到污水厂处理，雨季部分初期雨水由调蓄池调蓄到生态滤池进行处理。通过上述途径，实现常德市的绿色与灰色基础设施的协同共生。

　　C. 目标问题，双重导向

　　目标导引：落实国家《国务院办公厅关于推进海绵城市建设的指导意见》、《水污染防治行动计划》等国家要求，具体目标和指标达到《海绵城市建设绩效评价与考核办法（试行）》的要求，全面推动海绵城市建设，明确近远期建设时序，合理有序保障海绵城市建设。

　　问题导向：系统梳理常德市城市涉水问题，如内涝积水问题、黑臭水体问题、水资源利用问题、水生态问题等，提出系统的解决方案，改善城市民生。

老城区以解决城市居民的切身问题为主，包括城市积水问题，城市合流制管网溢流的问题，城市水环境问题。新城区以落实国家政策目标为主，全面实施海绵城市建设，达到国家海绵城市相关目标和指标。

D. 因地制宜，技术示范

a. 目的与意义

常德市为国家海绵城市建设试点城市，通过试点，示范海绵城市建设技术。常德市中心城区下垫面特征存在差异，在中心城区，不同的下垫面适宜不同的海绵城市建设技术。针对常德不同的下垫面、建筑条件乃至社会文化特征，提出常德市海绵城市建设适宜的技术，包括建筑小区、道路广场、公建、公园绿地等不同建筑类型海绵建设技术组合方案。

b. 实施途径

依据海绵城市建设分区结果，分析分区的下垫面特征，确定适用的海绵城市建设技术手段，分别提出典型建设单元技术组合方案；参考国外经验，结合常德市气候、下垫面情况，创新技术措施，使之适合常德。

E. 近期远期，分步实施

a. 目标与意义

常德市为全国首批海绵城市建设试点城市，试点期限为 2015～2017 年，近期常德需要完成试点任务。2015 年 9 月，国务院召开常务会议，推广海绵城市建设，试点城市需发挥示范作用。常德市肩负着制度示范、技术示范、运营示范等多重示范。远期在近期技术、投融资机制、运行机制等突破的基础上，常德市全面转型城市建设模式，全面示范海绵城市建设。

b. 实施途径

根据近远期目标，分析常德市近期、远期海绵城市建设需求。近期系统建立海绵城市发展框架，完成 3 年海绵城市示范，远期全面完成海绵城市专项规划确定的目标。在工程建设方面，近期结合海绵城市建设示范，突出重点，注重发挥实效；在制度建设方面，近期建立海绵城市建设规划管控制度，形成制度示范。规划期末常德市全面达到海绵城市要求，在全国海绵城市建设中发挥全面示范作用。

F. 规划建设，制度引导

a. 目的与意义

建立适合于常德市的规划管控制度、建设运营机制、投融资制度，解决现行的城市规划管理制度中海绵城市规划管控制度缺位、城市公益性和准公益性绿色基础设施建设与运营经费缺乏的问题。通过构建适合于常德市的海绵城市建设制度、标准、规范，引导海绵城市建设，确保海绵城市建设有规划引领、有技术标准规范、运营可持续。

b. 实施途径

分析现行城市建设的制度、标准、资金保障措施，以保障海绵城市建设为目标，构建适合于常德的规划、建设、管控制度。

4）海绵城市格局

以城市水系结构、城市生态结构为基本依据，识别常德市基质、斑块、廊道等基本生态要素，构建常德市海绵城市格局（图 6.6）。

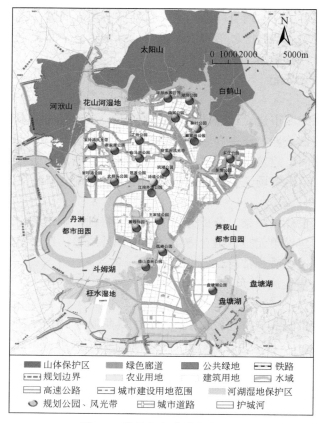

图 6.6 常德市海绵城市格局图

（1）山体：以生态保育和维护为重点，恢复和培育原生的自然植物资源，将河洑山国家森林公园、太阳山森林公园（省级）、德山森林公园（市级）等打造成集生态旅游、休闲度假、科教宣传于一体的近郊城市原生态森林区和森林型旅游区。各森林公园充分利用乡土植物进行合理配置；重点加强对太阳山、白鹤山、南部山丘等环城生态绿楔的修复，停止天然林和其他生态公益林的商品性采伐，对乔木林、灌木林和未成林造林地采取封山设卡、划片巡护、社区共管等措施实行全面管护，并加快荒山荒地绿化造林步伐，尽快恢复林草植被。

（2）都市田园：作为改善大环境的主要组成部分，都市田园通过建设市域农田林网，实现生态与经济效益的有效结合。控制农田化肥、农药对周边地区的面源污染，减少农药的投放量和改变耕作方式促进粗放型农业向集约型、生态型农业转变，使农业地区成为更多生物的栖息地。合理种植水生生物，削减农田面源。

（3）湿地公园：规划湿地公园包括城市北部的花山河湿地公园和南部的枉水湿地公园两大部分，其中花山河湿地公园用地面积约 15km²，枉水湿地公园用地面积约 34km²。湿地公园现状为农田、湿地、鱼塘等，生态和景观本底条件良好。湿地公园的定位为向公众的大型郊野公园，发挥水质净化、水土保持、生态保育、生态旅游、科普教育等综合功能。根据湿地公园的环境资源条件、功能使用等划分成不同的功能分区，包括湿地生态保育区、湿地公园游憩区、湿地公园服务区等，湿地公园的建设应严格保护原有的绿地、坑塘水体，雨水排放量较开发建设前不得增加。

（4）内河水系：包括江南外滩公园、诗墙公园、环形水系公园、环柳叶湖占天湖风光带、穿紫河缤纷水岸等。规划设计应当在加强滨水生态资源保护的前提下，根据资源条件和生态格局进行在地的岸线规划设计，重点突出滨水岸线的丰富性、亲水性和可达性等。合理种植水生植物、人工浮道净化河道内水质，建设柔性湖岸，拦截入河初期雨水。

5）目标与指标的分解

已建成区年径流总量控制可分为分散式、集中式、分散与集中相结合 3 种方式。分散式主要是利用分散的绿地、透水铺装、分散调蓄池等技术手段控制水量。集中式主要是利用城市大型基础设施，如公园绿地、雨水排口建设的生态滤池等集中下渗或是蓄积水量。分散与集中相结合是指控制单元内分散式技术处理一部分水量，多余的水量由集中式生态滤池承担，确保建设区域雨水不外排。结合常德老城区泵站机埠、生态滤池和地块建设难度进行指标分解。

6）规划评价

该规划 2016 年编制，为我国首批海绵城市专项规划之一，主要内容包括规划目标与原则、海绵城市格局构建、海绵城市系统规划、城市低影响开发雨水系统构建、近期建设指引。该规划一是确定山水林田湖草的保护与修复方案；二是以城市黑臭和内涝问题为导向，管网等灰色基础设施建设方案；三是以城市规划管控为导向，构建了各控制单元规划管控要求，形成了目标（地块年径流总量控制率、SS 削减率）+指标（下沉式绿地率、透水铺装率、绿色屋顶率、集中式生态滤池）；四是构建了常德市海绵城市建设技术路线，形成了灰绿结合、集中分散相结合的海绵城市建设技术；五是构建了海绵城市体制机制建设方向。海绵城市建设试点后再回顾，依然具有很强的指导意义。

2.《常德市中心城区排水（雨水）防涝综合规划（2017—2030）》

1）规划目标与标准

该规划的目标分为三个层次：

（1）发生城市雨水管网设计标准以内的降雨时，地面没有明显积水；

（2）发生城市内涝防治标准以内的降雨时，城市不出现内涝灾害；

（3）发生超过城市内涝防治标准的降雨时，城市应急救援系统运转基本正常，不造成重大财产损失和人员伤亡。

规划标准 1：雨水径流控制标准。城市的开发建设应积极推行低影响开发建设模式，采用源头减量、过程控制、末端治理的方法，控制径流污染、提高雨水利用程度、降低内涝风险。

城市开发建设过程中，应最大程度减少对城市原有水系统和水环境的影响，新建地区综合开发后的径流系数应以不对水生态造成严重影响为原则，一般宜 1 年一遇降雨按照不超过 0.5 进行控制；旧城改造后的综合径流系数不能超过改造前，不能额外增加既有排水防涝设施的负担。新建地区的硬化地面中，透水性地面的比例不应小于 40%。

规划标准 2：雨水管渠、泵站及附属设施设计标准。城市新建、改建雨水管渠和泵站的设计标准，根据《室外排水设计规范》（GB 50014—2006）的要求确定，中心城区为 2 年一遇，中心城区重要地区 3～5 年一遇，中心城区地下通道和下沉式广场 10 年一遇。径流系数应该按照不考虑雨水控制设施情况下的规范规定取值，以保障系统运行安全。

对于现状雨水管网，由于雨水管网的系统性非常强，其设计标准的提升要求上下游各管段在能力应相互匹配，一般单独对个别管段进行提标改造意义不大，故本规划不要求专门对现状雨水管线进行大规模的提标改造，重点改造对系统影响较大、重点积水路段的管线，其他道路管线，要求在道路改建时，相应的雨水管渠按新标准进行建设，以逐步实现整个雨水管网系统的提标。

规划标准 3：城市内涝防治标准。规划通过采取综合措施，使常德市市中心城区能有效应对不低于 30 年一遇的暴雨。

2）城市排水管渠系统规划

A. 大集中、小分散

对于建成区，主要考虑强化沿河区域小区改造与建设，雨水净化后就近排入护城河、穿紫河、新河、永兴河、东风河等城市河道；已建区在于强化对滨河小区的改造，小区雨水净化后直接进入河道。对于未建区，在条件许可的情况下，应尽量就近排入水体。

B. 防混接，浅埋管

为防止小区污水接入城市污水管道，新开发区域应严格实施雨污分流，但考虑到传统的管网建设方式在实际施工、管理中易雨污混接，本次规划新建的雨水管网在条件允许的情况下，应尽量减少埋深，新建小区、道路应严格实施海绵城市专项规划，建设低影响开发措施，小区排水尽量采用地面设施，从源头上杜绝雨污混接。

管网浅埋，可以减少末端排水管网的深度，有利于净化后的雨水直接通过雨水管网直接排入河道，达到节能降耗、水资源高效利用的效果。

C. 蓄排结合提标准

针对现状积涝风险较高、汇水面积过大的雨水系统，重新划分系统服务范围、新建分流干管和调蓄设施。

对于现状不满足排水能力要求的管网，由于改造难度较大，可以考虑新建分流管网，增加排水能力，提高排水标准。

对于现状不达标管网，考虑通过设置雨水调蓄池、低影响开发设施滞留、调节雨峰流量，提高雨水系统排水标准。

3）城市排涝系统规划

城市雨水管网的排水能力是有限的，在发生强降雨时，超出雨水管网排水能力的径流就会沿着道路等向低洼处汇集，但受现状地面坡度、坡向等因素的限制，超出雨水管网排水能力的径流很难通过地表汇集到河道或明渠中，在此情形下，必须根据内涝风险情况以及现状积水点分布情况，适当考虑防涝调蓄设施，以容纳超出雨水管网排水能力的径流，延缓径流洪峰，避免城市内涝灾害的频繁发生。

雨水调蓄设施的布置应与周围管网的竖向高程充分衔接，同时还应充分考虑后期的运营管理。

芙蓉路德才科技学校、文理学院附近，管道排水负荷较重，内涝风险大。规划利用白马湖公园，调蓄雨水，减轻内涝风险。通过竖向的精细化设计，使降雨时附近的雨水径流汇集到白马湖水体，减轻雨水管网压力。

常德大道洞庭公园、东城公园地势低洼，为减轻其内涝风险，规划利用洞庭公园水体、东城公园水体建设内涝调蓄池，洞庭公园利用现有水体 3000m³，东城公园利用现有水体调蓄规模为 10000m³，该设施连通常德大道雨水主干管（图 6.7）。

图例

图 6.7　水系与泵站规划图

3.《常德市城市"五线"专项规划》

1）蓝线划定原则

根据城市规划所控制的河湖渠、城市调蓄水体等界线划定；城市蓝线控制范围应当包括为保护城市水体而必须进行控制的区域；城市蓝线划定应当考虑堤防建设、防洪安全、环境保护、景观营造、生态修复、调蓄的需要；注重规划的可操作性，城市建成区和未建区分别对待的原则，建成区内河道宽度基本维持现状，未建区河道宽度按照水系规划确定。

2）划定对象

依据建设部《城市蓝线管理办法》的基本要求，结合常德市的实际情况，该规划的蓝线划定对象分为河道、湖泊、公园及湿地、大型排水渠等四大类。

3）河道蓝线划定

根据常德市河道水系情况，对包括两岸堤防之间的水域、沙洲、滩地、行洪区及堤防、护堤地，依据功能性划分河道为 3 个等级，分别为Ⅰ类、Ⅱ类和Ⅲ类（图 6.8）。其中，Ⅰ类河道为沅江；Ⅱ类河道包括渐河、马家吉（yuè）河与枉水；Ⅲ类河道为东风河、老渐河、南湖港、夏家垱、花山河、穿紫河、姻缘河、杨桥河、护城河、北部新城水系、红星高低排河以及其他城市水系。蓝线划定标准对应Ⅰ类、Ⅱ类和Ⅲ类河道，分别为①有堤防的河道，蓝线为自堤防背水坡坡脚线外延不小于 20m、12m、8m；②无堤防的河道蓝线为自河道上口线外延不小于 8m。

4）公园水面和湿地蓝线规划

规划区内的公园水面及湿地，包括白马湖公园、滨湖公园水系、丁玲公园水系、屈原公园水系、花山河湿地、枉水湿地、枉渚湿地、盘塘湖湿地。蓝线划定标准为在现状（规划）岸线的基础上外延不小于 10m。

5）大型排水渠蓝线规划

规划区内的大型排水渠主要是新河渠、永兴渠、纬二渠、岩坪渠、知青渠、高排渠。蓝线划定标准为规划堤防的背水坡坡脚线外延不小于 8m。

图例

----- 河道蓝线   ----- 湖泊蓝线   ----- 公园及湿地蓝线   ----- 排水渠蓝线

图 6.8   城市蓝线规划图

4.《常德市海绵城市建设系统方案》

为解决系统性问题，破碎化问题，常德市组织中规院编制了《常德市海绵城市建设系统方案》，该方案往上衔接规划，往下落实具体项目，是海绵城市建设项目的主要依据，具体内容见第 4 章。

该方案采用海绵城市理念，统筹黑臭水体治理、城市内涝防治、城市水文化建设，从源头减排、过程控制、河道治理等三方面综合布局项目，以某一分区为例，项目布局如图 6.9 所示。

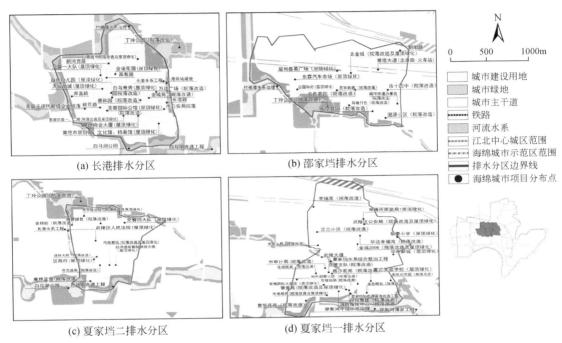

图 6.9　常德市海绵城市建设排水分区项目分布图

5. 规划衔接关系

《常德市海绵城市专项规划（2015—2030）》《常德市中心城区排水（雨水）防涝综合规划（2017—2030）》《常德市城市"五线"专项规划》《常德市海绵城市建设系统方案》是支撑常德市海绵城市建设项目推进的 4 个关键的规划，规划相互支撑衔接。

城市排水防涝规划以防治内涝为目标确定源头减排、管网改造、水系建设要求，其实施期限为 2016～2030 年；海绵城市专项规划以改善水环境、保障水安全、提升水生态、合理利用水资源为目标，明确海绵格局保护要求，提出年径流总量控制率等规划管控指标，提出水资源、水环境、水安全、水生态建设方案，其实施期限为 2016～2030 年；《常德市城市"五线"专项规划》则对河流水系空间管控提出了要求，明确在海绵城市建设区域需要管控、预留的河流水系空间；海绵城市建设系统方案实施期限为 2016～2019 年，其范围为海绵城市试点范围，以海绵城市建设试点达标为目标，落实试点建设项目；从以上分析可看出，海绵城市建设系统方案以建设项目的形式落实海绵城市专项规划要求、落实排水防涝规划的要求、落实蓝线管控要求，是介于规划与项目方案设计之间的文件。海绵城市建设系统方案上承规划，下接项目方案设计，是海绵城市建设规划到项目实施关键性技术文件（图6.10）。

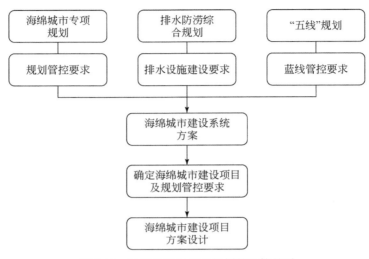

图 6.10　系统方案与相关规划的衔接关系

6.3.2　规划建设管控

1. 制度建立历程

初期阶段：2015 年 4 月，常德市正式入选第一批海绵城市建设试点，当时正有 79 个项目处于在建阶段，包括柳园锦江、两师两校等大型项目。为落实海绵城市建设要求，常德市海绵办出台了《常德市海绵城市建设工程项目变更管理规定》，确定对在建的 79 个项目进行海绵城市建设的变更设计。为不耽误工期、同时发挥各部门、专家的能动性，弥补海绵城市建设技术标准规范的不足，采用联审制。所谓联审制是指规划局、住建局、专家、各部门联合审查海绵城市建设方案。审查后不再进行海绵城市建设部分的初步设计编制审查，直接进入施工图编制阶段。从实际实施效果看，联合审查制度对 79 个在建项目起到了很好的作用，一方面不耽误工程进度，另一方面快速落实了海绵城市建设要求，产出了部分精品工程，如两师两校。对新建项目，该阶段的海绵管控以工程规划许可证变更为主，如图 6.11 所示。

当然，该规划建设管控体系也存在一定的局限性，其中之一就是打破了常规的项目建设规划管控程序。在 2016 年 8 月常德市海绵办的"关于进一步加强海绵城市项目规划和建设管理工作的通知"文件中就明确指出"同时也暴露出部分项目因方案及施工图设计深度不够，从而影响海绵城市建设效果及项目施工质量等问题"。通知明确，"经研究并报请市政府同意，今后所有海绵城市建设项目，必须严格遵守《常德市规划局关于印发〈常德市海绵城市建设项目规划管理规定〉》《常德市住房和城乡建设局关于印发〈常德市海绵城市建设管理规定的通知〉》执行，不再实施联合审查制度，请相关单位按各自职责……严格把关"。在此后，海绵城市建设项目规划建设管控纳入各部门职责（陈利群等，2019）。

常 德 市 规 划 局

余家垱机埠低影响开发雨水系统方案评审会会议纪要

　　2015 年 4 月 30 日，市规划局副局长姜政主持召开了余家垱机埠低影响开发雨水系统方案评审会，参加会议的有市规划局、市住建局、市水系办、市环保局、市园林局、市公用局、汉诺威水协、穿紫河公司和市规划设计院等单位的有关负责人以及马泽民、陈红文、胡序锋三位专家。会议听取了市规划设计院关于余家垱机埠低影响开发雨水系统设计方案的情况汇报，并就相关问题进行了认真的讨论和研究。现纪要如下：

常 德 市 规 划 局
准予行政许可决定书

建 设 单 位	常德市穿紫河建设开发有限公司
项 目 名 称	余家垱雨水泵站工程规划许可证变更（增补低影响开发雨水系统设计）
建 设 工 程 地 点	常德大道西侧、柳河路南侧
总 投 资 概 算	4169
年 度 计 划 文 件	常发改投【2013】162号
土 地 权 属 证 号	（2012）政国土字第657号
初 步 设 计 批 文 号	常建函【2013】60号
核发许可证编号、日期	常规市政审第[2015]0071号　2015-09-29
领 证 人 签 名	

图 6.11　早期海绵城市规划建设管控文件

　　根据《常德市海绵城市建设项目规划管理规定》《常德市海绵城市建设管理规定》，"建设工程项目的方案设计、初步设计、施工图设计等设计阶段，设计单位应编制海绵城市建设设计专篇"。相关部门对海绵城市管控通过审查相关规划设计专篇来实现。但这一阶段也存在问题，《常德市 2016 年度海绵城市试点绩效评价专家意见》明确指出："关于把海绵城市建设指标纳入'两证一书'的规定，在实际操作中并没有执行，仅采用将相关指标要求纳入规划设计条件的形式替代"。并"建议加强'两证一书'对海绵城市建设的管控力度"。针对此问题，常德市海绵办召开专题会议，听取相关部门及专家意见。综合起来三条意见：①"两证一书"为标准格式，在"两证一书"标准格式变更之前难以将相关指标纳入，但是在相关附件或者审批单中可以纳入；②对于海绵改造项目，不涉及选址、主体工程建设工程，以项目规划设计建设流程管控和技术审查为主，相关海绵规划管控的内容纳入工程规划许可证的审批单；③对于新建项目，全流程管控，并将海绵城市建设要求纳入"两证一书"及相关附件。

　　为进一步加强对项目的管控，常德市海绵办在调研兄弟城市经验的基础上，常德市出台了《常德市海绵城市项目建设暂行管理实施细则》，明确了新建、改建、扩建类政府投资和社会投资项目的管控流程、管控要求及管控部门（图6.12）。

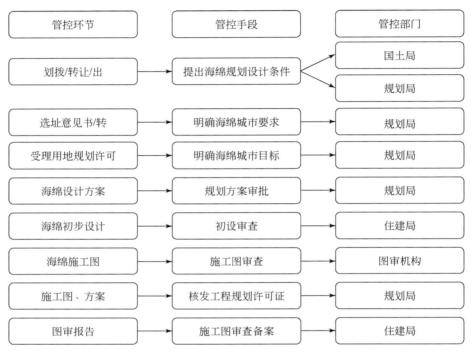

图6.12　常德市海绵城市规划建设管控流程图

　　上述流程作为新建项目全流程的规划建设管控流程，涉及国土、规划、住建等部门。改造项目，其流程以从海绵设计方案开始。上述流程较好的衔接了新建、改造项目。规划、建设、国土、发改、财政等部门在整体的流程图之下，构建了自身的管控流程。

2. 规划管控制度

　　常德市出台了《常德市城市河湖环境保护条例》法规，共33条，其中明确与海绵城市相关的有5条，规定海绵城市规划编制、海绵城市规划实施、海绵城市监督管理，从法规层面对海绵城市规划管控制度予以明确。《常德市城市河湖环境保护条例》第十九条规定：规划部门审查批准城市建设项目时应当符合城市蓝线、水资源综合利用规划、城市河湖污染防治规划、海绵城市建设专项规划、城市排水和污水处理规划，建设项目的选址、布局、高度、体量、造型、风格和色调应当与周围景观和环境相协调，与水生态环境相适应。

　　常德市规划局出台《常德市海绵城市建设项目规划管理规定（试行）》，明确海绵城市建设项目规划管理要求（图6.13）。

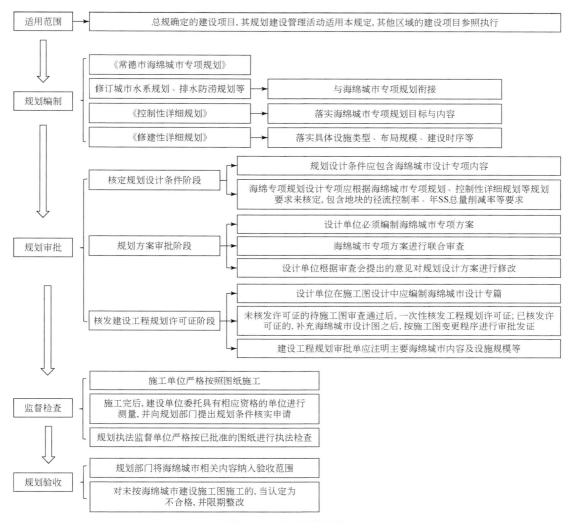

图 6.13　规划管控流程

3. 建设管控制度

常德市住建局出台《常德市海绵城市建设项目建设管理办法》明确海绵城市建设项目招标、施工、监理、验收有关规定（图 6.14）。明确设计管理流程中，建设工程项目的方案设计、初步设计、施工图设计等阶段，设计单位应编制海绵城市设计专篇，且满足相关技术标准的要求；明确施工图审查机构要根据国家、省、市建设相关规范和《海绵城市建设技术指南》、《常德市海绵城市建设施工图审查办法》，对项目海绵城市建设设施设计符合性进行审查，图审报告应当对海绵城市建设设施控制性指标符合性予以说明。对于未达到选址意见书或规划条件中控制指标的设计文件不予核发批准文件或施工图审查合格书。

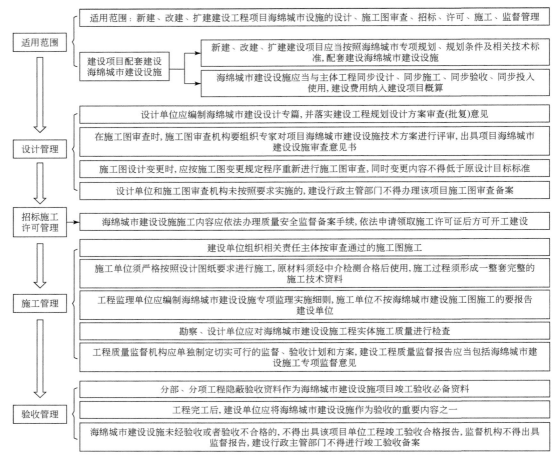

图 6.14 《常德市海绵城市建设项目建设管理办法》建设管控

常德市住建局出台了《常德市海绵城市设计施工图审查办法》，明确海绵城市施工图审查对象、审查依据、审查内容等（图 6.15）。

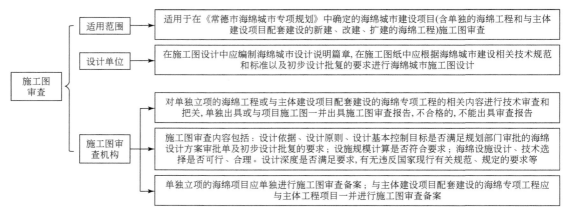

图 6.15 施工图审查

6.3.3　质量管控制度

1. 规划设计质量管控

聘请相关技术支撑专家，全程服务咨询协议。和中国城市规划设计研究院签订合同，从 2016 年 9 月开始，由中国城市规划设计研究院安排专家蹲点常德，组建常德市海绵城市建设领导小组办公室下设的"技术服务组"，提供一揽子服务，包括但不限于如下范畴：

（1）全程参与工程技术服务工作，纳入常德市海绵办海绵技术专家组，开展海绵办日常技术指导和管理工作；

（2）项目方案建议。配合常德市海绵办进行海绵建设项目筛选，确定海绵建设标准。对海绵城市建设项目设计方进行初步方案指导；

（3）技术预审。对常德市海绵城市建设项目进行技术预审，抽查在建项目施工，回访部分已建项目；

（4）协助进度控制与建设信息汇总。协助常德市海绵办对常德市海绵城市建设进度进行节点把控，适时对海绵办工作进行提醒和建议。协助海绵办对海绵城市项目建设信息进行汇总，协助填写海绵城市建设月度报表；

（5）协助推动海绵城市监测系统建设。根据《海绵城市建设绩效评价与考核办法（试行）》，拟定海绵城市监测方案，初步确定监测布点方案、检测指标，由具体实施单位根据监测方案进一步细化与落实；

（6）协助考核评估。依据《海绵城市建设绩效评价与考核办法（试行）》，协助常德市接受国家相关海绵城市建设的考核验收，协助准备相关技术材料；

（7）协助建立海绵城市规划体系。指导常德市开展海绵城市相关规划编制工作，将海绵城市理念纳入城市总体规划、控制性详细规划以及道路、绿地、水等相关专项规划中，协助常德市建立海绵城市规划体系，实现海绵城市建设规划管控；

（8）协助推进海绵城市建设管控制度体系建设。协助常德市开展海绵城市规划建设管控体系、雨水排放管理体系、排水防涝应急管理体系、财政补贴制度体系等建设，健全海绵城市建设管控制度体系；

（9）协助推动常德市海绵城市建设相关技术标准的补充与完善工作。根据《海绵城市建设技术指南》的要求，协助推动常德市海绵城市建设相关技术标准的补充与完善工作。

中国城市规划设计研究院的技术咨询中项目规划设计技术预审是其工作内容之一。中规院技术咨询组在常德驻场基本覆盖了所有海绵城市建设项目方案和初设的审查，以两种方式参加，一种是专家身份，针对规划方案、初步设计提出意见和建议；以下为项目组设计的技术审查样表（图 6.16）。

2. 施工质量管控

聘请湖南省质检中心，对海绵城市建设质量进行巡查，每周出巡查报告，报告海绵办、质安处，对不合格工程进行整改。根据《关于市质安处和省检中心联合督办城市提质项目工程质量问题的通知》（常质安监〔2017〕6 号），质检采用如下方式运作（图 6.17）。

常德市海绵城市专项设计文件审查表

工程名称：

设计阶段：□PPT汇报文件　　□方案　　□初步设计　　□施工图设计

设计单位：

本次审查意见共计　条。　　　　　　　　　　　　　　年　月　日

序号	图号	审查意见	回复

回复时需提供涉及到修改的图纸，并确保修改后的图纸与审查意见的回复完全一致。

回复人：(签字)

图 6.16　技术审查样表

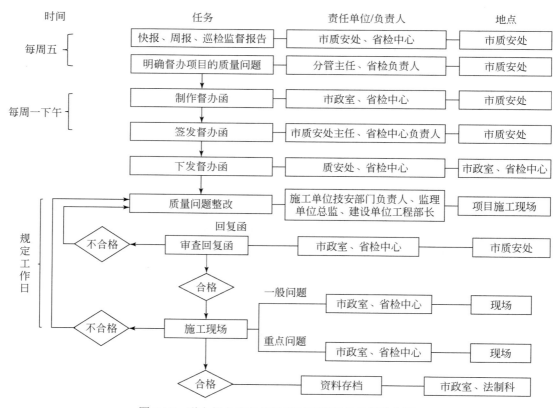

图 6.17　联合督办城市提质项目工程质量问题流程图

1）会议组织形式

质安处将根据省检中心每周五所送周报和快报，以及市质安处监督人员巡查所反馈的问题，每周一下午对存在问题的各项目责任主体下达问题督办函，请各责任主体、市政科、法制科、省检中心相关负责人，来市质安处会议室进行会议商谈。由分管主任主持会议。

会议将就市质安处监督巡查人员及省检中心所反馈的问题，与各责任主体进行商榷，明确问题、重视问题、解决问题。

2）会议流程

（1）市质安处监督人员及省检中心项目负责人出具所反馈问题的检测报告或影像资料（对出具的影像资料应有相应的文字解释说明）。

（2）各责任主体对所反馈的问题进行确认，并做出解释。

（3）市质安处与省检中心及各方责任主体进行商榷，确定解决方案。

3）结果核查与反馈

施工方对问题进行整改，根据督办函所规定的工作日内完成整改项目，或因特殊原因未能按时整改的，都需以书面函形式进行回复。对未及时整改、整改不到位或未按时回复的，将视实际情况下达工程停工通知单，约谈责任主体负责人等措施。情节特别严重者将上报严重不良行为。

一般问题的核查结果，由市政室同省检中心反馈分管主任，对于特殊性问题的核查将由分管主任联同省检中心现场核查。

省检中心在一定程度上弥补了质监站人员不足的问题，其主要针对施工质量进行检查，其检查依据为施工图、海绵城市施工标准等。

3. 施工质量巡查

为全面督导海绵城市建设，提升海绵城市建设质量，海绵办开展海绵城市建设质量巡查，每个季度巡查一次，由海绵办相关领导带队，每次基本做到对项目的全覆盖。巡查人员包括海绵城市建设领导小组办公室主任/副主任，海绵办内设小组组长，巡查后由技术咨询组出巡查整改意见。在海绵办巡查过程中，一是巡查施工质量，推进海绵城市建设精细化；二是根据建设情况，发现规划设计存在的问题，提升海绵规划设计质量；三是针对设计和施工中存在的问题，抓项目整改。

巡查过程中一般会发现几类常见的问题，如雨水口的问题、设施组合问题、设施及服务面积比例问题、小区雨水管错接污水管问题、雨水管断接消能问题、LID 设施出入口高程问题、LID 设施土壤下渗能力问题。以雨水口为例，在海绵办质量巡查过程中，发现大量道路雨水口依然保持原来雨水口。该部分雨水口在历史内涝防控中曾经起到较大的作用，根据小区业主介绍，常德市早期小区内涝发生的重要原因是小区雨水口不足，所以在小区内增加了部分雨水口。在海绵城市项目建设中，施工方计划按照施工图封堵这些雨水口，但业主提出反对意见，故保留该部分雨水口。现有雨水口的利用是常德海绵城市建设中需考虑的共性问题，也是全国海绵城市建设中存在的共性问题。针对该问题，技术咨询组提出应考虑现实需求，即防范小区内涝发生，同时满足海绵城市建设需求，即对小雨进行收集处理。基于此思路，常德市技术咨询团队、规划设计团队集中公关，设计了一种新型雨水口,小雨时雨水口发挥雨水收集的作用,将雨水收集到低影响开发设施处理,大雨时,雨水口可以收集排泄雨水径流,还需考虑运维的要求,即防止泥沙淤积,统筹考虑了多方面的要求。

在历经 3 年海绵城市建设项目施工质量管控和巡查基础上,为有效防治项目建设质量通病,更好地发挥海绵城市设施功能,提高全市海绵城市建设管理水平,根据住建部《海绵城市建设技术指南》及相关法律法规和技术标准,结合常德市实际,就如何防治海绵城市建设的渗透技术、储存技术、调节技术、传输技术、截污净化技术、冬雨季施工等六个方面容易出现的各类常见问题,2018 年 2 月,常德市住建局印发了《关于加强海绵城市建设常见技术问题防治的指导意见》(常建通〔2018〕23 号),该意见适用于海绵城市建设项目的勘察设计、施工、监理、检测、验收和维护管理。

6.4 财政管控制度

6.4.1 成本控制制度

常德海绵城市建设成本控制经历了由材料单价控制到面积单价控制与材料单价控制并行历程。2015 年,常德市建设工程造价管理站发布了《关于常德市海绵城市建设项目预(结)算编制的指导意见》(常建价〔2015〕13 号),对海绵城市建设标准图集中主要分部工程进行组价,如图 6.18 所示。

分部分项工程量清单综合单价分析表

工程名称:植草沟   第1页、共1页

清单编码	清单项目名称		计量单位	清单项目工程量			综合单价(元)		
	转输型植草沟做法		米	1.0			159.65		
消耗量标准编号	工程内容	单位	数量	综合单价分析(元)					
				直接工程费				管理费 20.15%	利润 21.70%	合计
				单价	人工费	材料费	机械费			
D1-4	人工挖沟槽、基坑土方 普通土深度在2m以内	100m³	0.0136	2205.52	2205.52			350.85	377.84	39.905
A8-20换	土工布过滤层~换:透水土工布	100m²	0.008	461.84	91.20	370.64		14.51	15.62	3.936
BC004	弹塑渗管直径100~150mm	100m	0.01	2600.00		2600.00				26
D1-35换	沟槽基坑回填 沙砾石~换:山砾石	100m³	0.0024	6504.97	1564.08	4720.00	220.89	248.81	267.95	16.852
A8-20换	土工布过滤层~换:透水土工布	100m²	0.00628	461.84	91.20	370.64		14.51	15.62	3.09
A2-5	垫层 天然级配砂石	10m³	0.0224	1461.69	466.64	989.05	6.00	74.23	79.94	36.195
E1-56换	回填土 地面 松填~换:砂质种植土3:7	m³	0.672	36.84	6.84	30.00		1.09	1.17	26.275
D2-253	侧平石、缘石安砌、砖缘石(立铺)单砖	100m	0.01	645.07	286.52	358.55		45.58	49.09	7.397
				合计:159.65						

备注:1.暂取植草沟宽2米,长1米;2.详图见常德市海绵城市设计图集第3页(1-1)转输型植草沟大样图

图 6.18 综合单价分析表

为进一步完善材料造价管理,2017 年常德市建设工程造价管理站发布了《关于发布常德市海绵城市建设材料价格的通知》(常建价〔2017〕1 号),对常德市 94 种海绵城市建设材料价格进行了调查和测算,并明确该价格为编制招标控制价的依据,也可作为投标报价

和工程结算的参考价格。

即使出台了该标准，依然存在小区总体造价较为悬殊的问题，为解决小区、道路海绵城市建设投资和 PPP 推进中资本核算问题，2016 年 9 月份常德市海绵办组织前往镇江、济南等地开展海绵城市建设调研，通过调研，基本确定小区院落改造面积单价控制标准，即 1 亿元/km^2。

对于该投资标准，设计、施工单位是有比较大的意见，为推行实施该标准，常德市财政局推行了两个不成文的规定：一是加强海绵城市项目设计管控，由政府统一组织设计。海绵城市建设项目规划，不论政府投资还是社会投资项目，项目设计费均由财政部门承担，并创造性地采取分类分档的项目设计计费方法，通过该办法，建设项目主管部门和财政部门把握了项目建设与投资的主动权，从规划设计源头把控投资闸口，切断设计单位与施工单位之间的利益关系；二是加强财政管控及服务，将财政管理触角从传统的资金管理伸展到项目管理，将财政管控手段前置到项目设计把关环节，同时参与项目现场踏勘，提前做好项目建设内容、建设标准管控，减少被动买单；建立海绵建设财政绿色通道，快速响应，限时办结，并将财政预算评审压到最低时限。

通过以上方式，常德市按照“低影响开发”的理念和“既要保障功能需要，又要减少建设维护成本”的原则，减少了设计单位大投资设计的冲动。合理确定海绵城市建设项目建设标准，减少大拆大建，做好投资成本管控。

6.4.2　建设补助奖励

常德市政府印发了《常德市海绵城市建设财政补助奖励办法》（常财发〔2015〕6 号）、《常德市海绵城市建设中央财政补助奖励使用管理办法》（常财发〔2015〕7 号）、《关于调整市城区海绵城市建设财政补助标准的通知》（常海建通〔2016〕5 号）、关于印发《常德市海绵城市建设投资管理办法》的通知（常财办发〔2017〕73 号），加大对市城区海绵城市建设试点区域内海绵院落改造试点项目的财政奖励补助力度。

1. 补助比例

对海绵院落改造，属企业院落按海绵城市要求进行改造的投资，海绵城市建设改造部分市财政按一般改造成本的 60%比例补助，其余 40%比例由企业负担；属行政事业单位院落按海绵城市要求进行改造的投资，海绵城市建设改造部分市财政按一般改造成本的 70%比例补助，其余 30%比例由行政事业单位负担；属已建成商业开发小区按海绵城市要求进行改造的投资，海绵城市建设改造部分市财政按一般改造成本的 80%比例补助，其余 20%比例在小区房屋维修基金增值收益中列支。

2. 补助上限

根据试点区域内海绵城市建设考核验收需要和院落自身条件，市海绵办将海绵院落改造项目划分为简易型、标准型和示范型三种类型，市财政对不同的改造类型确定不同的与财政补助对应的投资标准上限和资金奖励补助办法。

对简易型海绵院落改造项目，院落占地面积 1 万 m^2 以内的项目与财政补助对应的投资标准上限为 30 万元；院落占地面积超过 1 万 m^2 的项目 5 万 m^2 以下的部分与财政补助对应的投资标准上限为 30 元/m^2，5 万～10 万 m^2 的部分与财政补助对应的投资标准上限为 25 元/m^2，10 万 m^2 以上的部分与财政补助对应的投资标准上限为 20 元/m^2。为鼓励院落业主单位节省投资，对海绵院落改造总投资低于 30 万元的项目，市财政全额承担改造资金。

对标准型海绵院落改造项目，院落占地面积 1 万 m^2 以内的项目与财政补助对应的投资标准上限为 50 万元；院落占地面积超过 1 万 m^2 的项目 5 万 m^2 以下的部分与财政补助对应的投资标准上限为 50 元/m^2，5 万～10 万 m^2 的部分与财政补助对应的投资标准上限为 40 元/m^2，10 万 m^2 以上的部分与财政补助对应的投资标准上限为 30 元/m^2。为鼓励院落业主单位节省投资，对海绵院落改造总投资低于 30 万元的项目，市财政全额承担改造资金。

3. 奖励办法

对示范型海绵院落改造项目，由市海绵办组织联合验收考核，综合考虑项目进度、工程质量、实施效果等情况，按程序报请市政府审批后，市财政给予适当奖励。

4. 小区改造资金统筹制度

统筹安排中央财政补助资金和本级财政配套资金，采取财政补助、房屋维修基金增值收益安排、行政事业单位自筹、社会投资等多条渠道筹集海绵院落建设改造资金。

对江北城区社会资本新建在建房屋建筑项目，按海绵城市建设标准进行建设的，所需建设资金由社会资本方承担。

对江北城区政府投资新建在建房屋建筑项目，按海绵城市建设标准进行建设的，所需建设资金纳入工程建设成本。

对江北城区已建成小区海绵城市改造项目，属敞开式小区和 1995 年前建成的老旧小区，建设投资纳入城市棚户区改造统筹安排。

对江北城区政府统一组织的企业院落、行政事业单位院落、已建成商业开发小区海绵城市改造项目，改造投资财政补助后的缺口部分，分别由企业、行政事业单位、房屋维修基金增值收益负担。

6.4.3　运维资金保障

2017 年，常德市财政局发布了《关于明确市城区海绵城市建设项目运营维护经费安排使用管理有关事项的通知》（常财办发〔2017〕12 号），明确为切实保障好市城区海绵城市建设项目运营维护经费，提高资金使用绩效，制定发布该通知。

《关于明确市城区海绵城市建设项目运营维护经费安排使用管理有关事项的通知》明确了资金的筹集、经费申请要求、经费安排要求、经费拨付要求，并要求经费拨付与绩效考核挂钩，部分规定如下：

　　一、基本原则

　　市城区海绵城市建设项目运营维护经费安排使用坚持"分级负责，分类筹集，政府购买服务，绩效管理"的原则。

二、资金筹集

市区两级政府（管委会）根据事权划分和支出责任，分级负责市城区海绵城市建设项目运营维护经费的安排使用管理。根据项目性质，按不同渠道筹集安排项目运营维护经费。

属企业类、商业类海绵城市建设项目，由业主负责筹集项目运营维护经费。

属行政事业单位院落类海绵城市建设改造项目，由行政事业单位在同级财政补助经费和单位取得收入中安排项目运营维护经费。

属住宅小区类海绵城市建设项目，由小区业主自行筹集项目运营维护经费。

属公益性海绵城市建设项目有收益的同级财政予以适当补助，无收益的同级财政全额承担资金。财政补助资金来源为上级财政补助资金和本级财政预算安排资金（包含从城市建设维护费、污水处理费、水资源费、地方水利建设基金等收入中统筹安排的资金）。

上述各类项目中属采用政府与社会资本合作（以下简称 PPP）模式建设的项目，且 PPP 项目公司按回报机制获得的收入中已包含运营维护经费的，该 PPP 项目在全生命周期内的运营维护经费由 PPP 项目公司承担。

……

五、经费拨款

市城区海绵城市建设项目实施运营维护经费拨付与主管部门绩效考核结果挂钩。由主管部门对运营维护单位维护效果进行考核，财政部门按主管部门考核结果拨付运营维护经费。

6.5　技术规范与标准

6.5.1　技术规范和标准体系

常德市共发布实施海绵城市建设相关技术标准 26 项（表 6.2）。其中规划 2 项，设计 3 项，工程建设 15 项，产品及材料 4 项，运营维护 2 项。

表 6.2　常德市技术标准一览表

序号	文件名称	发布机构及文号	类别	发布时间	备注
1	常德市规划管理技术规定	常德市人民政府	规划	2018 年 6 月	新增海绵章节
2	常德市海绵城市建设项目规划管理规定（试行）	规划局，常规发〔2017〕3 号	规划	2017 年 3 月	
3	常德市海绵城市建设（雨水处理与利用）技术导则	住建局，常建通〔2018〕63 号	设计	2018 年 5 月	2015 年 6 月发布《常德市海绵城市建设技术导则》修订版
4	常德市海绵城市建设设计技术标准图集（修订）	住建局，常建通〔2018〕60 号	设计	2018 年 5 月	2015 年发布试行版，2018 年 5 月修订
5	常德市海绵城市建设植物选型配置技术导则	住建局，常建通〔2018〕60 号	设计	2018 年 5 月	

续表

序号	文件名称	发布机构及文号	类别	发布时间	备注
6	海绵城市建设工程质量检验技术要求（试行）	住建局	建设	2015 年 11 月	
7	常德市海绵城市建设效果评估验收办法（试行）	住建局	建设	2018 年 5 月	
8	关于加强海绵城市建设常见技术问题防治的指导意见	住建局，常建通〔2018〕23 号	建设	2018 年 2 月	
9	常德市海绵城市建设施工指南（修订）	住建局，常建通〔2018〕62 号	建设	2018 年 5 月	
10	常德市海绵城市建设项目验收标准（试行）	质安处	建设	2016 年 3 月	
11	常德市海绵城市建设技术措施实用手册	海绵办	建设	2015 年 6 月	
12	关于规范海绵城市建设项目监督管理的通知	质安处，常质安监字〔2018〕14 号	建设	2018 年 2 月	
13	关于市质安处和省检中心联合督办城市提质项目工程质量问题的通知	质安处，常质安监字〔2017〕6 号	建设	2017 年 2 月	
14	关于规范常德市海绵城市项目专项验收工作的通知	质安处	建设	2017 年 1 月	
15	常德市海绵城市建设项目建设管理办法	住建局，常建通〔2017〕59 号	建设	2017 年 3 月	
16	常德市海绵城市设计施工图审查办法	住建局，常建通〔2017〕58 号	建设	2017 年 3 月	
17	常德市海绵城市建设工程项目变更管理规定	海绵办，常海建通〔2015〕8 号	建设	2015 年 12 月	
18	常德市城区黑臭水体专项整治工作方案	海绵办，常海建通〔2015〕7 号	建设	2015 年 11 月	
19	关于加快推进海绵型院落建设的通知	海绵办，常海建通〔2016〕1 号	建设	2016 年 3 月	
20	关于城区黑臭水体整治实施意见	海绵办，常海建通〔2016〕2 号	建设	2016 年 4 月	
21	海绵城市建设建筑材料技术标准	住建局，常建通〔2018〕61 号	材料	2018 年 5 月	
22	常德市海绵城市建设技术导则（PVC-U 及 PE 渗透排水用实壁管）（修订）	住建局，常建通〔2018〕64 号	材料	2018 年 5 月	2017 年 11 月发布试行版，2018 年 5 月修订
23	常德海绵城市建设佛甲草应用屋顶绿化技术要求（试行）	海绵办	材料	2018 年 5 月	
24	海绵产品图集		材料		
25	常德市海绵设施运行维护指南	海绵办，常海建通〔2017〕1 号	维护	2017 年 3 月	
26	常德市海绵设施运行维护手则（试行）	住建局，常建通〔2018〕56 号	维护	2018 年 5 月	

经过海绵城市建设试点，部分实行技术标准已经修正，如表 6.3 所示。

表 6.3　海绵城市建设技术标准试行与修订稿一览表

试行稿	修订稿
《常德市海绵城市建设技术导则》（试行）	《常德市海绵城市建设（雨水处理与利用）技术导则》（第一册：基础与理念）
《常德市海绵城市建设设计导则》（试行）	《常德市海绵城市建设（雨水处理与利用）技术导则》（第二册：设计与核查）
《常德市海绵城市设计图集》	《常德市海绵城市建设设计技术标准图集》（修订）
《常德市海绵城市建设技术导则（PVC-U 及 PE 渗透排水用实壁管）》（试行）	《常德市海绵城市建设技术导则（PVC-U 及 PE 渗透排水用实壁管）》（修订）
《常德市海绵城市建设施工指南》（试行）	《常德市海绵城市建设施工指南》（修订）

经过海绵城市建设试点，常德市已经形成了比较完整的海绵城市建设技术规范和标准体系，结合常德的海绵城市试点特色，形成了特色鲜明的海绵城市技术标准体系。

6.5.2　规划设计技术体系构建

1. 第一阶段：海绵设施空间布局

常德 2015 年前其主要治理手段为治理城市河道，其技术路线为先河道、泵站，再改造管网，最后再小区改造等，因此在技术方案上，2015 年前主要采用生态滤池、泵站改造、水生态修复、河道护岸建设、植被缓冲带、管网清淤与修复等技术措施，而且在参与设计的单位设计技术相对单一。在"常德市 2016 年度海绵城市试点绩效评价专家意见"中指出，"过程控制和末端措施开展得较多，但建筑小区改造力度相对较小"。由此可见，2016 年前常德海绵城市试点建设在 LID 或者说源头改造过程中进展相对于全国其他城市并不是靠前的。

虽然源头小区推进滞后，但常德市海绵办为保障海绵建设项目设计合理，发布了一系列的规划设计规范，如：《常德市规划管理技术规定》《常德市海绵城市建设技术导则》《常德市海绵城市建设设计导则》《常德市海绵城市设计图集》等，指导海绵城市项目设计。同时为推进海绵城市小区的设计，打造小区设计样板，常德市邀请国外设计单位设计了 8 个样板项目。这 8 个项目包括屈原公园片区，紫菱路、柳叶西路、两师两校、烟厂工业区、锦江酒店等。这 8 个项目中紫菱路、屈原公园片区为改造项目，其他项目基本为新建项目。由于国外设计单位严谨细致，屈原公园片区设计和施工落后预期，8 个样板项目中的老旧小区改造项目没能为常德海绵城市老旧小区改造带来示范打样作用。

2015 年，常德推进第一批院落小区项目，由于技术储备不足，在海绵城市改造中，出现了一些问题，具体为表现为重指标，轻雨水径流组织。表现为①院落小区建设以落实指标为主，出现了以调蓄容积确定海绵城市设施，而不考虑其雨水径流组织关系，如雨水花园设置在草地中间，但路缘石不开口，雨水依然从原有雨水管网系统流走；低影响开发设施建到等高线最高点，不能收集雨水等。②低影响开发设施空间布局不合理，主要表现在汇水面积过小，设施面积过大，或者是反之。③雨水组织衔接设施不配套。通常表现形式有三种，一是滥用植草沟，在设计的雨水径流组织中，以植草沟为主要衔接设施，笔者曾经见过长达 150m 的纸草沟，且中间无溢流设施；二是不同设施的衔接，如线型沟与雨水花园衔接，这种衔接方法没有衔接好高程关系导致雨水不能进入雨水花园；三是屋顶雨落管断接与消能措施不到位，屋顶雨落管断接后水流能量大，在设计中采用高位花坛，但在实际应用中往往由于级配不合理，花坛中的土被冲走。④低影响开发设施未主体建筑安全的问题，如雨水花园距离主体建筑小于 3m。⑤海绵设施如植草沟、雨水花园结构依据不足的问题；设计中为了保险起见，一般都采用渗透性植草沟、复杂型雨水花园，而不是基于现有下垫面及功能分析。⑥排涝安全与排水安全的关系问题；设计中往往不对排涝进行校核。

针对此类基础性问题，作为技术咨询组，中规院常德海绵城市建设技术咨询组提出了"现状基础，问题目标，空间均衡，（地）上（地）下沟通，前后衔接，量质并重，功能结构，安全为基"的 32 字海绵城市建设方案设计及审查要求，通过这一阶段不断和设计单位的对接，常德市海绵城市建设方案及设计有了一定的水准。

2. 第二阶段：海绵设施雨水组织及运维

经过几个场次降雨的检验及现场调研，发现还存在几个突出的问题，表现为①低影响开发设施雨水口究竟要多宽、多少间隔设置？②低影响开发设施设置后溢流设施是否可以减少？③泥沙沉淀如何考虑？针对这 3 个问题，中规院常德技术咨询组结合现场检测数据，对各个问题进行分析论证，提出 3 个设计要求：

1）低影响开发设施雨水进水口设计

对于通过开口接纳不透水面雨水径流的低影响开发设施，雨水口设置的间隔、宽度、深度对雨水径流起到核心作用，但现实中由于缺乏规范，设置并不规范，甚至起不到雨水径流组织的作用。

雨水口的设计需根据设计流量设计，根据暴雨强度公式，汇流时间成为主要输入。根据规范规定，当地面集水距离大于 50m 时：

$$t_1 = 5 + 1.25 \times (L - 50)/(V_{平均} \times 60) \tag{6.1}$$

式中，L 为地面集水距离，m；V 为累计平均流速，m/s；当地面集水距离不足 50m 时，t_1 取为 5～10min。雨水口间的集水距离一般不超过 50m，因此，路面集水时间 t_1 可以直接取 5～10min。慎重起见，t_1 宜取小值 5min。采取堰流公式：

$$Q = L \times C_w \times h^{2/3} \tag{6.2}$$

可求得 L，L 即为路缘石开口宽度；C_w 为堰流系数取 1.7；h 是流量为 Q_2（2 年一遇）时的水深取 0.05m，则

$$L = Q_2/(C_w \times h^{2/3}) \tag{6.3}$$

设计流量取重现期为 2～3 年一遇，因此可以计算出，在一定的服务面积内，其开口的宽度。

以道路为例，红线宽度 50m，三块板形式，在绿化隔离带中建设植草沟，净化水质，按 10m 宽间隔开口，计算开口宽度。

常德市暴雨强度公式为

$$q = \frac{3031.384 \times (1 + \lg P)}{(t + 22.6)^{0.806}} \tag{6.4}$$

适用范围：5min≤t≤180min，P=2～100a

式中，q 为暴雨强度计算值，L/（hm²·s）；t 为降雨历时，min；P 为重现期，a。

其中，q=167i，i 为暴雨强度计算值，mm/min；径流系数取 0.8；汇流时间 t 取 5 分钟；P 取 2 年一遇；计算出流量 Q 为 5.44L/s。可计算得开口宽度为 0.025m，即为 25cm。

在开口的设计中，需考虑道路树叶等大型垃圾对开口的堵水效应，要求开口的高度应大于 50mm。

2）低影响开发设施溢流口设计

低影响开发设施在洪峰的削减上有较大的作用，以 2018 年 3 场降雨统计，雨量分别为 33mm、35mm、29mm，低影响开发设施对径流峰值削减作用显著，如表 6.4 所示。

表 6.4　常德低影响开发设施效率

指标	植草沟（渗透型）	透水铺装	雨水花园
水量削减	74.16%	99.85%	90.36%
SS 削减	93.47%	99.4%	94.81%
峰值削减	78.4%	99.6%	95.30%
溢流时雨量 / mm	16	23.5	31

表 6.4 表明，植草沟、透水铺装、雨水花园对 SS 的削减率都比较高，达到了 90%以上；对峰值的削减也有较好的效果，植草沟达到了 78%，透水铺装和雨水花园达到了 95%以上。在对水量削减方面，雨水花园和透水铺装都达到了 90%以上，植草沟也达到了 74%。

从其作用机理，海绵设施通过其蓄水空间、渗透功能将雨水蓄、滞留。以常德市为例，当发生 30 年一遇大暴雨时（24 小时），总降水量为 189.83mm，当降水到 410 分钟时，设计降水量已经达到了 23mm，已经达到了海绵城市建设设计降雨要求，而此时降水还没达到峰值。在这种情况下海绵城市建设的滞峰作用主要通过地面曼宁系数来影响汇流。根据常德市监测，小区汇流时间约为 9 分钟，而海绵城市建设后汇流时间约为 23 分钟，根据暴雨强度公式：

$$q = \frac{3031.384 \times (1 + \lg P)}{(t + 22.6)^{0.806}} \tag{6.5}$$

可计算得单位面积（hm²）小区暴雨流量达到了 330.1047L/s，较改造前 458.7732L/s，单位面积小区峰值强度削减了 28%。按单算雨水口流量为 20L/s 计算，则改造前应布置 25 个，改造后应布置 17 个。平均每个雨水箅子的收水面积约为 400m²，改造后则达到了 588m²。因此，从内涝控制的角度，城市雨水箅子可以适当减少，但低影响开发设施的雨水溢流口需要满足《室外排水设计规范》（GB 50014—2006）的要求，即保障大雨时能迅速排出雨水。

3）低影响开发设施泥沙沉淀设计

为摸清初期雨水中泥沙的规律，对初期雨水进行监测，以 15 分钟为间隔，分析不同下垫面污染物的产生及衰减规律，如图 6.19 所示。

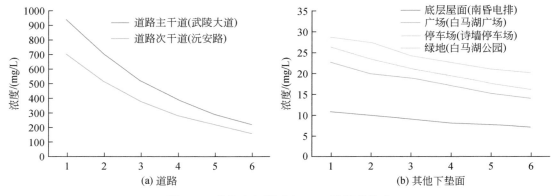

图 6.19　常德市初期雨水 COD 浓度变化表

由图 6.18 可以看出，道路是城市初期雨水的主要来源之一，化学需氧量、悬浮物浓度远远超出其他下垫面，道路化学需氧量高达 800mg/L，而其他下垫面仅仅不超过 40mg/L；悬浮物初期雨水浓度高达 220mg/L，而其他下垫面平均不到 50mg/L；道路初期雨水效应明显，化学需氧量由降雨初期的 803mg/L 降到降雨末期的 188mg/L，悬浮物由 220mg/L 降低到 52mg/L，而其他下垫面，则相对不明显。根据以上城市污染物本底的监测，确定道路两侧低影响开发设施入口必须要设施沉泥井，沉泥井的计算如下：

$$V_S = A_C \times R \times LO/FC \tag{6.6}$$

式中，V_S 为预处理区体积，m^3；A_C 为汇水区面积，hm^2；R 为截流效率（设定为80%）；LO 为沉淀负荷率，$1.6m^3/(hm^2 \cdot a)$；FC 为清理频率，a。

LO 为年初期雨水量×初期雨水浓度（SS），常德市年初期雨水量约为 368mm，考虑到相关文献，初期雨水 SS 浓度为 400~2600mg/L，故取沉淀负荷率为 $1.6m^3/(hm^2 \cdot a)$。

预处理池面积：$A_s = V_s \div D_s$

式中，D_s 为预处理池深度，m，一般取 0.3~0.5m。

截流效率通过下式校核（针对粒径大于 1mm 的粒子）：

$$R = 1 - \left(1 + \left(\frac{1}{n}\right) \times \left(V \times \left(\frac{Q}{A}\right)\right)\right)^{-n} \tag{6.7}$$

式中，V 为截流沉速（100mm/s）；Q/A 为设计流量除以预处理区面积；n 为湍流系数（0.5）。

为保证流态发生改变，在预处理池和入口接口处应做相应的改变，减低流体，改变流态，确保沉淀效率。

以道路为例，红线宽度 50m，三块板形式，在绿化隔离带中建设植草沟，净化水质，植草沟入口沉泥井的计算如下：

按 10m 宽间隔开口，则汇流面积为 $250m^2$，按每年清理维护 2 次/a 计算，预处理池深度为 0.3m，则可计算出预处理沉淀池的面积为 $0.053m^2$，即 20cm×30cm 的口径即可。

3. 第三阶段：本地化植物选择

随着海绵城市建设试点的深入，尤其是道路海绵化改造过程中选用何种植物出现了争议。2018 年在常德武陵大道的改造中，不同委办局关于海绵城市道路改造出现了比较大的讨论，按园林相关规范，绿化带应高于道路路面；但按照海绵城市建设要求，绿色基础设施应收集和处理道路雨水，双方各执一词，互不相让，该场纠纷被常德电视台所记录并于新闻频道播放。

此事件加速了《常德市海绵城市建设植物选型配置技术导则》的出台。根据道路雨水水质的监测，COD 污染物浓度高达 800mg/L，一般植物难以满足要求。道路旁的低影响开发设施以植草沟收集和传输雨水为主，因此要求植草沟的草要具有较高的耐污染能力。"植草沟所选植物应耐湿抗污染，且应根系发达，茎叶繁茂，并应能快速收集周边雨水径流的同时，滞留大颗粒污染物，吸收净化部分雨水"。基于如此判断，确定植草沟植物的选型、植物配置方案。

《常德市海绵城市建设植物选型配置技术导则》明确了绿色屋顶、下凹式绿地、生物滞留设施、湿塘和雨水湿地、生态滤池、植草沟、植被缓冲带等设施的植物选型要求，从一般规定、使用植物特性、植物选型、植物配置等方面提出海绵设施植物选型的要求，以绿色屋顶植被选型为例说明：

《常德市海绵城市建设植物选型配置技术导则》关于绿色屋顶植物选型

3.1　绿色屋顶

3.1.1　一般规定

（1）简单式绿色屋顶的基质深度一般不大于 150mm，花园式绿色屋顶在种植乔木时基质深度可超过 600mm；

（2）绿色屋顶适用于符合屋顶荷载、防水等条件的平屋顶建筑和坡度≤15°的坡屋顶建筑；

（3）绿色屋顶的设计可参考《种植屋面工程技术规程》（JGJ155）。

3.1.2　适用植物特性

绿色屋顶应选择喜阳、耐旱、耐瘠薄、耐寒具有一定抗风能力且浅根性的植物品种，适应建筑屋面特别的生长环境。

3.1.3　植物选型

（1）简单式的屋顶绿化以植物覆盖为主，可选用佛甲草（多色）、垂盆草等植物。

（2）花园式的屋顶绿化植物品种可选用乔木类：棕榈、日本黑松、罗汉松、蚊母、桂花、白玉兰、紫玉兰、海棠、龙爪槐等；灌木类：棕竹、构骨、红花檵木、金橘、瓜子黄杨、夹竹桃、雀舌黄杨、茶花、栀子花、桃叶珊瑚、火棘、迎春、云南黄馨、丝兰、蜡梅、紫薇、紫荆、寿星桃、美人蕉、大丽花、牡丹、月季、杜鹃等；地被类：草坪类、佛甲草、垂盆草、葱兰等；藤本类：葡萄、常春藤、爬山虎、凌霄、五叶地锦、木香、薜荔、紫藤等。

3.1.4　植物配置

（1）单一植物品种

例如：佛甲草、多色佛甲草、垂盆草等。

（2）草本、宿根花卉、灌木、乔木、藤本的组合

例如：马尼拉草皮+美女樱+金鸡菊+芒草+蜀葵；苔草+狼尾草+日本血草+芒草；佛甲草+美女樱+红叶石楠+海桐；矮生百慕大+苏铁+红檵木+红叶石楠球+罗汉松等。

6.5.3 材料标准体系构建

海绵城市建设材料是影响海绵城市建设的核心因素之一，一方面影响海绵城市建设效果，另一方面，影响海绵城市建设造价。事实上，常德市在海绵城市建设试点之初就遇到了该问题，根据"关于'两校'海绵城市项目中海绵产品价格协调会的会议备忘"，常德市海绵办在 2015 年曾就造价的问题，召集市财政评审中心、市审计局、市住建局初审中心、市工程造价站、市海绵公司等相关负责人就海绵城市建设产品及造价问题，会议有三个结论，①产品造价偏高，采购来源有限、设计变更困难等问题，考虑该项目的特殊情况，会议原则同意选用此材质的路缘石及导流沟，并明确规定此类材质仅用于该项目，其他海绵城市建设项目要求尽可能选用本土海绵城市建材；②各海绵城市设计单位，要求在源头控制好海绵产品的技术参数，尽可能采用性价比高的海绵产品，降低工程造价，避免铺张浪费；③根据目前常德市海绵城市建设发展需要，为更好、更快的推进海绵城市建设，现急需制定常德市海绵城市建设中主要材料的价格，会议明确市海绵办与审计、财评等单位协商，组织相关人员外出考察学习考察海绵城市材料供应厂家的产品及报价，并参照外地及本土产品价格，结合常德市实际工程建设情况，制定常德市海绵城市主要材料价格表。

依据该会议精神，常德市海绵办随后制定和发布了《海绵城市建设建筑材料技术标准》，《常德市建设工程造价管理站关于发布常德市海绵城市建设材料价格的通知》等文件。《海绵城市建设建筑材料技术标准》将海绵城市建设设施分为渗透技术、储存及回用技术、调节技术、转输技术、截污净化技术五大类技术，并明确了海绵城市建设技术的材料要求，以透水铺装为例，明确了透水铺装适用范围、典型构造、关键指标、集料性能指标、相关技术规程衔接关系等。《常德市建设工程造价管理站关于发布常德市海绵城市建设材料价格的通知》则明确了相关海绵城市材料如透水铺装、透水沥青等价格，该两份文件有效的保障海绵城市建设可持续。

在随后的海绵城市建设中，为保障屋顶绿化黑臭水体治理工作的推进，常德市海绵办组织编制了《常德市海绵城市建设佛甲草应用屋顶绿化技术要求（试行）》、《海绵城市建设产品集》等标准规范，指导屋顶绿化建设和黑臭水体治理水生态修复工程。《海绵城市建设产品集》重点对水生动植物应用进行了规范，如以金鱼藻为例，明确了其种植要求、施工时间、配置密度、净化效率，如表 6.5 所示。

表 6.5　金鱼藻特征参数

生境	施工时间	配置密度	净化速率	
			氨氮	总磷
1～3m 深水域	3～7 月	5～7 株/丛，8～10 丛/m²	$Y=110.936e^{-0.0442x}$	$Y=11648e^{-0.0212x}$

针对使用量大、对海绵城市建设效果影响显著的产品，如盲管，常德市则通过梳理海绵城市建设中存在的问题（如采用壁波纹管代替盲管、盲管强度不够；开孔方式混乱、选材混乱等问题）启动了盲管标准的编制工作。首先解决需求问题，即盲管的使用需要满足4 个要求：①导水，将低影响开发设施如雨水花园、植草沟、下沉式绿地等设施渗入的水量导入检查井，再进入雨水管网，因此要求盲管要有足够的渗透空隙，可以让水自由的进

入，同时要求盲管由足够的管径，将雨水排走；②要求有足够的强度，盲管上覆土 500～1400mm，按土壤比重为 1.5g/cm³，其压强相当于 0.75～2.1kn/m²，要求环刚度必须大于此数；③要经久耐用，这种埋于地下的材料，从运营维护的角度看，不能经常更换，要求使用寿命大于 20 年以上；④衔接简单易行，由于材料需要和相关设施大量衔接，需要比较简单的衔接方式。从以上要求出发，常德市在不断实践的基础上，总结形成《常德市海绵城市建设技术导则（PVC-U 及 PE 渗透排水用实壁管）》（修订）。

6.5.4　建设与运维技术规范

为规范海绵城市设施建设，常德市发布了《常德市海绵城市建设施工指南（修订）》《关于加强海绵城市建设常见技术问题防治的指导意见》《海绵城市建设工程质量检验技术要求（试行）》《常德市海绵城市建设项目验收标准（试行）》等 4 个技术规范，引导海绵设施建设。这 4 项技术措施涵盖了海绵城市建设项目施工、常见技术问题防治、工程质量检验、项目验收四方面内容，全流程管控海绵设施建设项目过程。

常德市出台了《常德市海绵城市设施维护指南》《常德市海绵设施运行维护手册（试行）》等两个文件，规范海绵城市设施维护。《常德市海绵城市设施维护指南》于 2017 年 3 月份由常德市海绵办发布，包括四方面的主要内容：海绵城市设施运行维护方案、组织方案、海绵城市设施运营维护质量标准、事故与急应预案。海绵城市设施运行维护方案包括低影响开发设施的维护方案、管网养护方案、管道的运营管理方案、污染物控制方案、机械设备、各类工具的检修与维护等；设施运营维护质量标准则是对各种海绵设施运行维护质量标准的要求。

《常德市海绵设施运行维护手册（试行）》于 2018 年 5 月由常德市住建局发布，该手册包含九方面内容，分别为：总则、术语、常见海绵设施、一般规定、海绵设施日常巡检及维护、公共水域环境维护、海绵设施监测及管控平台维护、应急处置、附录等。《常德市海绵设施运行维护手册（试行）》延续了《常德市海绵城市设施维护指南》的主要内容，也结合常德海绵城市建设特点增加相关内容，如公共水域环境维护、海绵设施监测及监管平台维护。公共水域的维护则从人员配备、制度保障措施、外源控制、水生生物种群结构与生物量的调控、应急处理系统建立、水生动植物维护频次等方面进行了规定；海绵设施监测及管控平台维护其主要目的与任务为"保障常德海绵城市水质水量在线监测网络平台及涉及的配套设备设施的正常运行，保证设施设备安全，确保各监测站点的水质、水位、流量、雨量等数据能及时、准确采集和传输，监控中心、运营管理部门人员能随时监视海绵城市各设备设施的运行情况，并通过在线监测网络平台进行日常运营管理业务处理"。其主要工作内容为"日常监视、周巡检、月比对以及定期维护、故障应急处理和年度检修等工作"。

第 7 章

海绵城市建设成效

7.1 背景值及参数监测分析

7.1.1 降雨监测

按照规定，降雨时间间隔 IETD 大于 2 小时，记为两次独立的降水事件。城市暴雨管理中，一般将雨量大于 0.5mm 的降雨算作一场降雨事件。常德海绵城市降雨监测从 2017 年 3 月开始，2017 年监测到 128 场降雨，累计雨量为 1269.5mm；其中雨量小于 21mm 的 110 场，21～50mm 的 14 场，大于 50mm 的 4 场。2017 年 6 月 29 日到 7 月 1 日发生了 2 场暴雨，2017 年 6 月 29 日下午 15:06 到 2017 年 6 月 30 日 09:50 第一场暴雨雨量为 68mm，历时 18 小时 44 分；间隔 3 小时 36 分后，于 2017 年 6 月 30 日下午 13:26 到 2017 年 7 月 1 日 06:09 发生第二场暴雨，雨量为 90.5mm，历时 16 小时 43 分。36 小时内雨量达到 158.5mm，为 2017 年最大降雨。

根据 2017 年降雨监测资料，统计场次降雨的降雨历时；按照降雨历时小于 1 小时的降雨统计为 1 小时，大于 1 小时小于 2 小时的降雨统计为 2 小时，以此类推到 12 小时，之后按照 12～16 小时，16～20 小时，20～24 小时，24～48 小时，48 小时以上来统计降雨历时；结果表明，降雨以短历时（1～3 小时）为主，占总场次的 80.34%，无 48 小时以上的连续降雨（图 7.1）。2017 年场次降雨事件时间间隔统计表明，两次降雨间隔时间在 6 小时以下的降雨最多，共计 49 次，降雨以密集型为主（图 7.2）。

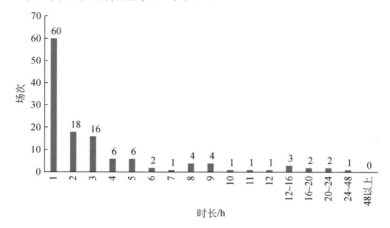

图 7.1　2017 年实测降雨历史统计图

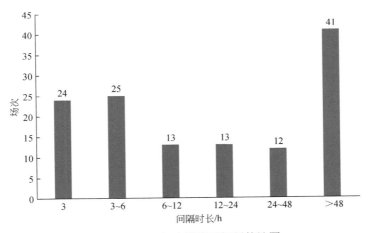

图 7.2　2017 年实测降雨间隔统计图

2018 年 1 月 1 日至 2018 年 7 月 14 日，监测到 84 场降雨，累计雨量为 768mm。其中雨量小于 21mm 的降雨 62 场，21～50mm 的降雨 12 场，没有 50mm 以上降雨。统计表明，降雨均以短历时（1～5 小时）为主，占比 71.43%，无 24 小时以上的连续降雨（图 7.3）。降雨间隔在 3～24 小时以内计 30 次，降雨间隔 24 小时以上为 32 次（图 7.4）。

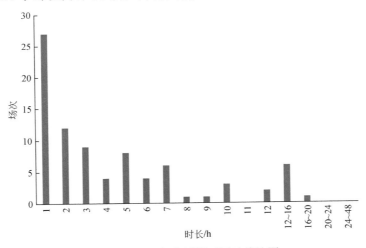

图 7.3　2018 年实测降雨历时统计图

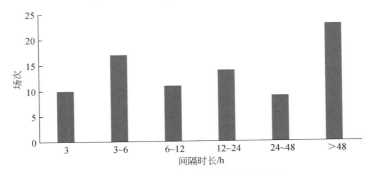

图 7.4　2018 年实测降雨间隔统计图

7.1.2 背景值人工检测

按大中小雨事件分别采集低层屋面、高层屋面、道路主干道、道路次干道、广场、绿地等 6 种不同下垫面的水样，每次降雨采样频率为：自产流起的 30min 内，每隔 15min 采 1 个样，在 30～60min 内，每隔 15min 采 1 个样；在 60～120min 内，每隔 30min 采 1 个样。每场降雨大约选取 6 个水样，若雨强较小，收集困难，可适当延长时间间隔。根据采样要求，共采集 108 个水样。每个水样分析 pH 值、总磷、氨氮、总氮、悬浮物、化学需氧量等 6 个指标，各下垫面不同降雨平均值结果如表 7.1 所示。

表 7.1　监测平均值统计表

下垫面	雨量	pH 值	总磷	氨氮	总氮	悬浮物	化学需氧量
底层屋面（南昏电排）	小雨	7.39	0.04	0.13	0.43	40	10.5
	中雨	7.89	0.04	0.17	0.65	29	9.3
	大雨	7.21	0.048	0.142	0.907	16.8	27.5
高层屋面（章誉苑）	小雨	7.62		0.244	0.68	28	28.7
	中雨	7.44	0.0146	0.306	0.742	38.5	17.6
	大雨						
道路主干道（武陵大道）	小雨	7.57	0.44	1.34	6.05	132	475
	中雨	7.06	0.323	1.507	4.032	137	392
	大雨	7.18	0.086	0.21	0.83	9.8	17
道路次干道（沅安路）	小雨	7.28	0.265	1.735	5.91	101	379
	中雨	6.98	0.22	1.62	4.33	89	284
	大雨	7.25	0.082	0.093	0.667	11	10.8
广场（白马湖广场）	小雨	7.88	0.042	0.752	2.76	23	23.1
	中雨	7.36	0.03	1.943	4.153	19.7	23.7
	大雨	7.19	0.098	0.065	0.63	14	12.5
停车场（诗墙停车场）	小雨	7.16	0.036	0.449	1.585	44	25.5
	中雨	7.13	0.037	0.57	1.332	54	20.7
	大雨	7.27	0.09	0.097	0.88	18	30.5
绿地（白马湖公园）	小雨	7.53	0.04	0.351	2.97	35.6	26.7
	中雨	7.91	0.047	1.034	3.19	41.5	36.2
	大雨	7.22	0.145	0.29	1.22	8.67	14.8

监测结果表明，道路 COD、悬浮物浓度远远高于其他下垫面，道路小雨中雨的污染物平均浓度又远远高于大雨的污染物平均浓度。大雨由于雨量较大，平均污染浓度相对较低。结合降雨频次统计表明，小雨中雨道路污染是污染产生的主要来源，是城市面源控制的主

要控制对象。

统计小雨监测数据，道路初期雨水 COD 浓度高达 800mg/L，而其他下垫面一般不超过 40mg/L。从初期雨水效应来看，道路初期雨水效应明显，由降雨初期的 803mg/L 降到降雨末期的 188mg/L，而其他下垫面，如底层屋面（南昏电排）、高层屋面（富华花苑）、广场（白马湖广场）停车场（诗墙停车场）、绿地（白马湖公园），COD 由初期的 37.5mg/L 降到了 24.8mg/L，而且平均浓度仅为 24.29mg/L，达到了地表水Ⅳ类的标准。

道路呈现比较明显的初期雨水污染特征，其他如广场、绿地、屋面、停车场初期雨水污染特征不明显，以悬浮物为例，以 15 分钟为间隔，分析不同下垫面初期雨水污染物的变化特征（图 7.5）。

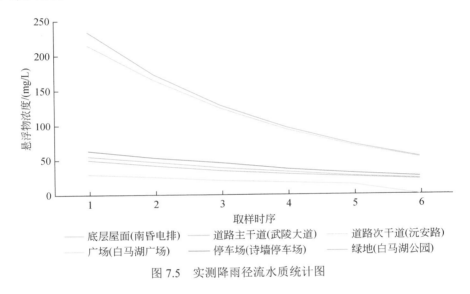

图 7.5　实测降雨径流水质统计图

7.1.3　背景值在线监测

选取两个未改造的小区进行背景值在线监测，分析降雨峰值与流量峰值，确定小区汇流时间，根据监测的降雨，统计小区产汇流特征。妇幼保健院小区部分降雨径流统计特征如表 7.2 所示。

表 7.2　妇幼保健院小区降雨径流特性统计表

降雨时间	面积 /hm²	雨量 /mm	降雨起始时间	降雨结束时间	降雨峰值起始时间	出流起始时间	液位峰值起始时间	汇流时间 /min	初期雨水控制量/mm
5 月 6 日	1.88	29	08:56	16:39	09:04	08:59	09:13	9	1.5
7 月 3 日	1.88	33	23:35	05:55	23:40	23:36	00:03	23	1
7 月 14 日	1.88	42	15:30	16:21	15:56	15:34	16:04	8	3.5
8 月 1 日	1.88	42	16:18	18:37	16:24	16:22	16:44	20	5
8 月 3 日	1.88	35	09:06	11:35	10:14	09:18	10:40	26	7

上述场次降雨径流过程线如图 7.6 所示。

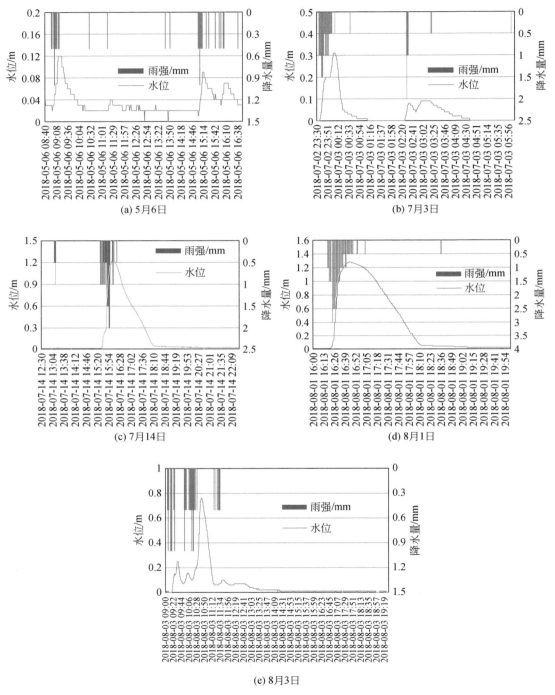

图 7.6 妇幼保健院实测降雨径流过程图

　　根据上述降雨径流过程，估算妇幼保健院小区降雨径流参数，该小区汇流时间变化幅度较大，在 9~26 分钟之间，小区初期雨水控制量为 1~7mm。芙蓉家园为另一个在线背景值监测小区，该小区部分场次降雨特征统计如表 7.3 所示。

表 7.3　芙蓉家园小区降雨径流特性统计表

降雨时间	面积 /hm²	雨量 /mm	降雨起始时间	降雨结束时间	降雨峰值起始时间	出流起始时间	液位峰值起始时间	汇流时间 /min	初期雨水控制量/mm
5 月 6 日	1.06	29.5	08:56	16:39	09:04	08:57	9:20	16	0.5
5 月 26 日	1.06	44	04:32	18:25	05:44	04:35	6:05	21	1
7 月 3 日	1.06	33	23:35	02:25	23:40	23:36	0:00	20	1
7 月 14 日	1.06	59	12:59	16:21	15:31	14:52	15:58	27	5
8 月 1 日	1.06	42	16:18	18:37	16:24	16:24	16:48	24	8
8 月 3 日	1.06	35	09:06	11:35	10:14	09:22	10:47	33	9

　　上述场次降雨径流过程线如图 7.7 所示。

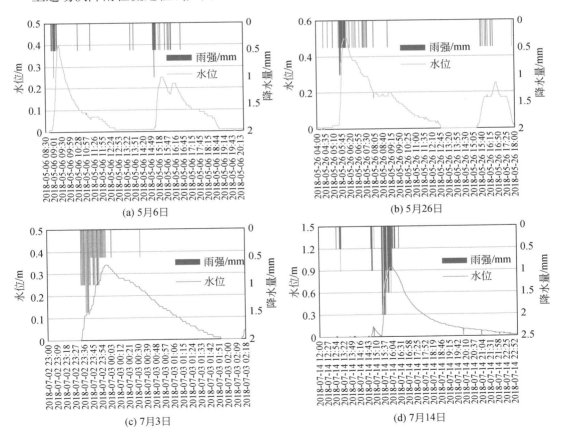

(a) 5月6日　　　　　　　(b) 5月26日

(c) 7月3日　　　　　　　(d) 7月14日

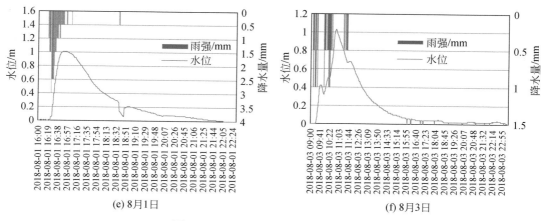

(e) 8月1日   (f) 8月3日

图 7.7　芙蓉家园实测降雨径流过程图

芙蓉家园小区降雨径流的汇流时间变化幅度较大，为 16～33 分钟，小区初期雨水控制量为 0.5～9mm。

7.2　海绵城市监测分析

7.2.1　海绵设施监测分析

1. 透水铺装

建设局小区位于常德市武陵区滨湖路和武陵大道交叉处，总占面积约为 10265m^2，该小区硬质铺装全部改为透水铺装，透水铺装汇水面积为 6583m^2，设计参数如表 7.4 所示。

表 7.4　透水铺装典型设计参数汇总表

面积/m^2	透水面			透水找平层		透水基层		透水底基层	
	材料	空隙率/%	厚度/mm	材料	厚度/mm	材料	深度/mm	材料	深度/mm
10265	细靓固地坪	18～25	50	细靓固地坪	150	级配碎石	500	素土夯实	—

在住建局小区雨水出口安装水位计、流量计、SS 检测仪，监测浊度、水位、流量等参数，图 7.8～图 7.11 为建设局小区典型降雨径流过程线。

结合背景监测的小区，分析出流时间，确定透水铺装对初期雨水的控制情况。7 月 3 日降雨，建设局小区出流时间延迟 26 分钟，对初期雨水的控制量达到了 23.5mm。5 月 6 日大雨，建设局出流时间延迟 15 分钟，对于初期雨水的控制达到了 7.5mm，（4 月 29 日至 5 月 2 日有降雨，没有出现溢流，雨水存储在透水铺装中，因此导致该场降雨的雨水总量控制效果减弱），总体而言透水装具有很好的雨水控制能力。

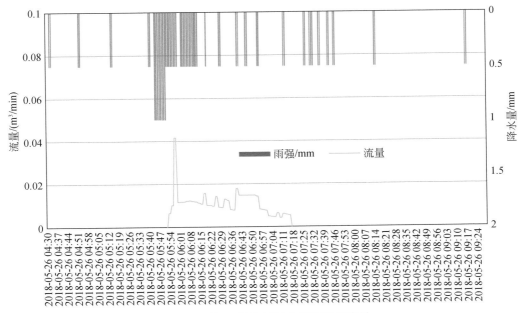

图 7.8　5 月 26 日住建局小区雨强及流量

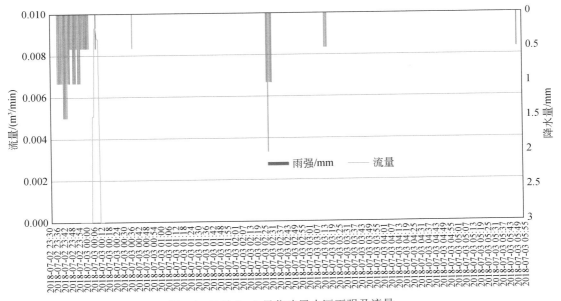

图 7.9　7 月 2～3 日住建局小区雨强及流量

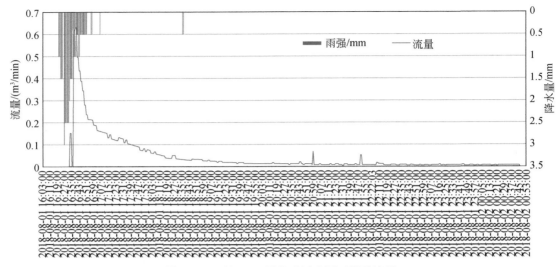

图 7.10　8 月 1～2 日住建局小区雨强及流量

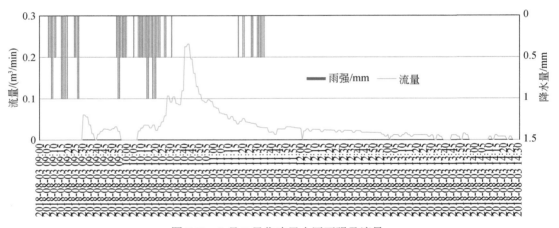

图 7.11　8 月 3 日住建局小区雨强及流量

　　结合背景值监测小区，分析透水铺装的滞峰时间，根据监测数据，滞留洪峰时间最高可达 8 分钟，平均为 5.6 分钟（表 7.5）。

表 7.5　降雨及溢流基本情况表

降雨日期	降雨起始时间	降雨峰值起始时间	降雨结束时间	出流起始时间	出流结束时间	流量出现延迟时间/min	初期雨水控制量/mm	滞峰时间/min
5 月 6 日	08:56	09:04	16:39	09:19	09:42	15	7.5	2
5 月 26 日	04:32	05:44	09:17	05:53	07:16	23	13.5	8
7 月 3 日	23:35	23:40	05:55	00:04	00:13	26	23.5	4
8 月 1 日	16:18	16:28	18:37	16:24	00:53	10	6.5	7
8 月 3 日	09:06	10:14	11:35	09:22	14:25	26	6.5	7

　　根据暴雨强度公式，结合汇流时间、成峰雨量，计算无低影响开发设施情况下（表 7.6）

洪峰流量，并结合监测流量，计算低影响开发设施对暴雨峰值的削减量。

表 7.6　建设局基础信息表（改造前）

小区名称	总面积	建筑	道路	绿地
建设局小区/m²	10265	3682	4924	1659
径流系数	0.72	0.8	0.85	0.15

通过表可知，透水铺装对降雨洪峰峰值的削减效果明显，峰值削减高达 95%以上（表 7.7）。根据降雨径流关系，分析 SS 削减率、初期雨水控制能力、峰值削减能力，如表 7.8 所示。

表 7.7　住建局不同场次降雨下观测数据统计

场次	雨量/mm	汇流时间/min	成峰雨量 i/mm	计算峰值/（L/s）	监测峰值/（L/s）	峰值削减率/%
5 月 6 日	29	12	5	36.63	0.07	99.81
5 月 26 日	35	10	9	69.17	0.6935	99.00
7 月 3 日	33	16	11	73.78	0.1554	99.79
8 月 1 日	42	12	22	161.17	2.69	98.33
8 月 3 日	35	16	9	60.37	0.15	99.75

表 7.8　透水铺装效果监测数据汇总表

编号	降雨场次			水量参数			水质参数
	降雨日期	雨量/mm	降雨历时/h	径流总量控制率/%	汇流时间/min	峰值削减率/%	SS 去除率/%
1	5 月 6 日	29	8	99.99	12	99.81	99.99
2	5 月 26 日	35	5	99.59	10	99.00	98.34
3	7 月 3 日	33	6	99.98	16	99.79	99.99
4	8 月 1 日	42	2	87.48	12	98.33	67.94
5	8 月 3 日	35	2.5	94.99	16	99.75	97.85
平均值				98.41		99.34	93.11

通过上述几场降雨得到的建设局的径流总量控制率平均值为 98.41%，SS 去除率平均值为 93.11%，峰值削减率达到了 95%以上，均达到了设计目标。8 月 2 日 SS 去除率仅为67.94%，主要是因为暴雨强度大部分悬浮物快速排走导致悬浮物削减率降低。

2. 植草沟+生态停车场

气象局位于常德市武陵区，滨湖路以南、紧邻朗州路，总面积为 13369m²，设计年径流总量控制率为 78%，设计降雨为 21mm。气象局主要建设的源头海绵设施是植草沟、生态停车场和透水铺装，植草沟设计参数如表 7.9 所示。

表 7.9 植草沟典型设计参数汇总表

汇水面积/m²	长度/m	水力停留时间 t/min	沟高 h_1/mm	种植土		砾石排水层		植物种类
				类型	深度 h_2/mm	孔隙率	深度 h_3/mm	
6245	127	10	250	沙土 3:7	300	20%~60%	500	混播草皮、白花鸢尾

在径流路径组织上，雨水先通过生态停车场，由植草沟溢流排入雨水系统。在植草沟的末端安装一体化三角堰，监测植草沟出水口的浊度、水位、流量等指标。图 7.12～图 7.19 为典型降雨径流过程线图。

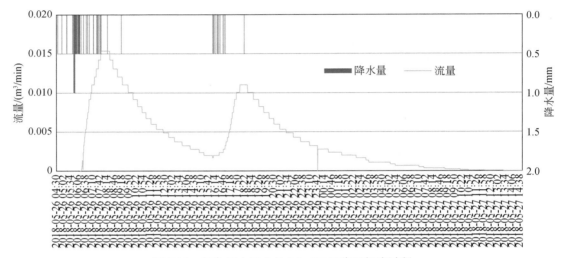

图 7.12 气象局小区 5 月 26～27 日降雨径流过程

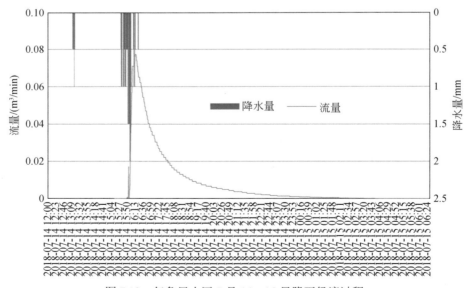

图 7.13 气象局小区 7 月 14～15 日降雨径流过程

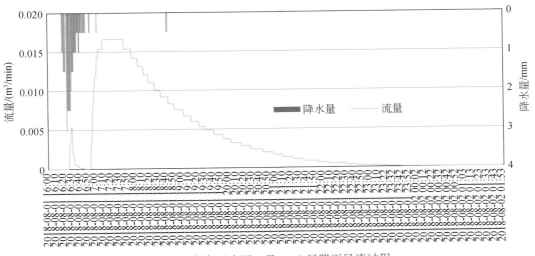

图 7.14　气象局小区 8 月 1~2 日降雨径流过程

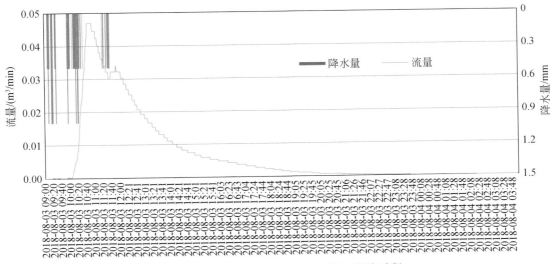

图 7.15　气象局小区 8 月 3~4 日降雨径流过程

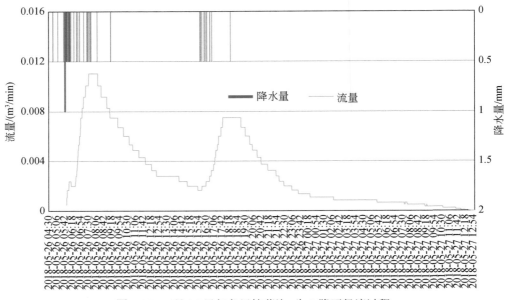

图 7.16　5 月 26 日气象局植草沟+生 1 降雨径流过程

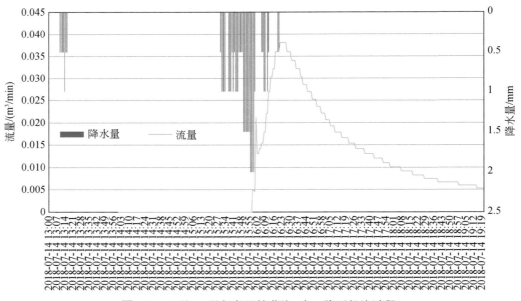

图 7.17　7 月 14 日气象局植草沟+生 1 降雨径流过程

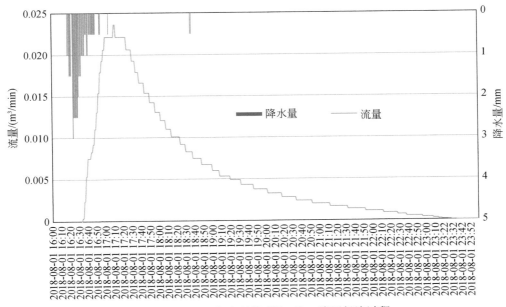

图 7.18　8 月 1 日气象局植草沟+生 1 降雨径流过程

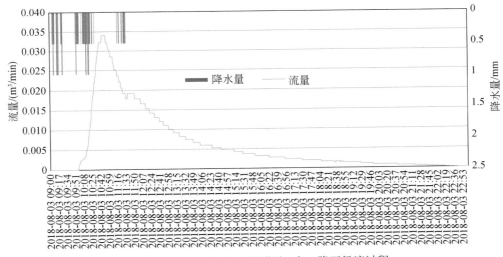

图 7.19　8 月 3 日气象局植草沟+生 1 降雨径流过程

　　选取 7 月 14 日降雨情况分析初雨控制能力，对比气象局植草沟与背景值小区的监测数据，气象局植草沟排口出流时间要比背景值延迟约 24 分钟，对于初期雨水的控制达到了 31.5mm，控制效果比背景值监测小区明显增强。选取场次降雨（图 7.20～图 7.25），分析设施组合对径流峰值的控制能力。

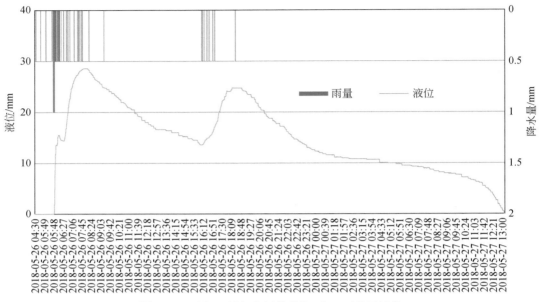

图 7.20　5 月 26 日气象局植草沟+生 1 雨量及液位

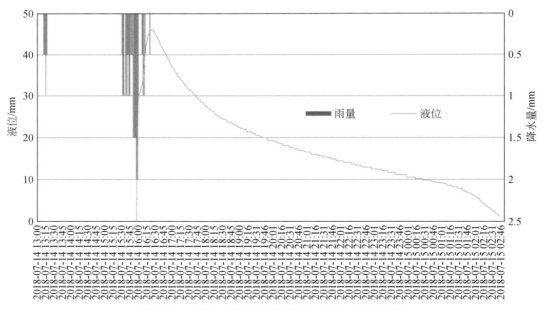

图 7.21　7 月 14 日气象局植草沟+生 1 雨量及液位

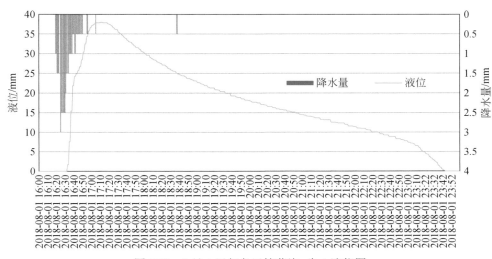

图 7.22　8 月 1 日气象局植草沟+生 1 液位图

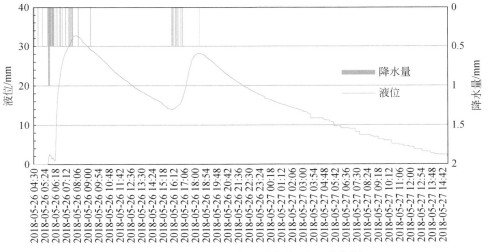

图 7.23　5 月 26 日气象局植草沟+生 2 液位图

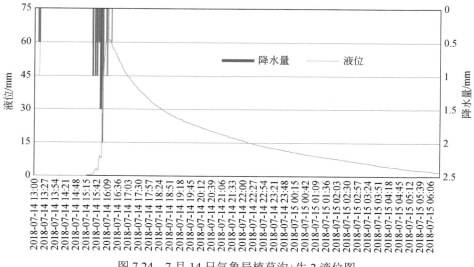

图 7.24　7 月 14 日气象局植草沟+生 2 液位图

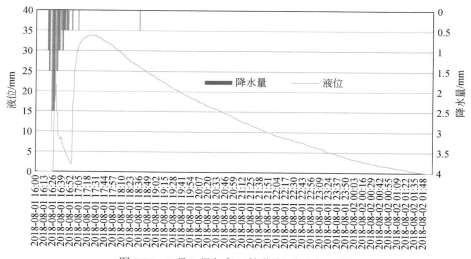

图 7.25　8 月 1 日气象局植草沟+生 2 液位图

7 月 14 日大暴雨，植草沟设施出流持续时间约为 11 小时，相对于背景院落延迟 8 小时，植草沟对降雨溢流起到了明显的延迟作用。根据统计，相对于背景值监测小区，洪峰滞后时间为 4~14 分钟，平均滞后时间为 8.2 分钟（表 7.10）。

表 7.10　植草沟+生态停车场降雨及溢流基本情况表

设施名称	降雨日期	降雨起始时间	降雨峰值起始时间	降雨结束时间	出流起始时间	液位峰值起始时间	初期雨水控制量/mm	滞峰时间/min
植草沟+生 2	5 月 26 日	04:32	05:44	18:25	06:18	07:46	22	14
植草沟+生 2	7 月 14 日	13:10	15:56	16:28	15:37	16:02	9.5	4
植草沟+生 2	8 月 1 日	16:18	16:28	18:37	16:34	17:10	28.5	7
植草沟+生 1	5 月 26 日	04:32	05:44	18:25	05:51	07:35	11	14

续表

设施名称	降雨日期	降雨起始时间	降雨峰值起始时间	降雨结束时间	出流起始时间	液位峰值起始时间	初期雨水控制量/mm	滞峰时间/min
植草沟+生 1	7 月 14 日	13:10	15:56	16:28	15:58	16:24	31.5	4
植草沟+生 1	8 月 1 日	16:18	16:28	18:37	16:34	17:10	28.5	7
植草沟+生 1	8 月 3 日	09:06	10:14	11:35	09:57	10:46	15	7

通过暴雨强度公式，结合汇流时间，确定成峰雨量，计算无低影响开发设施情况下（表 7.11）洪峰流量，并结合监测计算低影响开发设施对暴雨峰值的削减量。

表 7.11　气象基础信息表（改造前）

分区名称	总面积	建筑	道路	绿地	水面
气象局/m²	6243	2253	5358	4305	384
径流系数	0.6	0.8	0.85	0.15	1

设施组合对于峰值流量的削减作用明显，平均削减率达到 95.38%（表 7.12）。根据降雨径流关系及监测的水质数据，分析植草沟与生态停车场的悬浮物削减率、初期雨水控制能力、峰值削减能力，如表 7.13 所示。

表 7.12　不同场次雨量下的观测数据表

场次	设施名称	降雨量/mm	汇流时间 t/min	成峰雨量 i/mm	计算峰值/（L/s）	监测峰值/（L/s）	峰值削减率/%
5 月 26 日	植草沟+生 2	44	10	9	9.071	0.256	97.18
7 月 14 日	植草沟+生 2	42	10	16.5	16.630	1.287	92.26
8 月 1 日	植草沟+生 2	42	10	22	22.173	0.277	98.75
8 月 3 日	植草沟+生 2	35	10	7.5	7.559	0.783	89.64
5 月 26 日	植草沟+生 1	44	10	9	9.620	0.184	98.09
7 月 14 日	植草沟+生 1	42	10	16.5	17.637	0.635	96.40
8 月 1 日	植草沟+生 1	42	10	22	22.173	0.394	98.22
8 月 3 日	植草沟+生 1	42	10	7.5	7.559	0.568	92.49

表 7.13　气象局植草沟+生态停车场效果监测数据汇总表

编号	设施名称	降雨场次			水量参数			水质参数
		降雨日期	雨量/mm	降雨历时/h	径流总量控制率/%	汇流时间/min	峰值削减率/%	SS 去除率/%
1	植草沟+生 2	8 月 3 日	35	2.5	69.31	28	89.64	91.17
2	植草沟+生 2	8 月 1 日	42	2	81.92	48	98.75	91.26
3	植草沟+生 2	7 月 14 日	42	3.5	84.26	6	92.26	88.05
4	植草沟+生 2	5 月 26 日	44	5	83.29	121	97.18	94.15
5	植草沟+生 1	8 月 3 日	35	2.5	86.00	32	92.49	86.40
6	植草沟+生 1	8 月 1 日	42	2	93.99	34	98.22	91.00
7	植草沟+生 1	7 月 14 日	42	3.5	90.57	28	96.40	80.76
8	植草沟+生 1	5 月 26 日	44	5	87.32	110	98.09	84.26
	平均值				86.89		95.38	88.25

植草沟+生态停车场的径流总量控制率平均值为 86.89%，悬浮物去除率平均值为 88.25%，降雨径流峰值削减了 95.38%，均达到了设计目标。

3. 绿色屋顶

常德市于 2017 年 3 月、6 月、9 月分别对三处绿色屋顶的进出水 pH 值、总磷、总氮、悬浮物、化学需氧量 5 项指标，按照大雨、中雨、小雨三种类型的降雨，每场采样 6 次，每次间隔 15 分钟进行采样检测，以监测绿色屋顶的水质净化效果。结果表明，绿色屋顶对雨水有较好的净化作用，氨氮的削减达到了 27.27%（表 7.14）。

表 7.14 削减效果表 单位：%

总磷	氨氮	总氮	悬浮物	化学需氧量
58.01	27.27	54.96	36.44	34.99

2017 年 11 月，对绿色屋顶和屋顶菜园进行监测，共 12 个监测点，按照大雨、中雨、小雨三种类型进行采样，每场采集降雨径流样品 8 个。结果表明，绿色屋顶稳定运行后，水质改善的效果更加明显，氨氮的削减率达到 47.55%（表 7.15）。

表 7.15 削减效果表 单位：%

类型名称	总磷	氨氮	总氮	悬浮物	化学需氧量
绿色屋顶	67.93	47.55	67.14	66.91	77.36
屋顶菜园	70.10	43.01	70.46	52.05	84.57

4. 雨水花园

荷塘月色位于武陵区新河路 625 号，总占面积约为 86899m²，设计年径流总量控制率为 68%，设计降雨为 15mm，设计悬浮物削减率为 45.65%。荷塘月色小区主要建设的海绵设施是植草沟、雨水花园、生态停车场等，雨水花园主设计参数如表 7.16 所示。

表 7.16 荷塘月色小区设计参数表

面积 /m²	服务面积比/%	种植土层饱和渗透系数 /（mm/h）	蓄水层滞水排空时间/h	溢流口相对高度 h_1/mm	有无淹没区	蓄水层深度 h_2/mm	覆盖层		种植土层	
							材质	厚度/mm	类型	深度 h_3/mm
1860	5	0.036	48	300	有	300	—	—	砂：土=1：1	300

滤水层		砾石排水层		穿孔排水管公称管径/mm	主要植物种类		种植密度株/m²
材质	深度/mm	孔隙率/%	深度/mm		24 小时耐淹植物	48 小时耐淹植物	
砂	100	20	500	150	—	是	16

主要监控雨水花园排口的浊度、水位和流量。荷塘月色小区雨水花园渗透管出流与降雨径流关系如图 7.26 所示。

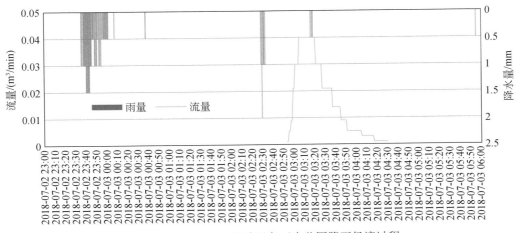

图 7.26　7 月 2～3 日荷塘月色雨水花园降雨径流过程

雨水花园径流控制特性如表 7.17 所示。

表 7.17　雨水花园降雨径流基本情况表

降雨日期	降雨起始时间	降雨峰值起始时间	降雨滞峰时间/min	降雨结束时间	出流起始时间	流量峰值延迟时间/min	出流结束时间	初期雨水控制量/mm
7 月 2～3 日	23:35	23:40	4	05:55	02:53	38	04:54	31

该小区雨水花园径流总量控制率为 90.36%，SS 去除率平均值为 94.81%，均达到了设计目标。

对比背景数据的降雨情况，7 月 3 日大雨，荷塘月色出流时间延迟了 20 分钟，初期雨水控制达到了 31mm。通过暴雨强度公式，结合汇流时间，确定成峰雨量，计算无低影响开发设施情况下洪峰流量（表 7.18），并结合监测计算雨水花园对暴雨峰值的削减量（表 7.19）。

表 7.18　荷塘月色基础信息表（改造前）

区域	面积/m²	径流系数
总面积	86899	0.64
建筑和道路	61438	0.85
绿地	25461	0.15

表 7.19　建设雨水花园后的荷塘月色降雨洪峰峰值

场次	雨量/mm	汇流时间 t/min	成峰雨量 i/mm	计算峰值/（L/s）	监测峰值/（L/s）	峰值削减率/%
7 月 3 日	33	9	11	95.671	4	95.30

根据降雨径流关系，统计雨水花园的削减作用，如表 7.20 所示。

表 7.20　雨水花园效果监测数据汇总表

降雨事件			水量参数			水质参数
降雨日期	雨量/mm	降雨历时/h	径流总量控制率/%	峰值延迟时间/min	峰值削减率/%	SS 去除率/%
7 月 3 日	33	6	90.36	38	95.30	94.81

通过上述表中降雨情况可以看出，建设雨水花园后的荷塘月色对降雨洪峰峰值的削减效果明显，峰值削减率达到了 95%以上。

7.2.2 排水分区监测分析

选取 3 个排水分区，在排水分区的排口分别布置在线流量仪、SS 仪，监测排口排到河道的流量、SS，在此基础上计算场次降雨径流总量控制率及污染物削减率。

船码头排水分区位于试点区西南部，总面积为 452hm²，船码头排水分区只有一个雨水口，部分大于 20mm 降水事件的排口监测数据统计如表 7.21 所示。

表 7.21 船码头排水分区场次降雨径流总量控制率及 SS 削减率统计表

降雨时段	雨量/mm	降雨总体积/m³	总出流量/m³	径流控制率/%	降雨 SS 总量/kg	SS 出流量/kg	SS 削减率/%
4月5日	37	167240	79750	52.31	5994.21	5614.58	6.33
4月12日	20	90400	44917	50.31	3240.11	2148.67	33.69
4月13日	22.5	101700	66000	35.1	3645.12	2235.75	38.66
4月22日	22	99440	42083	57.6	3564.12	1668.33	53.19
4月29日	23.5	106220	11000	89.64	3807.13	276.83	92.73
5月1日	41	185320	77000	58.45	6642.23	6264.5	5.69
5月6日	29	131080	0	100	4698.16	0	100
9月2日	36	162630	30557.42	81.21	5677.62	584.77	89.70
9月25日	76.5	345588.75	286850.35	17.00	12064.94	6099.48	49.44
10月8日	29	131007.5	48332.25	63.11	4573.64	1880.86	58.88
10月21日	41	185217.5	95811.37	48.27	6466.18	3543.33	45.20
平均值	34.32	155076.70	71118.31	59.36	5488.50	2756.10	52.14

船码头排水分区 11 场大于 21mm 的降雨，平均场次降雨径流总量控制率为 59.36%，平均场次降雨污染削减率为 52.14%。

柏子园排水分区位置试点区中部，现状为建成区，总面积为 349.75hm²，柏子园排水分区只有一个雨水排放口。统计 4 场降雨雨水排水量及 SS 排放量，结果如表 7.22 所示。

表 7.22 柏子园排水分区场次降雨径流总量控制率及 SS 削减率统计表

降雨时段	雨量/mm	降雨总体积/m³	总出流量/m³	径流控制率/%	降雨 SS 总量/kg	SS 出流量/kg	SS 削减率/%
9月2日	36	162630	26278.14	83.84	3810.64	861.68	77.39
9月25日	76.5	345588.75	163605	52.66	8097.60	3394.21	58.08
10月8日	29	131007.5	23566.46	82.01	3069.68	784.93	74.43
10月21日	41	185217.5	13860.39	92.52	4339.89	423.3	90.25
平均值	45.63	206110.94	56827.50	77.76	4829.45	1366.03	75.04

柏子园排水分区，4 场降雨平均径流控制率为 77.76%，平均污染物削减率为 75.04%。排水分区雨水得到有效控制。

余家垱排水分区位于试点区中部，总面积为 208.77hm²，余家垱排水分区只有一个雨水排放口。统计 4 场降雨排水分区雨水口雨水排水量及 SS 排放量，结果如表 7.23 所示。

表 7.23　余家垱排水分区场次降雨径流总量控制率及 SS 削减率统计表

降雨时段	雨量/mm	降雨总体积/m³	总出流量/m³	径流控制率/%	降雨 SS 总量/kg	SS 出流量/kg	SS 削减率/%
10 月 21 日	41	85595.7	9076.7	89.40	2760.69	507.72	81.61
10 月 8 日	29	60543.3	15406.45	74.55	1952.68	571.73	70.72
9 月 25 日	76.5	159709.05	19890.67	87.55	5151.05	867.83	83.15
9 月 2 日	36	75157.2	3846.84	94.88	2424.02	329.22	86.42
平均值	45.625	95251.31	12055.17	86.59	3072.11	569.13	80.48

余家垱排水分区 4 场降雨场次平均径流总量控制率为 86.59%，平均污染物削减率为 80.48%。

7.2.3　汇水分区监测分析

统计 2017 年和 2018 年降雨后泵站排入穿紫河的水量，取 2017 年和 2018 年相近强度降雨数据进行类比分析，如表 7.24 所示。

表 7.24　2017 年 9 月 9～10 日相近强度降雨数据

泵站	雨水泵运行时间/h	功率/kW	流量/（m³/h）	水量/m³
柏子园	5	220	5800	29000
船码头	8	400	10400	83200
建设桥	12	155	4500	54000
楠竹山	记录显示未开泵	200	6000	
尼姑桥	7.67	155	4500	34515
邵家垱	2	90	2100	4200
粟家垱	9	220	5800	52200
夏家垱	8.834	280	9700	85689.8
杨武垱	记录显示未开泵	250	无	
余家垱	2	200	5200	10400
合计				353204.8

注：2017 年 9 月 9～10 日雨量 38mm，历时 1.2 小时。

2018 年有 3 场降雨强度与 2017 年 9 月 9 日降雨强度接近，具体数据信息如表 7.25～表 7.27 所示。

表 7.25　2018 年 4 月 5 日相近强度降雨数据

泵站	雨水泵运行时间/h	功率/kW	流量/（m³/h）	水量/m³
柏子园	5.333	220	5800	30931.4

续表

泵站	雨水泵运行时间/h	功率/kW	流量/（m³/h）	水量/m³
船码头	5	400	10400	52000
建设桥	无运行记录	155	4500	
楠竹山	8	200	6000	
尼姑桥	6.18	155	4500	27810
邵家垱	6	90	2100	12600
粟家垱	记录显示未开泵	220	5800	
夏家垱	5	280	9700	48500
杨武垱	记录显示未开泵	250	无	
余家垱	5	200	5200	26000
合计				197841.4

注：2018 年 4 月 5 日雨量 34.5mm，历时 6.5 小时。

表 7.26　2018 年 7 月 2 日相近强度降雨数据

泵站	雨水泵运行时间/h	功率/kW	流量/（m³/h）	水量/m³
柏子园	5.333	220	5800	30931.4
船码头	14	400	10400	145600
建设桥	记录显示未开泵	155	4500	
楠竹山	记录显示未开泵	200	6000	
尼姑桥	记录显示未开泵	155	4500	
邵家垱	记录显示未开泵	90	2100	
粟家垱	记录显示未开泵	220	5800	
夏家垱	4.5	280	9700	43650
杨武垱	记录显示未开泵	250	无	
余家垱	1	200	5200	5200
合计				225381.4

注：2018 年 7 月 2 日雨量 46mm，历时 4 小时。

表 7.27　2018 年 7 月 14 日相近强度降雨数据

泵站	雨水泵运行时间/h	功率/kW	流量/（m³/h）	水量/m³
柏子园	4.833	220	5800	28031.4
船码头	未拿到	400	10400	
建设桥	记录显示未开泵	155	4500	
楠竹山	记录显示未开泵	200	6000	
尼姑桥	记录显示未开泵	155	4500	
邵家垱	记录显示未开泵	90	2100	

续表

泵站	雨水泵运行时间/h	功率/kW	流量/（m³/h）	水量/m³
粟家垱	记录显示未开泵	220	5800	
夏家垱	11.5	280	9700	111550
杨武垱	1.833	250	无	
余家垱	4	200	5200	20800
合计				160381.4

注：2018 年 7 月 14 日雨量 42mm，历时 0.7 小时。

从上述 4 个表中可以明显看出，在降雨强度总量相似的情况下，2018 年穿紫河沿河所有泵站排入穿紫河的水量比 2017 年明显减少，流入穿紫河的水量相比 2017 年减少了约 44.93%。

7.3　水生态得到保护与恢复

7.3.1　生态格局得到保护与修复

常德市在海绵城市试点建设过程中，对老城区屈原公园、滨湖公园、诗墙公园、白马湖公园、丁玲公园等进行全面整治，恢复了护城河（第一段、第二段）、穿紫河。常德市海绵城市建设试点范围水域面积由 2015 年的 323.15hm²，增加到 2017 年 333.74hm²，增加了 3.3 个百分点。

采用 2018 年 4 月份的 Google Earth Pro 影像，结合现状建设情况，确定生态岸线长度。常德试点范围的河道岸线包括穿紫河、护城河、新河、夏家垱、长港水系，合计岸线长度 73.7km，根据统计生态岸线 72.04km，硬质驳岸主要分布于大小河街，硬质驳岸主要采用大块石垒砌。生态岸线比例为 97.75%，大于 95%，满足国家考核要求，具体岸线长度及分布如表 7.28 所示。

表 7.28　试点区生态岸线建设统计表

岸线	穿紫河	护城河	新河	夏家垱	长港水系	杨桥河	毛溪港	合计
双边岸线长度/km	31.93	8.75	20.65	2.29	4.21	2.93	2.94	73.7
2018 年 4 月生态岸线长度/km	20.9	8.75	20.65	2.29	4.21	2.93	2.94	62.67
2018 年 4 月后新建生态岸线长度/km	9.37							9.37
硬质驳岸/km	1.66							1.66
生态岸线比例/%	94.80	100.00	100.00	100.00	100.00	100.00	100.00	97.75

另外，示范区外柳叶湖岸线 42km，全部为生态岸线，为 3 年期间海绵城市试点范围外的生态护岸。

水系生态环境也因生态治理措施与水质的提升，发生巨大的变化。曾经发黑、发臭，沿岸鱼鸟绝迹的水体，而随着生态环境的改善，河湖中动植物数量有了显著增长，重现了昔日水鸟成群的景象。水中的生态浮岛，长满挺水沉水植物的水系驳岸，它们都是鸟类、鱼类、两栖类的家园，穿紫河生态多样性得到恢复和保护（图7.27）。

(a) 穿紫河浮岛(何英满 摄)　　　　　(b) 穿紫河草长莺飞(郭道义 摄)

图 7.27　水系生态环境得到改善的穿紫河

7.3.2　年径流总量控制率达标

根据监测降雨，采用试点区海绵城市模型，模拟各排水分区年径流总量控制率，计算结果如表 7.29 所示。

表 7.29　试点区年径流总量控制率

排水分区	雨量/m³	出流总水量/m³	径流控制率/%
楠竹山	3576714.35	856275.71	76.06
城堰堤	3982797.85	816473.56	79.80
刘家桥	4496470.42	899294.08	80.00
聚宝	3304782.09	617994.25	81.30
甘垱	2744611.41	603265.59	78.02
邵家垱	3364282.43	730049.29	78.30
船码头	6401333.28	1440299.99	77.50
夏家垱一分区	4204415.60	924130.55	78.02
夏家垱二分区	2117422.51	465832.95	78.00
尼古桥	3609040.55	791587.46	78.07
柏子园	4955961.64	1167975.03	76.43
余家垱	2958324.54	599246.42	79.74
杨武垱	2332265.59	513352.68	77.99
粟家垱	3092463.32	670273.22	78.33
建设桥	6876497.53	1234114.73	82.05
长港	3481338.65	773928.34	77.77
总计	61498721.76	13104093.85	78.69

由表 7.29 年径流总量控制率统计表可知，常德市海绵城市建设实现了对降雨的有效控制。其中城堰堤、刘家桥和聚宝排水分区区域内部开发建设程度低，绿地面积较大，因此年径流总量控制率较高。余家垱分区位于试点区东北部，右边侧紧靠水系，区域内部未开发及绿地面积较大，因此该区域年径流总量控制率相对偏高。

7.3.3　城市热岛效应得到有效缓解

根据计算的三个季节的海绵城市示范区的地表温度，可以看到春季和秋季热岛效应强度变化不大，在夏季时热岛效应最明显而且热岛强度在构建海绵城市前后有了明显的变化。

利用热红外遥感信息探查地面热场变化，通过监测热岛效应最显著的时间点（2013-08-07 和 2016-07-30）的地表温度变化，揭示海绵城市建设对城市热岛效应的作用。监测结果表明，常德市自 2015 年致力于构建海绵城市以来，在试点区以内，地表温度有了显著的变化，热岛效应有了明显的缓解（表 7.30～表 7.32）。

表 7.30　2013～2016 年间春季城市热岛效应强度对比　单位：℃

时间	市区平均温度	郊区平均温度	热岛效应强度
2014-05-06	27.96	26.38	1.58
2016-05-11	32.36	30.53	1.83

资料来源：常德市国土资源规划测绘院《常德市海绵城市建设热岛效应监测项目》。

表 7.31　2013～2016 年间夏季城市热岛效应强度对比　单位：℃

时间	市区平均温度	郊区平均温度	热岛效应强度
2013-08-07	43.14	39.75	3.39
2016-07-30	40.42	37.95	2.47

表 7.32　2013～2016 年间秋季城市热岛效应强度对比　单位：℃

时间	市区平均温度	郊区平均温度	热岛效应强度
2013-10-10	27.96	26.38	1.58
2015-10-06	32.36	30.53	1.83
2016-10-02	28.13	27.11	1.02

7.4　积水与内涝基本消除

7.4.1　LID 提高管道排水标准

运用常德海绵城市模型对 2 年一遇设计降雨进行模拟，得到柏子园片区建设前后管道荷载情况，如图 7.28 所示。

对比海绵城市源头设施建设前后管道达标情况图表可以看出，海绵城市源头设施建设后管道达标率提高了 14.7%，反映出源头设施建设对径流水量进行了有效的控制。降雨先通过源头设施控制，然后溢流排入管道，减少了直排管道的水量，降低了管网排水压力，间接提高了管道的排水能力（表 7.33）。

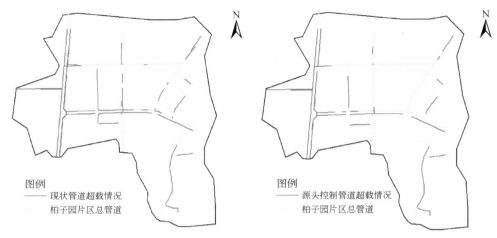

图 7.28 海绵城市源头设施建设前后管道超载情况分布图

表 7.33 管道达标情况计算表

工况	管道总长/m	超载长度/m	达标率/%
现状	19528.36	10960.79	43.87
源头控制	19528.36	8090.95	58.57

7.4.2 LID 削减峰值流量

选取 2 年一遇 2 小时设计降雨为气象输入，模拟海绵设施建设前后排水分区排口流量过程线，如图 7.29 所示。

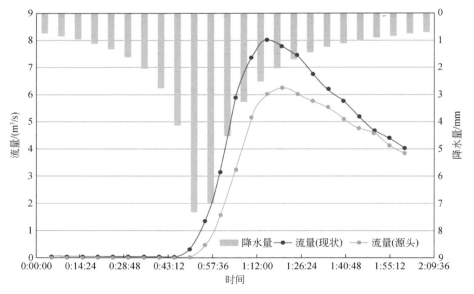

图 7.29 管道末端流量过程

管网末端出口流量过程线显示，海绵城市建设对排水分区降雨径流过程控制效果较为明显，排口流量峰值削减率达到 22.06%，洪峰时间推迟了 5 分钟。

对末端管道总出流量进行统计（表 7.34），两年一遇 2 小时设计降雨总量为 52.05mm，现状建设情况出流量为 36.73mm，降雨控制量为 15.32mm，控制率为 29.43%；海绵城市建设后，出流量减少为 31.09mm，总控制水量为 20.96mm，源头控制率为 40.27%。达到海绵城市源头设施建设效果。

表 7.34　末端出流量统计

时期	雨量/mm	出流量/mm	源头控制率/%
海绵建设前	52.05	36.73	29.43
海绵建设后	52.05	31.09	40.27

7.4.3　LID 削减内涝积水量

海绵城市源头设施的建设可以有效减少区域降雨之后地表产流量，降低地表内涝积水量。针对试点区域地形及管网布置情况运用模型对区域内 30 年一遇设计降雨工况进行模拟计算，对比分析源头设施建设前后内涝点积水情况，定量分析源头建设对内涝点的积水量削减情况。

如表 7.35 所示，柏子园片区洞庭大道（武陵大道至朗州路路段）内涝积水点，源头设施建设前（现状），在 30 年一遇设计降雨工况下，内涝点积水量为 1433m^3，源头设施建设之后内涝积水量减少为 815m^3，内涝减量为 618m^3，削减率为 43.13%。结合内涝积水点处的汇水面积分析，仅源头设施建设对该点的达削减控制水量 6mm，控制效果较好。

表 7.35　内涝积水量统计

现状积水量/m^3	源头建设积水量/m^3	内涝削减量/m^3	内涝削减率/%
1433	815	618	43.13

7.4.4　城市内涝基本消除

1. 经历强降雨考验

常德市内涝防治经历了暴雨的考验。2016 年 7 月 2 日，常德城区遭遇特大暴雨，日降雨 177mm，为 5 年来最大，远远超过城区降雨日排干量 120~150mm 的设计能力，但中心城区没有出现大面积积水，只有五岔路、汽车总站等 5 处地段出现内涝。在海绵城市已建成项目区穿紫河沿线，除个别低洼处出现轻微积水外，其余道路、地块均未出现连片积水现象，雨水径流削峰减量效果明显。在太阳大道等地，径流雨水被路旁的生态草沟等消纳。而柳叶湖行政中心等处的屋顶绿化和雨水花园，形成了雨水循环利用，也未出现积水。城区 16 处易涝点已基本消除。

为做好城市排水突发事故及防汛应急工作，市排水管理处制定了城市防汛应急工作方案，成立排水突发事故及防汛应急领导小组，下设 5 个工作小组（综合组、防汛调度组、设备抢修组、防汛抢险应急队与后勤保障组），形成排水防汛工作网络，确定了人员职责、调配制度、设备储备等，排水突发事故及防汛排渍应急管理按非雨天和不同雨量分四级响应，全面保障城市汛期出行、人员、财物安全。

截至 2019 年年底，常德市海绵城市已经经过 4 场强降雨（2016 年 7 月 1 日一场 24 小时累计降雨 161.6mm，2017 年 7 月 2 日一场 12 小时累计降雨 86.7mm，2019 年 7 月 16 日一场 3 小时强降雨累计降雨 95.2mm，7 月 18 日再降一场 7 小时大暴雨累计降雨 175.9mm）袭击检验，事实证明常德海绵城市甚至已经能够保障 30 年一遇的暴雨强度下不会发生内涝灾害。

2. 内涝风险基本消除

以 10 年、20 年、30 年一遇设计降雨为输入，基于海绵城市模型，模拟计算内涝风险，其结果如图 7.30～图 7.32 所示。

图 7.30　10 年一遇设计降雨内涝风险分布　　　图 7.31　20 年一遇设计降雨内涝风险分布

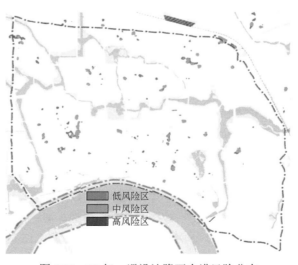

图 7.32　30 年一遇设计降雨内涝风险分布

内涝风险评估采用双因子（即城市地表积水时间、积水深度）评估方法，将内涝风险划分为三类：内涝低风险区、内涝中风险区和内涝高风险区，内涝风险划分标准如表 7.36 所示。

表 7.36　内涝风险划分标准表

水深/m ＼ 时间	0～30min	30～60min	60～120min
0.15～0.25			
0.25～0.50			
>0.50			

暴雨内涝高区　　暴雨内涝中区　　暴雨内涝低区

由不同设计降雨重现期内涝风险图分布可以看出，常德市海绵城市试点区建设成效较好，整个试点区范围内涝淹没面积较少，全区域仅有两处内涝高风险区，且有一处位于海绵建设试点区边缘。结合排水管网资料和地形可知两处高风险区形成原因是管道排水能力不足和地形较低所导致。

在实际的内涝应对中，常德市有较完好的内涝应急预案，根据常德市应急预案，在部分内涝风险高的区域，采用城市内涝应急，消除内涝风险。同时，根据市民调查结果，市民对海绵城市建设内涝治理满意度高，海绵城市建设已经基本消除内涝。

7.5　水环境明显提升

7.5.1　污水直排口全部消除

常德市对穿紫河沿岸 119 个雨水直排口全部封堵，并建设 8 座生态滤池，消除污水直排。对于护城河流域，通过打开护城河，建设截污干管，消除污水直排。海绵城市建设前后，对比强烈（图 7.33）。

(a) 建设前　　　　　　　　(b) 建设后

图 7.33　建设效果对比照片（赵津乐 摄）

7.5.2 管网错接得到有效整改

2016～2018 年，整段修复管网 21289.6m，局部修复 1294 处，修复缺陷点 1825 个，基本消除市政管网错接的问题，表 7.37～表 7.39 是 2016～2018 年逐年修复的明细。

表 7.37 2016 年非开挖修复

修复方式	修复工程量
整段修复 DN300-DN1500	6626m
局部修复 DN300-DN1500	257 处，修复缺陷点 422 个

表 7.38 2017 年非开挖修复

修复方式	修复工程量
整段修复 DN300-DN1200	9235.1m
局部修复 DN300-DN1200	559 处，修复缺陷点 789 个

表 7.39 2018 年非开挖修复

修复方式	修复工程量
整段修复 DN300-DN1200	5428.5m
局部修复 DN300-DN1200	478 处，修复缺陷点 614 个

2016～2018 年，共建 332 座小区溢流井，完成了混接、错接率小于 5%。以下是具体各年份改造明细。

2016 年溢流井改造：改造错接、混接 110 处，修筑检查井 110 座埋设 DN300-DN600 管道约 9500m。

2017 年溢流井改造：改造错接、混接 120 处，修筑检查井 120 座埋设 DN300-DN600 管道约 10500m。

2018 年溢流井改造：改造错接、混接 102 处，修筑检查井 102 座埋设 DN300-DN600 管道约 9100m。

7.5.3 初雨污染得到有效削减

通过对海绵改造项目设施，院落和排水分区出流和水质的监测，分析低影响开发设施对初期雨水的控制情况，根据统计院落小区 SS 削减率、年径流总量控制率削减结果如图 7.34 所示。

图 7.34 表明，9 场降雨该院落小区年径流总量控制率与悬浮物削减率基本相当，院落小区的平均径流总量控制在 99%以上，平均污染物削减率在 90%以上，说明源头初期雨水得到有效控制。

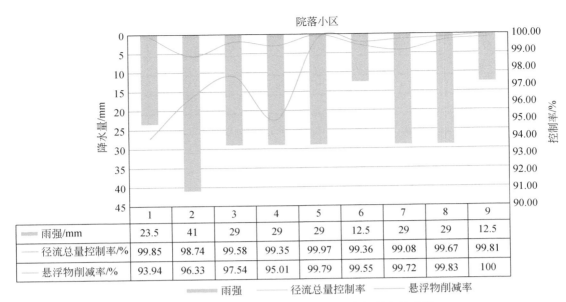

图 7.34　院落小区监测场次悬浮物和径流控制率关系图

	1	2	3	4	5	6	7	8	9
雨强/mm	23.5	41	29	29	29	12.5	29	29	12.5
径流总量控制率/%	99.85	98.74	99.58	99.35	99.97	99.36	99.08	99.67	99.81
悬浮物削减率/%	93.94	96.33	97.54	95.01	99.79	99.55	99.72	99.83	100

　　在排水分区层面，以船码头排水分区为例（图 7.35），7 场降雨，场次平均降雨径流控制率为 63.61%，污染物平均控制率为 47.18%。考虑到常德市采用源头+过程的污染控制方式，按设计当场次降水小于 21mm 时，降水不外排河道，场次降雨污染物削减率为 100%；当连续降雨超过 21mm 时，发生外排河道的现象，此时场次的平均悬浮物削减率可以采用 7 场次的平均悬浮物削减率。因此悬浮物控制率可以分为两部分，一部分为设计年径流总量控制率标准之内的降水，因为不外排河道，悬浮物全部控制；第二部分为超过年径流总量控制率设计标准的部分，悬浮物控制率取 7 降水降雨的平均污染削减率，为 47.18%，因此建立悬浮物削减与年径流总量控制率的关系，即

悬浮物削减率=年径流总量控制率+（1−年径流总量控制率）×47.18%

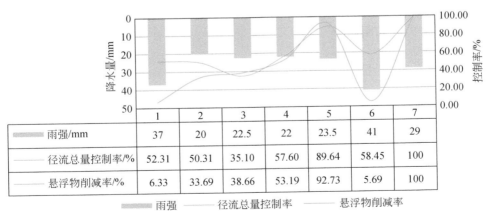

	1	2	3	4	5	6	7
雨强/mm	37	20	22.5	22	23.5	41	29
径流总量控制率/%	52.31	50.31	35.10	57.60	89.64	58.45	100
悬浮物削减率/%	6.33	33.69	38.66	53.19	92.73	5.69	100

图 7.35　排水分区监测场次悬浮物和径流控制率关系图

　　依据该公式，可计算各排水分区 SS 削减率，如表 7.40 所示。

表 7.40　排水分区初雨污染控制率计算汇总表

排水分区	年径流总量控制率/%	面积/km²	初雨污染控制率/%
城堰堤	79.80	3.92	89.6
刘家桥	80.00	9.55	89.7
聚宝	81.30	5.68	90.5
甘垱	78.02	1.94	88.4
邵家垱	78.30	2.37	88.6
楠竹山	76.06	2.72	87.1
船码头	78.00	4.51	88.3
夏家垱分区	78.02	4.46	88.4
尼古桥	78.07	2.54	88.4
柏子园	76.43	3.50	87.3
余家垱	79.74	2.13	89.5
杨武垱	77.99	1.65	88.4
粟家垱	78.33	2.18	88.6
长港	77.77	2.45	88.2
建设桥	82.05	4.90	91.0
总计		54.5	88.8

根据计算，常德市试点区初期雨水污染削减率达到 88.8%，远远超过考核目标（50%）的要求。

7.5.4　黑臭水体全面消除

试点区内 7 条黑臭水体已经整治完毕。根据常德市环保局提供的环境质量检测数据，常德市主要的水体穿紫河水质达到Ⅳ类，白马湖公园为Ⅲ类，滨湖公园水质为Ⅱ类。

2019 年市城区主要黑臭水体消除，城内各水体水质达到地表水标准Ⅳ类以上。城市的 16 个内涝积水点也已经消除。穿紫河过去市民避而远之的臭水沟，变成了如今市民休闲娱乐的风光带（图 7.36 和图 7.37）。

(a) 改造前的水系和土堤　　　　　　　　(b) 改造后的水系和生态驳岸

图 7.36　穿紫河船码头段水系和驳岸改造前后对比

(a) 运行前拍摄, 2014年7月17日   (b) 运行两年后, 2016年10月14日

图 7.37 穿紫河船码头段咖啡馆处水质对比图

7.6 建设效益显著

7.6.1 社会效益明显

常德市海绵城市建设最直观、最重要的效果是城市主要河流水质和生态环境得到改善，为居民提供了休闲空间，由此，改变了老百姓的生活方式。下班后不再打麻将，而是去穿紫河散步，还能沿河骑车上班。穿紫河龙舟赛，环柳叶湖马拉松，海绵城市建设改变了市民的休闲方式，促进了社会的发展。

2015 年 4 月至 2019 年 7 月，常德先后接待国际国内 200 多个城市 300 多个批次的行政长官、专家学者、企业领导实地学习考察。常德市海绵城市建设常德穿紫河综合整治成果成功亮相中央"砥砺奋进的五年"大型成就展，"伟大的变革—庆祝改革开放 40 周年大型展览""第十二届中国（南宁）国际园林博览会"大型成果展，中央电视台综合频道及新闻频道在世界环保日期间以《穿紫河换新颜 成为城市碧玉带》为主题重点推介了常德穿紫河治理经验。

国际层面，2017 年 11 月 6～8 日于新加坡举行的中国与东盟环境保护合作中心"生态友好城市发展研讨会"，2018 年 2 月 7～13 日于马来西亚首都吉隆坡举行的"第九届世界城市论坛"，2018 年 9 月 11～13 日于中国南宁举行的"中国——东盟环境合作论坛"，2018 年 3 月 29 日于常德举行的"中欧水平台合作项目技术交流会"，2018 年 5 月于欧盟 4 国、西安国际海绵城市建设论坛分别做了"海绵城市建设——常德实践"的主题报告。2018 年欧盟、中国城市规划设计研究院、常德市政府、北京市政府共同签署了中欧水平台合作协议（图 7.38），2019 年 6 月 25～30 日于德国波恩举行的"宜可城 2019 全球韧性城市大会"上，常德代表中方分别做了"精诚合作，砥砺奋进——中国常德积极参与建设人类宜居生态城市""科学规划助力城市可持续发展——带路国家城市发展经验分享""创气候适应城市范例 建绿色循环宜居家园——中国常德积极参与构建人与自然和谐生命共同体""积极践行精诚合作，齐心协力造福人类"和"创韧性城市范例 建宜居美好家园——

常德海绵城市建设再向高标准惠民生可持续目标奋进"的主旨演讲，将海绵城市建设的先进经验传出了国门。

图 7.38　中欧水平台合作协议签署（刘曦 摄）

7.6.2　经济效益良好

随着常德市海绵城市建设的纵深推进，海绵城市建设营造了优美的城市环境，城市面貌焕然一新，大大促进了旅游、商贸、体育、养老、地产市场的繁荣，在泛湘西北区域范围内产生了很大的"虹吸效应"。其带来了多方面的经济效益，主要体现在水经济、土地经济与海绵产业上。

常德市在海绵城市建设中注重融入大量旅游元素，赋予其城市景观、生态廊道、旅游休闲等新功能，先后打造形成了柳叶湖环湖景观带、穿紫河水上风光带（图 7.39）、德国风情街、大小河街、老西门历史文化街等一批海绵亮点项目，目前已成为了炙手可热的旅游目的地。老西门文化与商业双赢；大小河街、穿紫河水上观光巴士，游客如织；万达金银街、武陵阁步行街商业繁华。

图 7.39　停靠在大小河街码头的水上巴士（吕志慧 摄）

数据显示：穿紫河水上巴士运营以来，短短 7 个多月累计接待游客超 5 万人次，实现门票收入约 1000 万元；"常德欢乐水世界"开园 2 年累计接待游客近 122.1 万人次，门票收入 1.53 亿元。2016 年，常德市海绵城市建设助推旅游效果显著，全市接待国内外游客

4048 万人次，同比增长 25.7%，实现旅游综合收入 318 亿元，同比增长 25.7%。2017 年农历正月初二，中央电视台在黄金时段向全国特别推介了穿紫河·河街夜景风光。

穿紫河特色商业街项目总投资预计 233090 万元，其中德国小镇项目投资 33960 万元，婚庆产业园投资 66930 万元，常德河街项目投资 13220 万元，资金来源为企业自筹。截至 2019 年，德国小镇和常德河街项目已经开街运营，婚庆产业园项目正在进行施工。

穿紫河特色商业街于 2016 年 10 月 18 号开街（常德河街及德国风情街，婚庆产业园目前在建），销售收入 4391.78 万元。项目在运营初期主要取得商铺租金收入及住房销售收入。待所持有商业资产运营逐渐成熟，资产升值后再进行销售。目前周边房均价 7000 元/m² 左右，根据测算商业租金及销售收入预计今年还可实现收入 20000 万元。该项目经过两年商业运营资产总值预估为 18000 万元。预计上缴税金约 2.4 亿。

2018 年 3 月，常德市 708、709 地块拍卖地价创历史新高，分别达到 704 万元/亩、781 万元/亩，楼面地价达 3756 元/m²、4188 元/m²。现在环柳叶湖、穿紫河沿岸土地出让市场炙手可热，全国著名房产开发商来常德市洽谈投资者络绎不绝。随着保利、恒大、万达、碧桂园、华侨城、友阿、绿地、同元、景域、禾田居等实力企业进驻常德，常德即将成为真正意义上的湘西北现代化区域中心城市。

从表 7.41 可以看出，常德成为海绵城市试点城市后，试点区内地价、房价上升幅度要高于一般城区；而穿紫河沿岸，随着水质和环境提升，地价、房价上涨比例更是基本达到一般城区的两倍。

表 7.41　2014 ~ 2017 年海绵城市示范区地价房价动表

	项目	2014 年价格	2015 年价格	年度增长	2016 年价格	年度增长	2017 年价格	年度增长	平均增长幅度
一、地价	穿紫河两岸（离岸 1000m 以内）	178 万元/亩	202 万元/亩	13.71%	269 万元/亩	33.19%	519 万元/亩	92.58%	63.89%
	海绵城市建设示范区	199 万元/亩	219 万元/亩	10.01%	311 万元/亩	41.91%	429 万元/亩	37.69%	38.32%
二、房价	穿紫河两岸（离岸 1000m 以内）	5901 元/m²	5658 元/m²	−4.12%	5995 元/m²	5.96%	6807 元/m²	13.54%	5.12%
	海绵城市建设示范区	5118 元/m²	5196 元/m²	1.52%	5392 元/m²	3.77%	5827 元/m²	8.07%	4.62%
	江北建成区	4762 元/m²	4777 元/m²	0.31%	4874 元/m²	2.03%	5249 元/m²	7.69%	3.41%

以船码头周边房地产开发为例，以前由于船码头泵站黑臭现象严重，周边区块一直是常德市城区典型的脏乱差区域。2010 年机埠启动改造后，实现了水体由差变好，吸引了众多开发商。2013 年建成了当时市城区占地面积最大，品质最高的公园世家小区，开创了全国在雨污泵站旁建设高档房产小区的先例（图 7.40）。

2015 ~ 2017 年，海绵城市建设试点范围内土地出让 2773 亩，因海绵城市建设引起的土地出让溢价收入达到 6.65 亿元；商品房销售面积达到 496 万 m²，因海绵城市建设引起的房屋销售溢价收入达到 15.14 亿元，相应增加政府税费收入 3.78 亿元。截至 2017 年年末，海绵城市建设试点范围内剩余可商业出让土地预计有 2527 亩，因海绵城市建设引起的土地出让溢价收入预计可达 28.82 亿元，房屋销售溢价收入预计可达 41.41 亿元，相应增加政府税费收入预计可达 10.35 亿元。

图 7.40　船码头生态滤池对面的公园世家小区（欧阳志　摄）

海绵产业稳步发展，常德市成立海绵城市建设管理有限公司和中瀚水务有限公司两家平台公司，主要从事水生态修复、污水治理、市政园林、海绵项目等的设计、施工、维护及海绵产品生产及应用业务。海绵城市建设中研发的树脂线性排水沟，年产量近 10 万 m，销售量达 9 万 m；渗水管年产量达 2 万 m，销售额达 75 万元，环保种植盘年生产量达 20 万个，销售额达 240 万元，公司效益较转型前有了较大的提升，产品也更适应市场需求。

7.6.3　百姓幸福感增强

以改善内河水质为最终目标的常德海绵城市建设，提升了居民的生活品质。原来的避之不及的黑臭水道，变成了受人喜爱的城市公园。老百姓现在愿意亲近水，在河道附近散步、慢跑、骑车、观景、休憩，真正生活在水城之中，并为家乡的变化感到自豪。

城市居民，特别是老城区居民最头疼的停车位缺乏、没有邻里休闲空间、运动器材老旧、道路年久失修等问题，都在海绵城市建设中得到一定改善。地下停车场不再怕被淹，暴雨时，道路上也不会出现污水横流的情况。

海绵城市建设过程中，常德对 135 个老旧小区进行了全面改造，小区环境有了翻天覆地的变化，5 万余居民直接受益。同时彻底解决了老城区内涝积水问题。改造公园及广场 5 个，城市居民休闲游憩空间大幅增加，城市变得更加宜居。市海绵办收到了近百份试点区外小区进行海绵改造的申请。

常德海绵城市建设试点项目已经进行了三年，为了获得最直接的民众对于海绵城市建设的意见，在今年年初针对主要的黑臭水体，每处发放 100 份调查问卷，随机了解常驻人员或出游人回馈意见。根据问卷调查，各个水体的满意度都能达到 90% 以上，特别是水域面积最大的穿紫河、白马湖、屈原公园均达到了 92%~98%，说明市民认可改造效果。

针对内涝公众感受情况，也在 2017 年 12 月进行了民意调查。调查地点集中在内涝点所在地街道如：芷兰、芙蓉等 11 个街道。发放并填写调查问卷 151 份，其中填写非常满意 105 份，占 69.5%，满意 35 份，占 23.2%，一般 11 份，占 7.3%，不满意 0 份，占 0%。通过这次调查问卷反映，16 处内涝点所在居民对防洪排涝工作是相当满意的，整治效果也是卓有成效的。

7.6.4　传承水文化

常德市先后修复并建成了老常德时期的码头文化代表的麻阳街、河街、老西门等一批展现常德历史文化、风格多样、内涵丰富的水文化载体群落。常德市恢复了历史千年的护城河，恢复了历史街区老西门（图 7.41）及相关建筑，如窨子屋；恢复了穿紫河，并将沅江边上的老城区河街恢复到穿紫河边，恢复了常德作为沅江交通码头常德河街的盛况（图 7.42）。在穿紫河两岸搭建 8 个戏台，展出包括国家非物质文化遗产如"常德丝弦""花鼓戏"等，继承了历史文脉，丰富了老百姓的文化生活，扩展了文化旅游的内涵。

图 7.41　常德老西门商业街　　　　　图 7.42　常德河街（廖坤林 摄）

在老西门建造了常德丝弦剧场，挖掘整合"常德丝弦""花鼓戏"两项非物质文化遗产，传统艺术历久弥新。新建德国风情街，让北德风格的建筑落户在穿紫河畔，形成一个外国人的家园，常德的对外之窗（图 7.43）。婚庆产业园、金银街等特色商业街，使老常德的内河码头文化、商业文明得到传承。

图 7.43　德国风情街（赵津乐 摄）

7.6.5 财政可持续

2015 年以来，常德市财政局紧紧围绕市委市政府确定的"一年重点突破、两年基本建成、三年形成示范"的海绵城市建设战略目标，全力以赴、多措并举，积极筹措资金，加快资金拨付，大力支持了市城区海绵城市建设项目的顺利推进。

表 7.42 列出了 2015～2017 年间计划和完成的海绵建设投资情况和资金来源分类。

表 7.42 2015～2017 年海绵城市建设计划和完成投资情况　　单位：万元

年份	计划投资	中央财政	地方财政	社会资本	完成投资（2018 年 2 月）	中央财政（全部为项目补助资金）	地方财政	社会资本
2015	216237	30435	164202	21600	244113	30434	164203	49476
2016	399392	79732	253521	66140	389975	71499	246356	72120
2017	165923	9833	66069	90021	153533	7933	66379	79221
2015～2017	781552	120000	483792	177760	787621	109866	476938	200817

投融资完成情况：除了国家专项资金 10.99 亿元外，还进行政府自筹了 47.69 亿元，另外本市企事业单位、开发商自行承担约 20.08 亿元投资。总投资额达到 78.76 亿元。

探索了不同的资金运用模式：将资金优先投在能产生回报效益的项目上，比如穿紫河、新河治理项目，提升环境质量，优化投资环境。政府投入公益性的项目，带动整个社会资本向海绵产业方向投入。为了保障项目实施效果，实行额外奖励（优质项目）和定额补助（院落海绵改造、绿色屋顶）等多种模式。

加强了资金管理：实行专款专用，提前制定资金使用计划，保障收支平衡。强化资金审批程序，保证程序到位、手续合规。

严格控制投资额度：按照"低影响开发"的理念和"既要保障功能需要，又要减少建设维护成本"的原则，合理确定设计费、施工费用、材料和设备采购等方面标准，严格执行。对源头治理项目，按照每平方千米投资不超过 1 个亿元的总标准进行控制。对过程和末端治理项目，按照"满足海绵功能需求，不搞大拆大建，选用成熟工艺，优先选用本地产品，减少维护成本"的原则，做好投资设计管控。

常德海绵城市建设过程中积极采用 PPP 模式。计划实行 PPP 模式的海绵城市建设项目共 63 个，计划总投资 43.08 亿元。按照自然流域将试点区打包，其中 58 个海绵城市建设项目打包在船码头、柏子园片区项目 2 个 PPP 包中，其他 5 个为单独 PPP 项目。2 个 PPP 包项目计划投资 37.33 亿元（包括 TOT 方式项目 35.08 亿元，BOT 方式项目 2.25 亿元）；5 个单独 PPP 项目计划投资 5.75 亿元。截至 2018 年年底，2 个打包项目已处于项目执行阶段，共完成投资 39.56 亿元。5 个单独项目中，常德市云计算中心建设和皇木关污水处理厂建设项目已进入运营阶段，市污水净化中心提质改造、皇木关污水处理厂二期建设已处于项目执行阶段，共完成投资 3.88 亿元，黑臭水体治理二期项目因国家 PPP 政策调整，现已改为政府投资项目。

第8章

海绵城市建设经验与展望

8.1 制度机制经验

8.1.1 体制机制是保障海绵城市持续推进的基础

1. 久久为功，合力推进海绵城市建设

常德市作为紧邻洞庭湖的城市，治理水患一直是其重要任务，1998年长江流域大洪水之后利用亚行贷款修建了常德沅江防洪大堤，再加上长江三峡工程建设，流域性洪水对常德的威胁得到了有效控制，城市沅江支流区域性洪水以及城市内河水系整治就摆上了日程。

为推进水体治理，2009年常德市启动江北水系调研的课题，启动江北水系建设。2010年《常德市人民政府办公室关于成立常德市江北水系综合治理领导小组等6个临时机构和建立常德市药品集中采购联席会议制度的通知》（常政办函〔2010〕41号）成立常德市江北水系综合治理领导小组，组长为时任常德市委副书记、市人民政府的市长，副组长包括2个市委常委，人大、政协副主席、市政府副市长，成员为市住建局、发改局、财政局、国土局、环保局、水利局、公用局、园林局、规划局、武陵区、鼎城区、柳叶湖管委会、城投集团、经投集团、穿紫河建设公司、金柳公司、西城公司、龙马公司等委办局、区政府、建设公司主管领导。领导小组办公室设在市住建局，由时任副局长兼任办公室主任。

2013年改为城区水系办，将鼎城区水系和沅江纳入管辖范围，全面调度城区水系综合治理工作。2015年，常德市海绵城市建设启动，常德市成立了常德市海绵城市建设领导小组，由市委书记任顾问、市长任组长、相关分管领导为副组长，小组下设办公室，办公室由原来的城区水系办转隶而来。2015～2019年常德市海绵办历任三任主任，第一任主任为常德市时任常德市住建局的局长，第二任主任为时任市委办的副主任，第三任主任为时任常德市住建局的局长，常德的海绵城市建设和水系建设体制设置一脉相承。

海绵办设立9个小组，其中4个小组为常设机构，其他5个小组组长为各委办局的分管副局长，由各委办局承担相关的职能。在全面深化改革时市编委在市发改委、市自然资源和规划局、市住房和城乡建设局、市生态环境局、市水利局、市财政局的编制"三定"方案中明确了专门的机构负责海绵城市建设；为完善海绵城市建设和管理的长效机制，2019年新成立了"常德市海绵城市建设服务中心"。

常德的海绵城市建设管理体制由早期的水系办演变为海绵办再演变为"常德市海绵城市建设服务中心",由临时机构转为常设机构,同时在各委办局内嵌海绵城市相关管理职能,确保海绵城市建设、管理有主体推进。

2. 建章立制,法规政策护航海绵城市建设

为将海绵城市理念纳入城市建设管理,常德市制定保障海绵城市实施的地方法规、政策制度、部门规章等。《常德市城市河湖环境保护条例》于 2017 年 4 月 26 日常德市第七届人民代表大会常务委员会第三次会议通过,2017 年 5 月 27 日湖南省第十二届人民代表大会常务委员会第三十次会议批准。《常德市城市河湖环境保护条例》从地方法规层面明确了海绵城市专项规划编制、海绵城市专项规划实施及监督管理的要求,为常德市海绵城市理念的落地奠定了法律基础。

常德市政府出台《常德市海绵城市项目建设暂行管理实施细则》,明确了常德市各委办局海绵城市建设中的职责分工,明确政府投资、社会投资项目有关海绵城市建设的投资管理,一盘棋推进海绵城市建设。

2016 年常德市出台《中共常德市委办公室 常德市人民政府办公室关于加快推进海绵城市建设的实施意见》(常办发〔2016〕13 号)明确了提出了海绵城市是必须长期坚持的理念,并分别提出了近期目标(2015~2017 年)、中远期目标(2017~2030 年)、主要任务、保障措施。在主要任务中提出要实施水文化水旅游亲水工程,立足常德"水城"特色,着眼产城互动、城旅一体,在提升内河水质、美化河岸景观的基础上,重点围绕挖掘水文化底蕴和开发水旅游资源两个方面,发展水文化、水旅游产业,建成一批展现常德历史文化、风格多样、内涵丰富的水文化载体群落,实现水生态、水景观、水文化的有机融合,赋予水系城市景观、生态廊道、旅游休闲等新功能。柳叶湖建设以打造亲水旅游为主题,实现文化旅游与体育休闲运动相结合,重点建好常德植物走廊、欢乐水世界、沙滩公园、东岸亲水栈桥、马拉松环湖赛道、湖仙岛、白鹤小镇等项目。穿紫河建设以打造亲水文化为主题,通过修复还原老常德城区大小河街、麻阳街、老西门民俗博物馆等历史记忆,新建德国风情街、爱情岛、婚庆产业园、金银街等特色商业街,充分展示常德内河码头文化和商业文明。开辟柳叶湖、穿紫河、白马湖公园、丁玲公园水上巴士旅游线路,利用柳叶湖环湖赛道发展马拉松、自行车等体育产业,实现生态效益和经济效益协调发展。常德的海绵城市建设在战略落位上展现了比较高的格局,理水营城,保障海绵城市建设可持续。

市规划局出台《常德市海绵城市建设项目规划管理规定(试行)》,明确了海绵城市建设项目规划管理要求,将海绵城市规划管控要求纳入"两证一书"的办理程序及规划验收要求。《常德市海绵城市建设项目建设管理办法》明确设计管理流程中,建设工程项目的方案设计、初步设计、施工图设计等阶段,设计单位应编制海绵城市设计专篇,且满足相关技术标准的要求。常德市住建局出台了《常德市海绵城市设计施工图审查办法》,明确海绵城市施工图审查对象、审查依据、审查内容等;明确施工图审查机构要根据国家、省、市建设相关规范和《海绵城市建设技术指南》、《常德市海绵城市建设施工图审查办法》对项目海绵城市建设设施设计符合性进行审查,图审报告应当对海绵城市建设设施控制性指标符合性予以说明。对于未达到选址意见书或规划条件中控制指标的设计文件不予核发批准

文件或施工图审查合格书。

常德市海绵城市建设在制度设计中结合城市水乡的特色，以治好水、用好水、理水营城为目标，将海绵城市纳入城市建设管理中，确保海绵城市建设生命力持久。

8.1.2　开源节流，分类施策，海绵城市建设财政可持续

1. 主动作为，项目建设财政管控前置

常德市财政局主要领导为海绵办副主任，海绵办下设资金及 PPP 模式推进组，由财政局主要领导兼任，常德市资金及 PPP 模式推进组的有以下职能。

（1）参与年度海绵城市建设项目计划制定；

（2）负责制定海绵城市建设的奖补政策；负责考核各类海绵工程完成情况并提出奖惩意见；

（3）负责提出海绵城市建设资金管理意见；制定市本级海绵城市建设资金预算及社会投资资本统计；

（4）负责政府与社会投资合作投入海绵城市建设项目的推进，对社会投资项目审查及奖励资金拨付；

（5）负责政府直接投入的机关事业单位院落规模审查和评审；

（6）负责审查各类海绵城市建设工程合同；

（7）负责海绵城市建设资金管理及评审工作；

（8）负责海绵城市建设办公室办公经费；

（9）负责指导 PPP 公司的建立和营运。

结合职能分工，常德市财政局积极作为，探索出了一条海绵城市建设的资金可持续途径，总结为三条：拓宽渠道融资本、理水营城搞创收、延伸管控强节约。

一是创新政府筹资方式。积极改变传统筹资模式，积极拓展筹资渠道，探索了一条海绵城市建设政府社会各方共同出钱出力的新路子。一是内集，预算内城建资金优先安排海绵项目，三年市本级财政预算直接安排海绵城市建设专项资金额度超过 20 亿元，占同期城建项目支出预算总额的 60%。二是外借，吸引金融机构参与常德市海绵城市建设，分别获得金融机构 75 亿元海绵融资贷款，并与建设银行合作设立了 20 亿元海绵基金。三是众筹，改变海绵院落改造政府包办模式，财政给予定额比例补助，其余资金由业主单位自筹；出台政策鼓励和支持社会资本参与海绵城市建设，吸引北控水务、首创水务等社会资本参与建设。三年来，148 个海绵项目共完成投资 79.66 亿元，其中中央财政资金 12 亿元，地方财政资金 47.56 亿元，社会资本 20.1 亿元。

二是加强城市经营创收。在项目建设上，注重通过政府投入带动社会投资形成收益，实现了政府投资的良性循环。将海绵城市建设资金重点投向穿紫河、新河治理等项目上，根治黑臭水体，打造穿紫河水上风光带，激活了沿岸土地市场，并在穿紫河两岸建起了德国风情街、婚庆产业园、大小河街，在下游引进了欢乐水世界、卡乐陆公园大型游乐项目，开通了柳叶湖——穿紫河水上观光巴士，培育发展了"亲水经济"。据初步统计，穿紫河治理项目刺激土地溢价 2.26 亿元，新增房产销售收入 6.92 亿元、房产税费 1.73 亿元；相

关旅游娱乐项目累计接待游客 2500 万人次，仅门票收入就超过 2 亿元。从总体上看，常德市海绵城市建设地方政府投入 47.69 亿元，对应的土地房产直接增值收益预计有 45.83 亿元，相应增加政府税费收入预计可达 6.57 亿元，较好地实现了投入与产出的良性平衡。

三是加强项目投资管控。一是加强设计源头管控。统一海绵城市建设项目规划，不论政府投资还是社会投资项目，项目设计费均由财政部门承担，掌握了政府主管部门和财政部门管控项目建设与投资的主动权。创造性地采取分类分档的项目设计计费方法，打破常规不依投资额度，从规划设计源头把控投资闸口。二是降低建设投资成本。秉承低投资设计、低成本建设的理念，在保障海绵城市建设功能需要的前提下，将源头治理项目综合投资控制在每平方千米 1 亿元以内，并区分项目类型、单位类别等，分类、分档制定相关奖补政策，有序推进了屋顶绿化和院落改造等海绵项目建设，有效节省也项目投资。三是加强财政管控及服务。将财政管理触角从传统的资金管理伸展到项目管理，将财政管控手段前置到项目设计把关环节，同时参与项目现场踏勘，提前做好项目建设内容、建设标准管控，减少被动买单。建立海绵建设财政绿色通道，快速响应，限时办结，并将财政预算评审主动压到最低时限。

2. 流域平衡，治水提升土地价值

常德市为典型的水城，水系发达，在海绵城市建设过程中，以城市水系为单元，推进海绵城市建设。以穿紫河为例，一方面统筹资金平衡，一方面统筹海绵城市建设效果。

（1）整体收益：穿紫河流域海绵城市建设总体投入计划 10.23 亿元。其中所有泵站、调蓄池、生态滤池改造的投入 5.3 亿元；流域内小区、道路、广场海绵化投入 0.18 亿元；水系治理及绿地景观投入 4.75 亿元。另外水上巴士投入 7410 万元（包括游船设备、晚间演戏灯光音响设备等）。到目前为止，已完成海绵城市建设投资约 10 亿元。

穿紫河流域改造后，预计可拉动周边区域土地变现和升值 8 亿元，每年可实现穿紫河两岸文化、旅游、娱乐相关收入 3000 万元。政府通过加大环境改善投入，促进流域环境改善、土地价值回归正常，政府收益明显，并拉动社会经济发展。

（2）水上巴士：随着穿紫河水质的提升，水系的连通，穿紫河两岸德国风情街、大小河街等历史文化建筑的建成，使得穿紫河从以往的黑臭水体变成一条优美的"望得见山、看得见水、记得住乡愁"的城市景观河道。常德市利用穿紫河的良好水上交通资源及沿线景观风光带，将穿紫河打造成常德市市内第一条水上旅游观光线路，恢复了中断近 40 年的穿紫河通航，预计每年可实现收益 1090 万元。

3. 老城棚改，多功能组合企业自筹盈利

老西门是护城河流域的一个重要项目，老西门项目占地面积 87338.79m²，拆迁 186436m²，征收 1690 户。项目拆迁后规划设计总建筑面积 257604m²，其中住宅面积 171404m²，占 67%，商业面积 86200m²，占 33%。扣除回迁住宅后可出售住宅面积 16667m²，扣除回迁商业面积后可出售商业面积 58686m²。

项目总投资预计 167248 万元，其中护城河海绵项目改造投资 12528 万元，棚户区改造投资 154720 万元。

截至 2016 年 9 月月底项目累计投入资金 141114 万元，海绵项目护城河改造完成投资 9328 万元，棚户区改造完成投资 131786 万元。计划 2017 年完成剩余投资 26134 万元。

资金来源：企业自筹资金 77514 万元、银行贷款 60000 万元、政府棚改补助 3600 万元。今年预计发行 5.8 亿元企业债券，通过资产证券化进行新一轮融资，进一步完善公司的资本结构。

项目实现收入：老西门文化旅游商业街于 2016 年 5 月 28 号开街，截至 9 月底已租面积 8198m²，租金收入 200 万元，住房销售 5863m²，销售收入 3518 万元。

项目预计收入：项目在运营初期主要取得商铺租金收入及住房销售收入。待所持有商业资产运营逐渐成熟，资产升值后再进行销售。目前周边二手房均价 6000 元左右，预计未来新建住宅销售单价 7000 元，预计还可实现收入约 7667 万元。根据租金增长率的测算，商业租金（58686m²）及销售收入预计还可实现收入 229030 万元。

项目总收入：该项目经过五年商业运营资产总值预估为 240415 万元，实现收支平衡，开始盈利。预计上缴税金约 3.3 亿元，利润约为 5 亿元（表 8.1）。

表 8.1　2012～2020 年老西门项目投入产出表

项目类型	资金来源	投入/万元	产出/万元
实际投入	企业自筹	77514	
	银行贷款	86134	
	政府棚改补助	3600	
预计产出	住宅销售		11185
	商铺租金收入		26562
	商业销售收入		202668
合计		167248	240415

老西门（葫芦口）棚户区改造项目投资，企业出大头，政府出小头，突破了棚户区改造受资金制约的"瓶颈"；老西门（葫芦口）棚户区内已建成一条最具地方文化特色的城市文化旅游商业街，成为优良的旅游目的地；商贸旅游等产业将永久性产生经济效益；老西门（葫芦口）棚户区改造项目自开工以来就拉动着常德的许多项实体经济，带动着旅游、文化休闲等相关产业；老西门（葫芦口）棚户区改造项目将为社会提供数千个就业岗位。

8.2　建设运维经验

8.2.1　政府作为+技术团队是海绵城市建设成功的关键

"我们的目标是，1 年重点突破，2 年基本建成，3 年形成示范，真正成为一座会'呼吸'的海绵城市。"2015 年 3 月 27 日，申报国家海绵城市建设试点城市竞争性评审答辩会在京召开，亲任主辩手的常德市委书记王群发言掷地有声。最终常德以总分第 7 名的成绩从全国 22 个参与答辩的城市中脱颖而出，成功入围"全国首批海绵城市建设试点城市"。

2015～2016 年常德市海绵城市建设按照既有的惯性，开展水系建设，在技术途径上，过于依赖于管网末端调蓄池、生态滤池及水系改造所带来的海绵城市效果，且缺乏技术团队支撑。在 2016 年国家海绵城市年度考核中，常德市海绵城市年度考核排名靠后。此事之后，常德市继续聘请中国城市规划设计研究院作为常德市的技术咨询单位，中国城市规划设计研究院也派驻人员常驻常德。

作为技术咨询单位，中规院在常德市首先收集了常德市已实施和正在实施的海绵城市建设项目清单及相关的技术资料，包括方案、初设、施工图等文件，一书两证等相关管控文件，做到项目心中有数；并在入驻现场之初，建立了技术平台（海绵城市监管平台的雏形），管理相关的文件；针对关键技术问题进行技术攻关，主要研究常德现有雨水管网排口机埠、调蓄池、生态滤池与海绵城市建设的关系，其产生背景、技术适用性与局限性，研究海绵城市建设目标下机埠及生态滤池的作用方式。

常德市海绵办与中国城市规划设计研究院技术咨询小组建立了良好的互动关系，一方面中国城市规划设计研究院现场技术咨询团队在常德负责完成了常德市海绵城市申报的相关材料、海绵城市专项规划、海绵城市监测方案、排水防涝专项规划、海绵城市建设系统方案等海绵城市建设关键规划管控文件，中规院通过不懈努力研究常德排水系统特点，掌握了其独特的技术特性；在此基础上，以建设海绵城市目标为导向，中规院能为常德市海绵城市建设提供正确的技术建议。双方能够在海绵城市建设方面形成合力，从而推进海绵城市建设。

8.2.2 海绵城市建设与水文化复兴紧密结合

常德城市文化与水有着不解之缘，沅江、洞庭湖利害并存，可以说与水作斗争，趋舟楫之利、避江湖之患的水文化是一条贯穿于近代常德城市文化的主线。

近代常德的商业文化几乎是全部靠水运载的，洞庭湖与沅江是常德商业文化的水上通道，常德城本身就是这个水域中的一条"旱船"，沈从文说："常德乡城本身也就类乎一只旱船，女作家丁玲，法律家戴修瓒，国学家余嘉锡，是这只旱船上长大的。较上游的河堤比城中高得多，涨水时水就到了城边，决堤时城四围便是水了。常德沿河的长街，街市上大小各种商铺不下数千家，都与水手有直接关系。杂货店铺专卖船上用件及零用物，可说是它们全为水手而预备的。至如油盐、花纱、牛皮、烟草等等庄号，也可说水手是为它们而有的。此外如茶馆、酒馆和那经营最素朴职业的户口，水手没有它不成，它没水手更不成"。在沈从文看来，常德的商业文化就是一种水的文化，就是水手和船户支撑的商业城市。

随着铁路、公路的兴起，汽车与火车取代船只成为常德与其他城市之间主要的交通工具；1998 年，长江流域性大洪水后，常德修建了沅江大堤，常德沿江的河街消失了。经历交通工具的演替、流域性防洪工程的修建，常德水文化的载体已经基本消失，水文化面临断代的危险。

为恢复水文化，常德市进行了多次调研，《常德市海绵城市系统方案》提出了水文化建设策略，即护城河为常德市水文化之根，护城河流域保护和保留大量的历史文化建筑；穿紫河为常德市水文化之窗，利用穿紫河有条件的空间，恢复建设已经被拆除的历史文化载体。

护城河是一条历史 2000 多年的河。秦昭王三十年（公元前 277 年），蜀郡守张若奉命在今常德武陵区筑城，史称"张若城"，修建护城河，到 20 世纪 90 年代护城河被填埋，护城河成为排污暗渠。在常德海绵城市建设中，老西门作为老城区棚改项目，是否打开护城河，曾经有许多的争议。该项目邀请国内顶级建筑设计大师进行设计，进行多次论证，最终打开护城河，恢复了古河道。河道两岸的建筑建设采纳了历史文化元素，护城河的设计在空间功能布局上与片区功能相协调。

2010 年穿紫河为常德市城郊河流，通过治河、恢复河街，展示历史水文化。常德市在穿紫河东段的北岸依照历史上河街的形态，重建了常德河街。在穿紫河的改造中，借用沈从文的散文《常德的船》，按照历史上常德最早的街道：麻阳街，大河街，小河街，重新进行了建设。每一栋建筑都是依据历史照片、图纸，严格恢复，包括当年的会馆、粮行、轮渡码头、青楼等，让常德人能够回忆到常德的历史。在恢复建筑等历史文化载体的同时，常德市还注重将非物质文化遗产引入，如利用穿紫河的河面，恢复了穿紫河通航。在游船经过的线路，设置 8 个停靠点，展示和表演常德市非物质文化遗产，如常德丝弦等。

在恢复历史水文化的同时，常德市海绵城市建设也注意发展特色文化，常德市与德国汉诺威市为友好城市，在穿紫河的北岸建设汉诺威街，展示德国建筑风格、文化特色。

8.2.3　标本兼治，亲水治水相结合

常德市经历了 3 轮治水，第一轮护城河治理在 20 世纪 90 年代，以河道加盖为主；第二轮治水在 21 世纪初，护城河的治理以清淤疏浚、加盖为主，穿紫河以底泥疏浚、调水补给为主。到 2015 年时，黑臭水体、内涝问题没有解决，当地居民形容："以前只要一下雨，就有内涝。以前我们这里是臭水沟，污水浓度高的时候，鱼就死成一片，周边的房子都卖不出去，臭烘烘的没有人愿意住"。

"黑臭在水里，根源在岸上，关键在排口，核心在管网"，前两轮的内河治理都没有关注问题的根源。2015 年常德市住建局负责人曾表示："我们用了中国最先进的技术，让机器人下到城市地下管网拍照，结果发现地下管网都是混的。地下管网是一个网状，一个点混接了，就都混了。还有很多管是 50、60、70 年代的，坏的坏，塌的塌"。管网是内涝和黑臭的主要原因之一。

城市管网修复应包含管网普查、CCTV 检测、管网修复等三个技术流程，该周期比较长。常德市江北城区地下管线普查工作于 2016 年 8 月全面启动，2017 年 3 月完成全部外业探测工作，共探测管线点 245784 个，测量图根点 1667 个，内业建库 245784 点，约 4458km，投资额为 1248 万元。管网 CCTV 监测的周期更长，2012 年 10 月 1 日至 11 月 20 日，历时 50 天，常德市实际完成雨水管网 CCTV 检测 1845.3m；2012 年 9 月 25 日开始，对常德市夏家垱泵站至粟家垱泵站段污水管道进行了 CCTV 检测，外业工作于 2012 年 10 月 25 日完成，历时 30 天，完成 1508m。2016 年常德制定了污水管非开挖修复三年计划，计划用三年时间完成江北城区海绵城市建设试点区污水管网的非开挖修复。要完成江北城区试点区 36.1km^2 的污水管修复工作应最少需要 4～5 年的时间。

为兼顾治理效果与治理进度，常德市采取了标本兼治的方法（图 8.1）。利用中等城市土地资源较为丰富的优势，利用生态滤池技术，消除污水直排的问题，然后推进河道治理；

在此基础上大力推进管网、小区的改造，做到了标本兼治，消除城市内涝和黑臭水体。

图 8.1 海绵城市建设历程

在治水的同时，常德市非常注重亲水用水，一是沿穿紫河、护城河两岸建设慢行步道，为市民提供公共空间；二是利用穿紫河水体，开通游船，利用穿紫河水体，恢复与展示常德市非物质文化遗产；三是将穿紫河水体的维护交给游船公司，由游船公司进行管护，做到责权利一体。

8.3　监测评估经验

8.3.1　总体方案稳步推进是海绵城市监测的重要保障

2016 年常德市依据海绵城市绩效考核要求，委托中国城市规划设计研究院编制海绵城市监测及平台总体方案，依据该方案，常德市逐步开展了海绵城市监测网络的实施，海绵城市模型的搭建，监管平台的建设。

随后，常德市聘请中国城市规划设计研究院作为技术支撑单位，中国城市规划设计研究院在技术咨询过程中，指导建设单位分两期推进监测网络建设，并指导建设单位结合实际监测效果进行方案的优化；在监测数据的分析中，指导监测及模型团队进行建设效果分析。

2016 年常德市尚未开展海绵城市模型的研发，2016 年 9 月技术咨询单位（中国城市规划设计研究院）开展了宏观模型（试点范围）和微观模型（小区、建设项目尺度）的试研发，2017 年常德市委托中国城市规划设计研究院编制《常德市排水防涝专项规划》，在规划中搭建了常德市排水模型，形成了常德市海绵城市的基础，2018 年在排水模型的基础上，镶嵌 LID 模块，构建了常德市海绵城市模型。

监管平台的雏形则为 2016 年 9 月份技术单位搭建的信息管理平台，当时信息管理平台以考核为导向，分解 18 项指标；在 2018 年当国家验收明确需要监管平台支撑时，由贵仁公司在信息管理平台的基础上，开发了运维等相关功能模块，开发监测数据接口，将模型内嵌与信息平台，就形成了监管平台。

由以上海绵城市监测、模型、监管平台的建设历程可知，常德市的海绵城市监管平台是在总体方案的框架下，由一家技术单位总体把关，稳步推进。常德的海绵城市监管平台建设的经验在其他多个试点城市得到了借鉴。

8.3.2　小区雨水混错接影响设施选型与测量

常德海绵城市水量水质监测网络项目仅开展了方案设计，跳过了详细调查阶段，建设单位与规划设计单位存在脱节，导致未进行较详细的现场勘查摸底，就开始建设施工。这造成了监测网络积累了一些无效监测数据，无法量化分析海绵城市建设前后的径流总量控制和污染物削减效果。对源头项目地块的水量水质的监测，主要集中在源头地块的雨水外排口。例如，针对某小区，仅在该小区内部雨水管网接入到市政管网的汇流主管道的检查井处，安装了在线流量计和 SS 计，用于在线监测外排雨水量和水质。但经过现场管线勘查发现，该小区内部雨水管网分布情况与图纸存在偏差，存在雨污管网混接情况（图 8.2），雨水管网外排口在非降雨天气有污水流出（图 8.3）。

图 8.2　雨污混流、垃圾过多，数据测试不到（付金龙　摄）

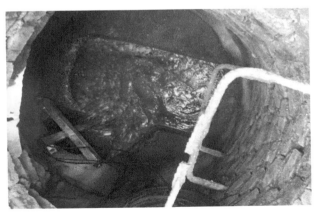

图 8.3　雨污混流、水流不止，数据测试无明显变化（付金龙　摄）

从监测设备运行情况和在线监测数据反映情况来看，在降雨期与非降雨期，流量和水质变化并无较明显变化，无法较准确计量降雨条件下的外排雨水量，无法判断水质在降雨过程的变化情况。

图 8.4 是烟草局 2 月 20 日到 23 日的降水量、水质、流量关系图，雨量为 44mm。

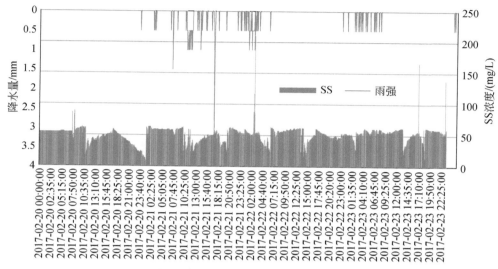

图 8.4   烟草局悬浮物与降雨的关系图

设备选型也存在一定的偏差，导致低流量不敏感，无法监测，流量需在雨量较大，水位达到一定高度时才有数据（图 8.5 和图 8.6）。

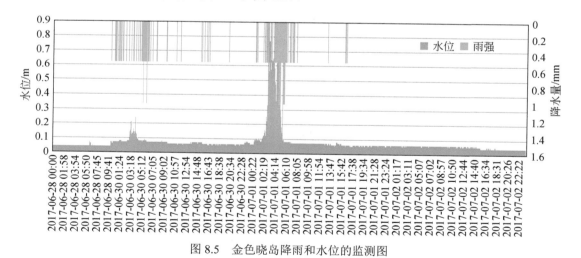

图 8.5   金色晓岛降雨和水位的监测图

8.3.3   技术创新是推动监测的重要手段

海绵设施水量监测难度大，在海绵城市现场实际环境应用中，由于环境的特殊性，海绵设施无法通过流量计进行监测流量，只能通过三角堰来监测入流与出流的水量，并且监测数据需要达到毫米级别，因此有一点干扰都会导致监测出来的数据的准确性。

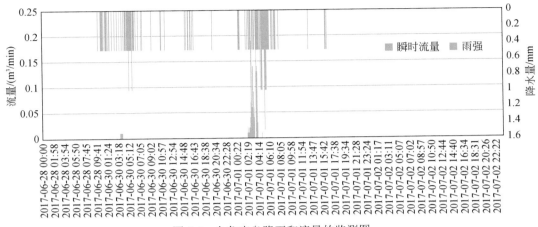

图 8.6　金色晓岛降雨和流量的监测图

　　传统的三角堰是在堰体中间加设一个直角三角形挡板，通过进水口进水，三角堰堰口出水，监测堰口出水水位数据计算成流量。当水流湍急时，入堰口的水流将会不稳定，并且会携带过多的固体垃圾杂物和淤泥堆积在三角堰板和堰口处，使堰口出口受到阻隔。当无来水时，低于堰口以下的之前来水会一直积存，无法排除，时间长会引起水体变质。

　　为此常德针对此问题进行改进，研发了可以监测地表径流、壤中流的三角堰，成功解决了海绵设施监测难的问题，并且申报的专利（图 8.7 和图 8.8）。

图 8.7　专利授权书

图 8.8　一体化溢流堰现场（陈利群 摄）

8.4　规划设计经验

8.4.1　构建海绵城市建设的系统技术途径

结合常德降雨径流关系、城市排水系统特征、主要问题（黑臭和内涝）、治水营城的发展要求，构建了常德特色的海绵城市建设技术途径：①综合本底条件、CSO溢流控制确定的源头控制要求；②改善了常德市内涝防治的技术途径；③构建了建成区治水营城的技术途径。

常德市的海绵城市源头管控要求的制定首先分析常德市本底降雨径流条件，根据降雨径流关系，确定本底条件下年径流总量控制率约为51.4%；在此基础上，参考美国CSO控制对降雨控制要求、水环境容量的控制要求，提出项目层面源头管控要求。在排水分区层面，考虑到建成区不可能全部都改造一遍，因此采用了分散-集中的技术途径，源头改造一部分小区，在排水管网的末端，结合机埠调蓄池生态滤池的建设，调控部分水量，总体达到控制78%的径流控制率目标，以此来保障水环境质量。

常德市海绵城市年径流总量控制率为78%，超过本底条件下51.4%的年径流总量控制率。为保障海绵城市水量水质净化效果，一般要求雨水花园等源头海绵设施排空时间为6～12小时，为防止积水，一般不超过24小时；沉淀功能的调蓄设施排空时间一般为24小时，为防止滋生蚊蝇，一般要求设施排空时间不超过72小时。常德市在源头设施主要通过控制设施调蓄水深、土壤渗透性、设施渗透能力来保证达到要求；对于末端调蓄设施，在运行一段时间后，对调蓄池进行加盖，防止其负面影响，并为市民提供公共空间。

在内涝防治方面，则采取源头+过程+河道调蓄的治理办法。当降雨小于21mm时，雨水不外排到河道水系，当降雨小于2年一遇时，通过小排水系统（排水管渠）排到受纳水体，当发生30年一遇暴雨时，由源头低影响开发设施削减6mm左右的内涝积水，通过加大排水口泵站的抽排能力，加大管网水力坡度，提升管网排水能力，从常德的现实情况看，还存在部分管网能力不足的问题，一般通过巡查消除积水点。当发生30年一遇以上的暴雨时，结合内涝点的分布，启动应急预案。

常德市海绵城市最大的特征是河道治理兼顾生态与安全、景观与社会经济发展等要求。常德市海绵城市建设中围绕护城河、穿紫河大做水文章。结合棚改，将护城河老西门打造为老城复兴的高地；结合水系建设，将穿紫河西段仿老河街，恢复沅江常德码头盛景，在穿紫河两岸搭建8个戏台展演"常德丝弦"等非物质文化遗产，通过游船向游人展示海绵城市建设、城市建设的效果。

8.4.2　构建常德市海绵城市规划引领体系

《常德市海绵城市专项规划（2015—2030）》于2015年编制，2016年常德市批复实施。与该规划相衔接的规划还有《常德市排水防涝综合规划（2017—2030）》《常德市海绵城市建设系统方案》，以上三个规划是常德海绵城市建设的基础。

规划科学是规划引领的基础，常德市排水系统最基本的特征为常德市中心城区雨水强排、雨污水混接、城市内河水体交换周期长、地下水位高、土壤下渗能力弱等。基于该特征，常德市三个规划构建见了源头减排系统、过程控制系统、河道修复系统等三大系统。源头减排系统以滞蓄为主；过程控制系统以管网修复、管网提标、合流制小区溢流井、机埠及生态滤池改造为主；河道修复以护城河、穿紫河生态修复为主。

《常德市海绵城市专项规划（2015—2030）》不仅仅提出了规划管控的要求，还明确了规划落实的相关要求，以此为依据，常德市人民政府将海绵城市建设规划技术要求作为单独一章，纳入《常德市规划管理技术规定》。由此海绵城市理念进入了规划管控流程，并作为规划审批的依据。

8.4.3　构建海绵城市实施的技术标准体系

1. 系统、科学的编制本地技术规范

系统全面。海绵城市建设涉及规划、设计、建设、产品及材料、运维等 5 个方面，相关标准共同支撑海绵城市建设。常德市共编制海绵城市建设技术标准 26 项，其中规划 2 项，设计 3 项，工程建设 15 项，产品及材料 4 项，运营维护 2 项。标准规范全覆盖海绵城市建设的各方面与流程，一方面流程全面覆盖，规划、设计、施工、竣工验收、运营维护都有相关标准规范；另一方面是技术环节全面覆盖，从设计环节的标准做法，到产品、材料的选择，到维护环节的技术处理都有相关标准手册。

编制科学。首先根据不同类别的标准规范明确不同的专业机构来起草，确保起草团队的专业性。其次以检测、试验说明效果，针对一些设计、材料等标准，需要经过数据比对，严格按照要求进行检测试验。第三，组织专家团队进行评审把关，对于有些标准还需请国家、省、市相关专家把关。

程序正确。首先是根据试点必须要做出编制的初步安排，明确任务；其次是对制订程序严格要求，《常德市海绵城市建设技术导则（PVC-U 及 PE 渗透排水用实壁管）》广泛征求意见 200 多人次，50 多个单位，近 20 次易稿；第三，严格发布程序，根据政府部门的职责，结合标准规范的特点，由市政府和各专业部门分别组织发布，发布单位严格依程序进行审查把关，符合要求的在网络以红头文件的形式公开发布。

标准实用。海绵城市建设具有很强的实操性，海绵城市相关标准编制应结合当地情况，总结推广适用技术。如《常德市海绵城市植物选型配置导则》《常德市海绵城市佛甲草应用屋顶绿化技术要求》都是针对常德市海绵城市建设过程中有大量需求的共性问题，结合本地的气候，地形地貌，下垫面的实践情况，编制的有很强的操作性、针对性、指导性的规范。《常德市海绵城市建设设计技术标准图集》的溢流井则是针对常德市合流制污水的处理编制专门的图集，列出了专门的做法。《关于加强海绵城市建设常见技术问题的处理意见》也针对常德市建设施工过程中出现的问题做出了切合实际的规定。

总结更新。海绵城市建设试点工作各地处于摸着石头过河的状态，常德也不例外，常德市在 2015 年发布了一批规范，如《常德市海绵城市技术导则》，经过 3 年的试点，发现部分技术内容不适应，于是在 2018 年 5 月修正后发布，其他一些标准规范也结合海绵城市

建设试点监测数据及规划、设计、施工、监理、政府部门反馈等逐步修订，至海绵城市建设结束，常德市共修订了 6 项海绵城市技术标准。

经过海绵城市建设试点，常德市已经基本形成了系统全面的海绵城市建设技术规范，结合排水管网的现状，河道生态状况，城市开发的特征，土地使用情况，项目的核心目标等探索最合适的解决方案，进行了技术的本地化，找出适合于南方多雨平原区域的海绵城市的做法。

2. 严格落实标准规范

一是加强标准规范的宣传，近三年共印发各类标准规范 26 类上万册，举办各类标准规范培训班 40 多次。

二是加强规划管控，市规划局对《常德市规划管理技术规定》进行修订，增加海绵城市建设规划技术要求，明确要求城市规划的编制应包含海绵城市建设的相关内容。所有新建、改建、扩建建设项目的规划和设计应包括海绵城市低影响开发建设的内容。海绵城市低影响开发设施应与主体工程同时规划、同时设计、同时施工、同时验收、同时使用。

三是加强施工图设计审查把关。市住建局制定了《常德市海绵城市设计施工图审查办法》，要求项目设计单位在施工图设计中应编制海绵城市设计说明篇章，在施工图纸中应根据海绵城市建设相关技术规范和标准以及初步设计批复的要求进行海绵城市施工图设计。同时，明确施工图审查机构应根据海绵城市建设相关技术规范和标准、初步设计批复的要求，对单独立项的海绵工程或主体建设项目配套建设的海绵专项工程的相关内容进行技术审查和把关，单独出具或与项目施工图一并出具施工图审查报告，对未按相关要求进行海绵城市专项设计或审查不合格的施工图，不能认定为合格，更不能出具审查报告。

四是加强了工程建设的施工质量的把关，市住建局、市质安处制定了《海绵城市建设工程质量检验技术要求》《关于加强海绵城市建设常见技术问题防治的指导意见》《常德市海绵城市建设项目建设管理办法》等，常德市海绵城市建设领导小组办公室委托湖南省建设工程质量检测中心对常德市一百四十余个海绵城市建设项目进行全程质量监控，对相关原材料进行检测，对施工工序进行作业指导，对参建各方的技术人员进行质量监控培训。为从源头上改善排水管网的建设质量，常德市要求所有的排水管网验收的时候，必须同时CCTV 的检查，判断管网施工质量，对施工质量的提高起到了重要的促进作用。通过以上措施严格实施工程质量监管。

为了客观公正、科学合理、公平透明、实事求是地对海绵城市建设项目进行评估和验收，常德市制定了《常德市海绵城市建设项目验收标准》和《常德市海绵城市建设效果评估验收办法》。《常德市海绵城市建设项目验收标准》明确了海绵城市设施的检查数量和检查方法，如透水铺装地面验收，对透水砖本身的透水性能、抗滑性、耐磨性、块形、颜色、厚度、强度进行检验，对透水砖的铺筑形式、透水砖面层与其他构造物的接顺情况进行检验。《常德市海绵城市建设效果评估验收办法》是按规定的条件、标准和程序对海绵城市建设效果采取实地考察、查阅资料、监测数据分析、群众满意度测评相结合的方式进行评估。

8.4.4　示范混流合流系统治黑除涝的技术路线

技术路线核心：以遵循自然生态为终极目标，统筹水系建设、排水管网系统建设、源头小区改造，合理配置集中型海绵城市设施（生态滤池和调蓄池）与分散式海绵城市设施。

常德是典型的江南中等规模水城，地势平坦，地下水水位高，土壤渗透性差，排水管网混接严重，雨水需要通过排水泵提升，才可以排入河道。由于地势平坦，水网密布，河道流动性差，自净能力差，内涝和水环境污染就成了常德海绵城市建设需要解决的核心问题。

水环境污染问题的核心在于消除污水直排。常德市采用调蓄池+生态滤池的方式消除污水直排。通过建设调蓄池或雨水溢流池，将分流制系统中的初期雨水、混接的污水或者合流制的溢流水，沉淀后经生态滤池净化排入河道。生态滤池可建成蓄水型的生态滤池，增加调蓄空间。如果高程许可，生态滤池的工艺应选用垂直式的潜流湿地。生态滤池的运用尽可能采用间歇式的运行模式，保证好氧状态。

在设计雨水调蓄池和生态滤池的时候，需要结合排水管网模型，统筹考虑调蓄池建设对排水防涝的影响，以免消除了污染，增加了内涝。

调蓄池和生态滤池的建设能够消除污水直排的问题，进而直接提升水环境质量。但由于建设空间不足，池体造价大等原因，并不能达到完全的水质保障目标，还需要在源头和管网方面开展工作。一方面需要建设排水管道，减少混接进入雨水管道的污水量，减少降雨期间污水外排的频次，从而降低污染物排放量；另一方面开展源头治理，在小区的海绵城市建设中，可以尽可能采用绿色屋顶形式。植草沟的形式造价低，管理简单，适于南方地下水位高的情况。地下蓄水箱要求有足够的地下水水位深度，在南方利用有一定难度。透水路面可以在污染物不大的情况下采用。

由于地势平坦，地下管网坡度较小，流速低，同时有可能出现倒灌，雨水管或者合流管长期淹没状况，在这种情况下，需要加强 CCTV 监测，找到混接、错接问题并解决。同时要定期对雨水口进行清淤，强化排水管网的定期冲洗、雨水沉淀池的定期反冲洗，防止在暴雨时，管网和沉淀池的底泥重新被冲刷排入河道，造成污染。

由于水体的流动性较差，需要在完成点源和面源的污染控制后，进行水体的生态修复，特别是湖库型水体的生态修复，通过水生植物的养殖、鱼类贝类的补充、有益菌类的投放等，实现湖泊型水体的生态平衡和生态体系的恢复，实现水体水质稳定。

新建区域应尽可能保留现有水系的网络，构建生态廊道，将已有的零散的绿地公园、山体、水体、湿地等结合成一个生态网络，保持生态的多样性，生态空间的多样性。

8.4.5　构建分流制区域海绵城市建设技术路线

技术核心：源头+管网+末端的初期雨水控制。通过源头管控，控制初期雨水，通过管网混接点的改造，削减管网混接带来的污染，通过末端控制，消除其他难以改造区域（道路、老旧小区）的初期雨水污染。

分流制排水系统污染除初期雨水外，还有小区排水管网的错接，市政污水混入雨水管网，雨水管道的破损，地下水涌入管道，管道长期淹没，污染物沉积在管道中，暴雨时被排入河道等。解决这些问题的关键是从源头做好雨污分流。常德在小区改造中，采用雨落管断接的方式，将屋面的雨水改成地表漫流，不接入小区的地下管道。通过小区的海绵措施尽可能完善雨水与污水的分流、调蓄、下渗等。

针对市政管网，采用 CCTV 机器人检查管道问题，定期进行管网和雨水口的冲洗，并利用管网非开挖技术进行管道修复。常德市于 2012 年启动 CCTV 管网检测，2013 年间检测了 50km 排水管网，占全市排水管网的 12.5%。2016 年对 257 处、6.626km 的管网、110个检查井实施了非开挖修复（图 8.9 和图 8.10）。

图 8.9　CCTV 检查管道内问题　　　　　　　图 8.10　非开挖管道修复

全面实施排水管道的非开挖修复时间长，费用很高，应作为长期的策略。在短时间进行分流制排水系统污染的治理，还需要其他末端措施。

以穿紫河流域的船码头为例，介绍末端处理措施的改造思路。船码头机埠排水分区面积 415hm²，其中硬化面积约 290hm²，居民数约 3.7 万，为穿紫河沿线现有 8 个雨水排水机埠中位于最上游的机埠。其设计的基本参数如表 8.2 所示。

表 8.2　穿紫河流域船码头排水机埠

设施	参数
降雨期泵房	总排水能力 12.6m³/s
非降雨期泵房	非降雨期来水量 500L/s
封闭式沉淀池（1a 池+1b 池）	7000m³
开放式调蓄池（2 号池）	1.3 万 m³
蓄水型生态滤池	8400m²

工艺流程在于通过不同池体的堰高，控制进入调蓄池的水流，形成不同的降雨工况下的流向。

常德船码头机埠从 2014 年开始已经运行将近 5 年，效果稳定，出水水质良好。运行经验表明，可以考虑把 2 号调蓄池与生态滤池结合成一个整体。穿紫河的其他 8 个机埠都采用相似的工艺，由调蓄池和生态滤池组成。为节省投资，部分没有调蓄池的反冲洗设备，但是在暴雨时，如果没有及时人工进行预先的清洗池体的话，就可能发生沉积物被带入河流的情况。

8.4.6　构建合流制区域河流水质保障的技术方法

技术核心：以控制合流制溢流浓度为核心，结合用地条件，组合截污干管、调蓄池及生态滤池。

通过末端建设地下调蓄池配合后续的生态滤池控制合流制溢流污染。这种技术路线的优势是管理简单，运行费用低，充分利用岸线空间做生态处理，增加分散进入水体的水量，减少进入污水厂的流量（不需要采用更大的截流倍数），提高进入污水厂的污水浓度。缺点是一次性投资较大，需要一定的地下和地上的空间。

合流制溢流污水控制的关键是降低排口一年内溢流污染物的总量。考虑到单次降雨代表性不足，在常德项目设计中采用长期历史降雨来模拟溢流的流量与浓度。设计工作的核心是必须采用水文模型，对集水区的污水，降雨径流过程，调蓄空间的大小，调蓄池的净化效果，后续可能的生态滤池的净化效果，进行长历时模拟，然后根据需要再调整池体的大小，通过多次的迭代找到最优的方案。调蓄容积的大小就不是总是一个固定值，而是根据每个排口的情况确定的。

合流制溢流控制有各种不同的工艺组合可能，根据项目所在地的可利用土地空间大小，可建设调蓄空间的可能，可建设生态滤池处理空间的大小。由于蓄水型生态滤池可以把调蓄空间与处理空间有机地结合，而且生态滤池造价低，管理简单，无须投药或者污泥的后期处理，适合于作为调蓄池的后续处理设施。虽然处理效果一般，但是，对处理低浓度的经过调蓄池预处理后的污水，刚好合适。

调蓄池的降低溢流污染功能体现在如下两个工况：一个是在小于 1 倍截流倍数的合流水来临的时候，不发生溢流，污水流入去污水厂的截污管。另外一个是能够在大于 1 倍截流倍数的合流水来临的时候，调蓄池就变成了沉淀池，完成对这个合流水的物理沉淀，然后，导入后续的生态滤池，进一步净化。被截流的沉淀物可以通过调蓄池的反冲洗设施冲洗排入截污干管。

在配置后续生态滤池的情况下，调蓄池的池体容积有限（按照 2 倍截流倍数考虑），在起到沉淀池功能的时候的过流停留时间是比较短，沉淀的效果不是特别的好。但是，对这个工艺影响还是可以接受的，调蓄池的关键功能是去除部分大的悬浮物，保护后续的生态滤池不会被堵塞，沉淀的功能不是特别的重要，在计算中仅仅考虑约 15% 的净化能力在沉淀池中。主要靠后续的生态滤池的效果（80%）。

生态滤池对 COD 的处理效率可以达到 80%，主要靠均匀粒径的滤料表层的生物膜，对溶解的污染物进行净化。为了保持比较好的净化功能，生态滤池的滤料渗透系数要求为 1×10^{-5} m/s。

常德护城河流域为老城区，为合流制排水系统。常德选用的合流制溢流系统工艺有 2 种，方案 1，2 倍的污水截流倍数加调蓄池和生态滤池。方案 2，在没有空间建设生态滤池的情况下，3 倍的污水截流倍数加调蓄池。两个方案中，都配有超标洪水的溢流格栅，带自动冲洗装置，空隙 5mm，可以截流许多漂浮物。调蓄池都配有自动冲洗设备，在降雨结束后，可以把调蓄池清洗干净，防止沉积物在暴雨时被重新带入河道。

在常德护城河项目中，为节省造价，调蓄池的调蓄空间一般取 2.5~5mm 之间，生态滤池的调蓄空间也是在 2.5～5mm 之间。通过模型论证，出水的水质可以达到Ⅳ类的水质标准。

合流制溢流污染控制主要通过 5 个步骤：①不降雨时污水被送到污水厂。②小雨时污水被截流，送到污水厂处理。③中雨时污水经过沉淀后导入生态滤池净化。④大雨时污水直接进入滤池净化。⑤特大暴雨时，污水通过细格栅后溢流进入河道。

在没有配置生态滤池作为后续处理设施的情况下，会把系统的截流倍数由 2 倍，扩大到 3 倍，这样，调蓄池的容积将增加 50%，水力停留时间也将增加 50%，调蓄池可以发挥沉淀池的功效，而且，在调蓄容积增加 50%的情况下，发生溢流的时间更加滞后，溢流污水浓度会进一步降低，溢流频次也会减少。所以虽然取消了生态滤池，但溢流进入河道的污染量不会有特别大的区别。同时附带在末端的细格栅，也能够起到拦截大的漂浮物以免进入河道。

以常德护城河的龙坑合流制泵站改造为例，模拟计算效果表明，两个方案的溢流天数和污染总量还是比较接近的，都可以解决问题。但是在方案 2 增大截流倍数的情况下，将增加后续的截流管的压力以及污水厂的压力（表 8.3）。

表 8.3　合流制污染控制方案比选表

控制方案	年溢流体积 / (m³/a)	年溢流天数 / (d/a)	年溢流 COD 总量 / (kg/a)	出流 COD 浓度 / (mg/L)	备注
方案 1	61550	28.3	2902	35/17.7	雨水调蓄池溢流+生态滤池溢流
方案 2	74085	24.8	1637	22.1	雨水调蓄池溢流

方案 1，截流倍数 2，35hm² 集水区，地下调蓄池 1200m³，带生态滤池 1000m³（约 2.86mm）最大净化出流 300L/s（预设），15%的沉淀效率。

方案 2，截流倍数 3，35hm² 集水区，地下调蓄池 1800m³（1.5 倍），无生态滤池，25%的沉淀效率。

总之，调蓄池是否配置后续生态滤池，必须选用不同的设计参数，保证足够的沉淀停留时间和调蓄池容积，保证处理效果。

8.4.7　构建城郊河流污染治理的技术方法

技术核心：完善市政污水收集系统，依托城郊土地，建设人工湿地，控制农业面源污染。

城郊接合部河流水系在历史上兼有农田灌溉功能，现状多担负城郊排水功能。由于农业面源污染，导致沟渠水体轻度污染。城郊垃圾管理缺位和农村污水收集系统不完善使得沟渠的水质更为恶化。由于以输水功能为主，沟渠硬质护坡破坏了河流生态的净化功能。

常德市的新河位于常德海绵试点区域西侧，担负着常德西部片区的防洪排涝功能，现状为水面 20 余米宽的一条人工混凝土护坡渠道。在新河南，上游设计了表流生态湿地系统，通过沉淀区域和水生植物，实现非降雨期河流污染净化。同时设计建设 3 个调蓄湖泊和限流设施，把城郊新河上游的洪水控制在进入城区之前，保证进入城市水系的流量尽可能均匀，同时保障水质（图 8.11）。

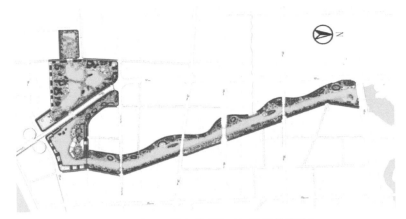

图 8.11　新河项目平面图（包括湿地部分）

已经实施的新河南段把原有的渠道扩大成水域面积 40m 左右的河道，河堤外移，两岸蓝线宽度达到 160m，极大地改善了过水断面，拓展了洪水调蓄空间；取消硬质岸线，代以生态岸坡，为水生植物提供了生态的栖息地，强化了水质净化功能（图 8.12）。

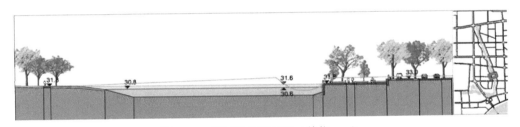

图 8.12　新河项目断面图（单位：m）

为保持沟渠的水质，需维持水体基流，该项目中巧妙利用地形，利用原有的灌溉系统，将西面河洑山的水通过渐河的补给新河，实现了基流补给。在截污方面，沿新河两岸建设垃圾收集系统，收集转运垃圾；建设污水管网，将分散居民区的污水接入城市污水管网。

8.4.8　构建高污染风险工业区雨水收集处理的技术

技术核心：建立以污染风险为核心的评价方法，高污染风险工业区雨水不得下渗或者导入城市水体，通过调蓄限流措施排放至污水处理厂。

在常德市的卷烟厂的搬迁改造工程中，厂区面积 78hm^2，大部分区域的雨水通过植草沟，绿色屋顶等方式进行处理和调蓄，同时设计了厂区内的环线水系系统。但对于装卸区域和主要干道，由于有化学物品在道路上的落下风险，或者火灾时化学污染物污染风险，在设计中确定该区域的雨水不渗入到地下，也不排入厂区内部的水系，而是通过调蓄池，控制其限流流量后，排入城市污水管网，送到污水厂处理，规避了可能的污染风险（图 8.13 和图 8.14）。

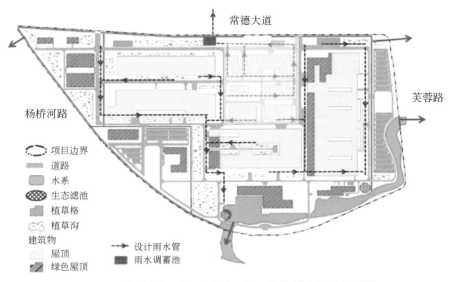

图 8.13 常德卷烟厂搬迁改造工程，海绵城市设计平面图

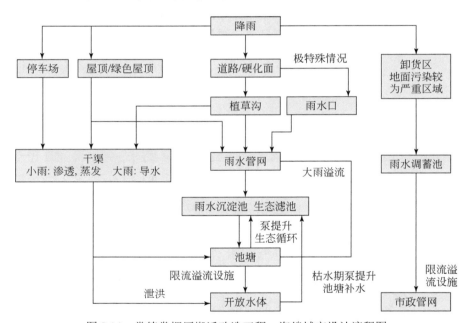

图 8.14 常德卷烟厂搬迁改造工程，海绵城市设计流程图

8.5 常德海绵城市建设展望

8.5.1 探索海绵城市设施运维的有效方式

一是海绵城市后期运维管理体系亟待建立。海绵城市作为新兴的城市建设理念，与传

统城市建设模式有诸多不同，从试点城市经验来看，海绵城市建设项目在建设前期工作各环节之间、前期工作与建设之间、建设与运维管理之间存在脱节，不能形成较好的有机联系。尤其是海绵城市建设后的运维和管理，与城市原有园林绿化养护、市政管养、城市环卫等存在明显脱节。各地在海绵城市建设后期都面临着运维和管理的压力。从目前试点城市做法来看，由政府投资实施的海绵城市工程，即使有 2～3 年的工程质保期和绿化管养，也存在责任主体不明、维护不到位等问题，没有形成规范化的运维做法和管理模式；而以PPP 模式建设的海绵城市工程，虽然有 10～15 年的后期运维和管理期限，但在对 PPP 项目的绩效管理和项目的全生命周期管理方面也还存在明显不足。出现以上问题的原因：一方面是在海绵城市推进建设的阶段，从国家到地方还未出台后期运行维护和管理相关的政策要求和技术标准；另一方面各地海绵城市建设主体对后期运维和管理面临的困难意识不足，未形成与传统城市养护管理的有机结合。

二是以海绵城市流域打包为代表的 PPP 项目管理亟待规范。根据住建部要求，大部分试点城市的 PPP 项目以流域打包的模式运作，动辄几十亿甚至上百亿的建设规模，掀起一场海绵城市 PPP 项目盛宴，一方面，PPP 项目的快速推进导致落地周期的不断缩短，直接造成了部分城市对 PPP 项目的打包方案及绩效考核可行性论证不足；另一方面，社会资本希望通过 PPP 模式快速抢占市场，必然导致在合同谈判时对于绩效考核条件的妥协，这些中标的社会资本方在建设能力、运营能力均未经过市场考验，政府在招标过程中是否选择了真正有能力有担当的企业，建设质量的合格、建设成效的达标、运营能力的体现将在 2018 年迎来真正的考验，同时由于海绵城市系统复杂、权属众多、边界模糊，绩效考核的科学性、公平性、针对性不足会导致海绵城市 PPP 项目中政府方与社会资本方的利益开始碰撞。地方政府需要迅速转型到海绵城市 PPP 项目的规范管理中来，搭建专业的 PPP 专业管理架构，科学开展 PPP 项目风险管理，建立绩效考核动态调整机制，发挥海绵城市建设成效。

三是海绵城市设施全生命周期资产管理亟待启动。2018 年是第一批国家海绵城市试点建设收官之年，政府既面临着绩效考核的压力，也面临着三年近百亿海绵城市基础设施资产的沉淀压力。地方政府需要探索基于城市资产管理运营的城市管理新模式：科学评判灰色设施与绿色设施的经济效益、计算国有基础设施资产全生命周期成本，开展资产成本效益评估，分析基础设施资产状况，评估资产失效风险，预判资产可靠性和预期寿命，根据资产管理绩效偏差作为城市基础设施投入依据、制定政府固定资产投资更新和新建计划，完善资产管理目标。

为此，要健全海绵城市后期运维管理体系。建议根据南北气候差异，因地制宜地出台长效的海绵城市绩效考核体系，制定海绵城市运维和管理的技术标准，指导各地组织实施好海绵城市建设后期的设施运维和管养。同时出台支持政策鼓励各地积极探索海绵城市的运维方法和管理模式，与城市原有管理和养护体系有机结合，创新解决海绵城市项目全生命周期的管理问题。而且进一步规范海绵城市 PPP 项目运营。建议国家发改、财政、住建等各部委，充分利用 PPP 商业智库、海绵城市技术智库等资源优势，研究出台海绵城市 PPP项目运营管理政策法规，指导各级地方政府海绵城市 PPP 项目迈入规范化管理轨道。最后建议推进海绵城市设施全生命周期资产管理。建议国家财政、住建等各部委开展资产管理顶层设计研究，建立海绵城市基础设施会计科目分类明细，明确新出现的海绵城市基础设施纳入会计核算的资产登记，制定海绵城市资产价值的评估方法，建立资产服务水平考核体系。

8.5.2 统筹厂网河推进污水系统提质增效

常德市污水处理厂进水浓度低，2017 年上半年某污水处理厂进水 COD 浓度为 63mg/L，而且进水 COD 浓度变动较大，进水 COD 浓度高可达 170mg/L；低可至 30mg/L，甚至不用处理可以直接排放（图 8.15）。

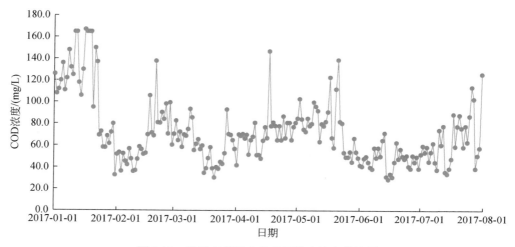

图 8.15 常德市某污水处理厂进水浓度统计图

在进水 COD 浓度偏低的同时，常德市江北城区污水处理厂处理能力不足，2017 年江北城区污水产生量约为 26 万 m³/d，而实际处理能力仅为 15 万 m³/d。

常德作为洞庭湖上游的城市，地势地平，污水管道内污水流速缓慢，管道内污泥淤积，夏季由于雨水进入，污水处理系统难以处理，城市污水排入河道。由于平时污水管道内流速低，污水发生多种化学反应，汛期时抽排流速增大，带动管道内底泥排入河道，极易导致穿紫河等城市水体黑臭，这也是穿紫河汛期水质变差的主要原因。

从 2014 年船码头机埠建成运行以来，使得排水管理处意识到了排水管网、泵站、污水厂的运行与穿紫河的水质连成了一个整体，需要集中调度。因为常德市的污水处理厂的能力有限，而每个雨水泵站在降雨期间，截流的污水流量都较非降雨期有较大的增加，城市的污水输送干管的能力也有限，需要雨水截流泵站和污水的中途转输泵站（如柏元桥污水泵站）等配合同步运行，保障污水能够顺利被导入污水厂。

以前一直依赖人工的方式来进行调度，确定泵站排水能力及排水路由、污水厂处理量。排水系统的运行及调度直接影响了雨水泵站、生态滤池、污水处理厂的运行与处理状况；直接影响了合流制排水系统溢流状况。在突发的暴雨工况下，没有数据支持决策，仅依赖经验，无法高效利用整个系统的排水能力进而无法有效控制排水系统对河道的污染。

从 2016 年 10 月开始的监控平台开始对排水管网、泵站、污水厂、水系的关键运行参数进行在线监测，为下一步的水系统一体化调度系统提供了数据支持，使得在线自动控制，或者逻辑预案控制成为可能。常德市正在策划在现有的监控平台的基础上，借助于管网模型技术，机埠调蓄池和滤池的运行系统，管网的输送系统，建立一体化的调度系统，实现排水系统能力的最大化利用，减少对河流的污染，同时减小内涝的风险。

　　远期，可以考虑根据降雨分析系统，实现排水管网泵站闸门的实时控制，根据雷达的降雨信息实现提前 2～12 小时的洪涝预警，利用降雨经常局限于局部区域的特征，充分利用排水管网的调蓄空间，发挥最大的截污及提高排水系统能力的效果。

参 考 文 献

陈利群，刘曦. 2019. 常德市海绵城市建设项目实施体系构建. 给水排水，45（6）：71-76.

陈利群，王召森，石炼. 2011. 暴雨内涝后城市排水规划管理的思考. 给水排水，（10）：110-112.

刘昌明，王中根，郑红星，等. 2008. HIMS 系统及其定制模型的开发与应用. 中国科学（技术科学），38（3）：350-360.

刘昌明，张永勇，王中根，等. 2016. 维护良性水循环的城镇化 LID 模式：海绵城市规划方法与技术初步探讨. 自然资源学报，31（5）：719-731.

马学尼，黄廷林. 1998. 水文学. 北京：中国建筑工业出版社.

仇保兴. 2015. 海绵城市（LID）的内涵、途径与展望. 给水排水，41（3）：1-7.

任南琪，黄鸿，王秋茹. 2020. 海绵城市的地区分类建设范式. 环境工程，38（4）：1-4.

任希岩，谢映霞，朱思诚，等. 2012. 在城市发展转型中重构-关于城市内涝防治问题的战略思考. 城市发展研究，19（6）：71-77.

王文亮，李俊奇，车伍，等. 2015. 海绵城市建设指南解读之城市径流总量控制指标. 中国给水排水，31（8）：18-23.

夏军，石卫，王强，等. 2017. 海绵城市建设中若干水文学问题的研讨. 水资源保护，33（1）：1-8.

谢映霞. 2013. 城市排水与内涝灾害防治规划相关问题研究. 中国给水排水（9）：101-102.

俞孔坚，李迪华. 2005. 城市景观之路：与市长们交流. 北京：中国建筑工业出版社.

袁艺，史培军，刘颖慧，等. 2003. 土地利用变化对城市洪涝灾害的影响. 自然灾害学报，12（3）：6-13.

张建云，贺瑞敏，齐晶，等. 2013. 关于中国北方水资源问题的再认识. 水科学进展，24（3）：303-310.

张建云，王银堂，胡庆芳，等. 2016. 海绵城市建设有关问题讨论. 水科学进展，27（6）：793-799.

章林伟，等. 2017a. 海绵城市建设典型案例. 北京：中国建筑工业出版社.

章林伟，牛璋彬，张全，等. 2017b. 浅谈海绵城市建设顶层设计. 给水排水，43（9）：1-5.

中华人民共和国住房和城乡建设部. 2019. 海绵城市建设评价标准. 北京：中国建筑工业出版社.

《第三次气候变化国家评估报告》编写委员会. 2014. 第三次气候变化国家评估报告. 北京：科学出版社.

Brown R R，Keath N，Wong T H F. 2009. Urban water management in cities: historical, current and future regimes. Water Science & Technology，59（5）：847-855.

Deletic A. 1998. The first flush load of urban surface runoff. Water Research，32（8）：2462-2470.

Ferguson B C，Brown R R，Werbeloff L. 2014. Benchmarking Auckland's stormwater management practice against the Water Sensitive Cities framework. Prepared by the Cooperative Research Centre for Water Sensitive Cities for Auckland Council. Auckland Council technical report，TR2014/007.

Hoyer J，Dickhaut W，Kronawitter L. 2013. Water Sensitive Urban Design: Principles and Inspiration for Sustainable Stormwater Management in the City of the Future. SWITCH.

IPCC. 2012. Summary for policymakers//Field C B，Barros V，Stocker T F，et al. Managing the Risks of Extreme

Events and Disasters to Advance Climate Change Adaptation: A special Report of Working Groups I and II of the Intergovernmental Panel on Climate Change. Cambridge: Cambridge University Press: 1-19.

IPCC. 2014a. Climate Change 2014: Impacts, Adaptation and Vulnerability: Part A: Global and Section Aspects. Cambridge: Cambridge University Press.

IPCC. 2014b. Climate Change 2013: Physical Science Base. Cambridge: Cambridge University Press.

Kahn M E. 2010. Climatopolis: How Our Cities Will Thrive in the Hotter Future. New York: Basic Books.

Maritz M. 1990. Water sensitive urban design. Australian Journal of Soil and Water Conservation, 3 (3): 19-22.

Sansalone J J, Buchberger S G. 1997. Partitioning and first flush of metals in urban roadway storm water. Journal of Environmental Engineering, 123 (2): 134-143.